후회 없는 집짓기를 위한
설계 A to Z

일러두기

평을 제곱미터로 변환하는 과정에서 소수점 이하의 수는 반올림했습니다.

단, 완공 사례의 경우 실측 결과를 그대로 실었습니다.

집짓기 전에 꼭 알아야 할
설계의 모든 것!

후회 없는
집짓기를
위한

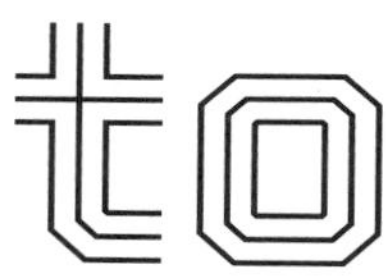

설계 A to Z

여는 글

건축주의 의뢰를 받아 집을 짓고 나면 집을 구경해도 되느냐고 묻는 분들이 많습니다. 입주를 했다면 오픈을 하지 않지만 입주 전이라면 집짓기를 계획하는 분들에게 도움이 될 수 있도록 편하게 보시라고 합니다. 대부분 집을 구경하고 나면 거실이 좁네, 안방이 크네, 신발장이 너무 크네 등등 다양한 의견을 피력합니다. 그렇다면 크다, 작다의 기준은 무엇일까요? 예, 맞습니다. 자신이 살고 있는 주택이 기준이 됩니다. 대부분 아파트가 기준이지요. 아파트는 보통 불특정 다수, 그리고 4인 가족을 기준으로 설계합니다. 가장 많이 짓고 있는 전용면적 86m²의 아파트가 그렇지요. 평생 살아온 아파트를 기준으로 단독주택을 판단하게 됩니다.

하지만 단독주택은 말 그대로 개인주택입니다. 방을 잠만 자는 용도로 사용하고 싶다면 안방을 작게 설계하고 그 면적을 거실에 할애해서 넓은 거실과 주방을 만들 수 있습니다. 맨발로 들어갈 수 있는 건식 화장실을 원한다면 샤워실과 화장실을 분리하여 만들 수도 있습니다. 이렇듯 단독주택은 집주인의 생각을 담은, 철저히 주관적인 집짓기가 가능합니다. 그러므로 집짓기를 계획하고 있다면, 그동안 보아온 아파트 평면에 대한 고정관념을 버리고 아파트의 장점은 취하되 단점은 버리겠다는 생각으로 접근하는 것이 좋습니다.

하지만 집을 짓겠다고 결심하고 막상 집의 구조나 배치를 그려보려고 하면 밑그림이 생각만큼 쉽게 그려지지 않는다고 말하는 분들이 많습니다. 당연합니다. 항상 비슷한 평면의 아파트나 빌라에서 살아온 데다 내가 살 집을 내가 설계한다는 건 평생 한 번 있을까 말까 한 일이니까요. 아이들 방과 안방이 같은 층에 있는 게 좋을까? 2층에 욕실이 있는데 1층에도 욕실이 필요할까? 1층에 사랑방을 하나 두면 좋지 않을까? 내가 원하는 것을 다 넣으려면 얼마나 커야 하는 걸까? 질문이 꼬리에 꼬리를 물게 될 것입니다. 하지만 안타깝게도 누구도 대답해주지 못합니다. 왜냐하면 단독주택이니까요. 누군가에게 "세탁실이 1층에 있는 게 좋을까? 2층에 있는 게 좋을까?" 하고 묻는다면 저마다 다른 대답을 하겠지요. 정답은 없거든요.

다용도실이 주방 옆에 있는 게 편한 사람이 있는가 하면, 2층에 세탁실을 두고 그 옆에 드레스룸을 두어 동선을 짧게 만들고 싶은 사람도 있을 겁니다. 그러니 설계를 하면서 전문가에게 의견을 물어보고 장점과 단점을 파악하고 결정은 자신이 해야 합니다. 나와 우리 가족이 살아가야 할 집이니까요. 남들 보기에 좋은 집, 남들 보기에 예쁜 집이 아니라 나에게 편한 집이 가장 좋은 집이고 우리 가족에게 맞는 집입니다. 이 책은 집짓기를 앞둔 사람들이 평생 살 집을 그려보기에 앞서 도움을 받을 수 있도록 만들었습니다. 정답은 아닙니다. 고객들과 미팅을 한 뒤 고객의 생각과 전문가로서의 저의 생각을 담아낸 평면들입니다.

설계를 공부했거나 설계 전문가라면 책에 소개한 평면들을 보고 반론을 제기할 수도 있을 것입니다. 사람은 저마다 생각이 다르니까요. 그럼에도 실제 사례들을 검토하면서 내 생각과 다른 점, 또는 비슷한 점들을 정리하고 나면 평생 살 집의 윤곽을 그려나가는 데 큰 도움이 되리라 생각합니다. 집짓기는 전 재산을 쏟아붓고도 모자라 은행과 친한 친구가 되어야 하는 아주 큰 프로젝트입니다. 그렇기에 설계 단계부터 원하는 집의 구조에 대한 생각을 잘 정리하고 구현하는 게 중요합니다. 과정은 복잡하고 지난하겠지만 완성된 집 마당 테이블에 앉아 맥주 한잔을 마시면서 뛰어놀고 있는 아이들을 지켜보고 있는 모습을 떠올리면 충분한 보상이 될 겁니다.

전문가 입장이 아닌 난생 처음 집을 짓는 사람들의 눈높이에 맞춰 자료를 정리했고 최대한 쉬운 용어로 풀어쓰려고 노력했습니다. 도면은 한눈에 거실이 어디이고 주방은 어디인지 알 수 있도록 그림화했습니다. 단순히 그림을 본다 생각하지 말고 현관에서부터 동선을 그리면서 주방, 거실, 안방을 내가 걸어 다닌다고 생각하며 들여다보면 도면을 이해하고 설계의 기본을 만드는 데 더 많은 도움이 될 것입니다. 이 책이 평생 꿈꿔온 나만의 집을 직접 설계하고 싶은 분, 혹은 집짓기를 앞두고 전문가에게 우리 가족이 원하는 집을 구체적으로 설명하고 싶은 분에게 실질적으로 도움이 되는 단독주택 그리기 입문서가 되기를 바랍니다.

PART 1 설계의 기본

후회 없는
집짓기를 위해
알아야 할
설계의 기본

우리 가족에게 맞는 설계는 따로 있다 014

합리적인 설계가 합리적인 비용을 결정한다 016

합리적 예산으로 집짓는 법, 박스형 설계 019

설계의 시작, 부지에 맞춰 도면 그려보기 021

집의 첫인상을 결정하는 외관 설계, 어디서부터 시작할까 025

목조 주택으로 지을까, 콘크리트 주택으로 지을까 032

집 설계의 중심, 거실과 주방의 배치 035

가족 구성원에 딱 맞는 욕실 구조 찾기 & 배치하기 038

집에 꼭 두고 싶은 아이템은 무엇인가 042

이사 갈 때 가져갈 가구와 가전을 미리 정하라 052

PART 2

집 설계 69

구성원별, 구조별 집 설계 69

1 1층 76m²(23평) 이내의 작은 면적에 지은 집 설계

1-1 1층 61m² (18평)의 작은 면적에 지은 3층 집 059

1-2 부정형 좁은 대지에 지은 테라스 하우스 063

1-3 건축면적 64m² (19평), 3인 가족이 살기 좋은 대중적인 집 066

1-4 사이좋은 자매를 위한 집 069

1-5 활동적인 형제를 위한 집 072

1-6 2층을 부부만의 독립적인 공간으로 만든 집 075

완공 사례

1-7 사계절 풍경을 품은 네 식구의 집 'FISH153' 078

1-8 1225번지에 세워진 '크리스마스 하우스' 084

1-9 아이들이 맘껏 뛰놀기 좋은 집 '늘해랑' 090

2 취미 생활 공간을 배치한 집 설계

2-1 집 안에 영화관이! 2.5층에 AV룸을 만든 집 097

2-2 넓은 취미 공간에서 가족만의 추억을 만드는 집 100

2-3 남향으로 난 넓은 마당과 별도의 작업실을 가진 ㄱ자형 집 103

2-4 마당에 수영장을 설치한 집 106

2-5 루프탑 정원과 넓은 발코니를 품은 집 109

2-6 집 안에 실내 골프 연습장을 설치한 집 112

2-7 선룸을 품은 집 115

완공 사례

2-8 단 차이를 이용해 넓은 주차장과 선룸을 만든 집 '서연지' 118
2-9 루프탑 테라스 하우스 '가화만사성' 125
2-10 층고 높은 가족실, 서재 대신 AV룸이 있는 집 '서유재' 131
2-11 캠핑과 함께하는 삶 '까사플로레스타' 137

3 가족 구성원, 라이프스타일을 반영한 집 설계

3-1 거실 전체가 아이들 공부방인 집 143
3-2 활동적인 형제를 위해 복층형 방을 배치한 집 146
3-3 5인 가족이 살기 좋은 공사비 절감 박스 하우스 149
3-4 세 자녀 이상, 다자녀를 둔 집 152
3-5 1층에 안방을 완전히 독립시킨 집 156
3-6 중·고등학생 자녀를 둔 집 159
3-7 예술가 부모의 넓은 작업실을 배치한 집 162
3-8 지인들과 함께하는 여유로운 다이닝룸 하우스 164

완공 사례

3-9 로프트, 미끄럼틀, 다락 등 아이들의 상상력을 자극하는 집 '산돌 하우스' 167
3-10 삼 형제의 놀이터 '꿀잼하우스' 173
3-11 새로운 곳에서의 새로운 시작 '허니하우스' 179

4 자녀가 없거나 독립시킨 뒤 부부만 사는 집 설계

4-1 부부가 오붓하게 살기 딱 좋은 모던한 단층집 185
4-2 부부의 라이프스타일을 반영한 전원주택 187
4-3 층고 높은 거실을 품은 펜션 같은 집 190
4-4 별도의 다이닝룸에서 이웃, 친구들과 함께하는 집 193
4-5 부부만을 위한 세컨드 하우스 196

완공 사례

4-6 전원에 지은 아름다운 주택 '오우가' 198

4-7 부부를 위한 취미 공방을 만든 집 '자리' 205

5 실내 주차장을 포함한 집 설계

5-1 경사지에 지하 주차장을 만든 집 212

5-2 넓은 실내 주차장과 베란다를 품은 집 215

5-3 실내·실외 주차장을 모두 갖춘 집 218

5-4 실내 주차장과 루프탑 테라스가 한 집에! 221

완공 사례

5-5 필로티를 활용한 넓은 발코니를 품은 집 '기재' 224

5-6 마당과 이어진 넓은 나무 공방 겸 주차장이 있는 '행복가' 231

5-7 남자들의 로망, 넓은 실내 주차장을 갖춘 '양산양화' 236

6 형제자매, 친구 등 두 가족이 함께 사는 듀플렉스 하우스 설계

6-1 1층 일부를 두 가족이 공유하는 집 243

6-2 완전히 분리된 자유 설계 2가구 주택 246

6-3 거실과 주방을 함께 쓰는 2가구 주택 249

6-4 각자의 마당을 가진 2가구 주택 252

6-5 넓은 마당을 공유하는 2가구 주택 255

6-6 삼 형제가 모여 사는 집 258

6-7 필요한 만큼 면적을 배분해 지은 2가구 주택 261

완공 사례

6-8 지인에서 가족이 되어 함께 사는 'JJ하우스' 264

6-9 가로세로로 분할해 만든 3가구 주택 '씨사이드홈' 270

7 삼대가 한 지붕 아래 함께 사는 집 설계

7-1 1층에 노모와 부부 방을 함께 배치한 집 275

7-2 2층에도 간이 주방을 둔, 따로 또 함께 사는 집 278

7-3 삼대 모두의 개인 공간을 만든 3층 집 281

7-4 각 공간을 효율적으로 배분한 듀플렉스 하우스 285

7-5 필로티 주차장에 별도의 공부방까지! 288

7-6 독립적인 넓은 베란다를 품은 삼대 하우스 291

7-7 아버님만의 독립적인 공간을 배치한 집 294

완공 사례

7-8 도심 속 세컨드 하우스 '경혜원' 297

7-9 1층에 어머님만의 원룸을 만든 집 '연호재' 301

8 1층에 노후 수익용 상가를 품은 점포 주택 설계

8-1 4인 가족 2가구 거주를 위한 점포 주택 307

8-2 모든 집에 넓은 발코니를 배치한 점포 주택 310

8-3 복잡한 구도심 속 경사지에 만든 점포 주택 313

8-4 분리된 상가를 가진 점포 주택 316

8-5 어머니를 모시고 자매가 함께 사는 점포 주택 319

완공 사례

8-6 임대를 위한 점포 주택 '그린뷰하우스' 322

PART 3

설계 디테일

놓치기 쉬운, 하지만 놓치면 후회하는 설계 디테일

구조적인 부분은 설계도에 구체적으로 적시하자 328

단열은 현재 기준보다 높게 적용한다 330

전기, 설비 배관의 방향을 미리 계획하자 334

창고부터 머드룸까지, 현관 수납장의 변신 336

따뜻하고 넓어 보이는 거실 갖는 법 338

창호 하나로 단열, 채광, 디자인, 환기까지! 342

액자창, 집 안에 만든 작은 카페 348

바닥 높이를 달리해 한 공간을 두 가지 용도로 350

곳곳에 숨어 있는 자투리 공간을 활용하자 352

지붕의 빈 공간을 활용하자 356

조명, 방 가운데가 아니라 필요한 곳에 달아라 359

마당이 좁다면 발코니, 베란다를 활용하라 362

우리 가족에게 맞는 설계는 따로 있다

합리적인 설계가 합리적인 비용을 결정한다

합리적 예산으로 집짓는 법, 박스형 설계

설계의 시작, 부지에 맞춰 도면 그려보기

집의 첫인상을 결정하는 외관 설계, 어디서부터 시작할까

목조 주택으로 지을까, 콘크리트 주택으로 지을까

집 설계의 중심, 거실과 주방의 배치

가족 구성원에 딱 맞는 욕실 구조 찾기 & 배치하기

집에 꼭 두고 싶은 아이템은 무엇인가

이사 갈 때 가져갈 가구와 가전을 미리 정하라

PART 1

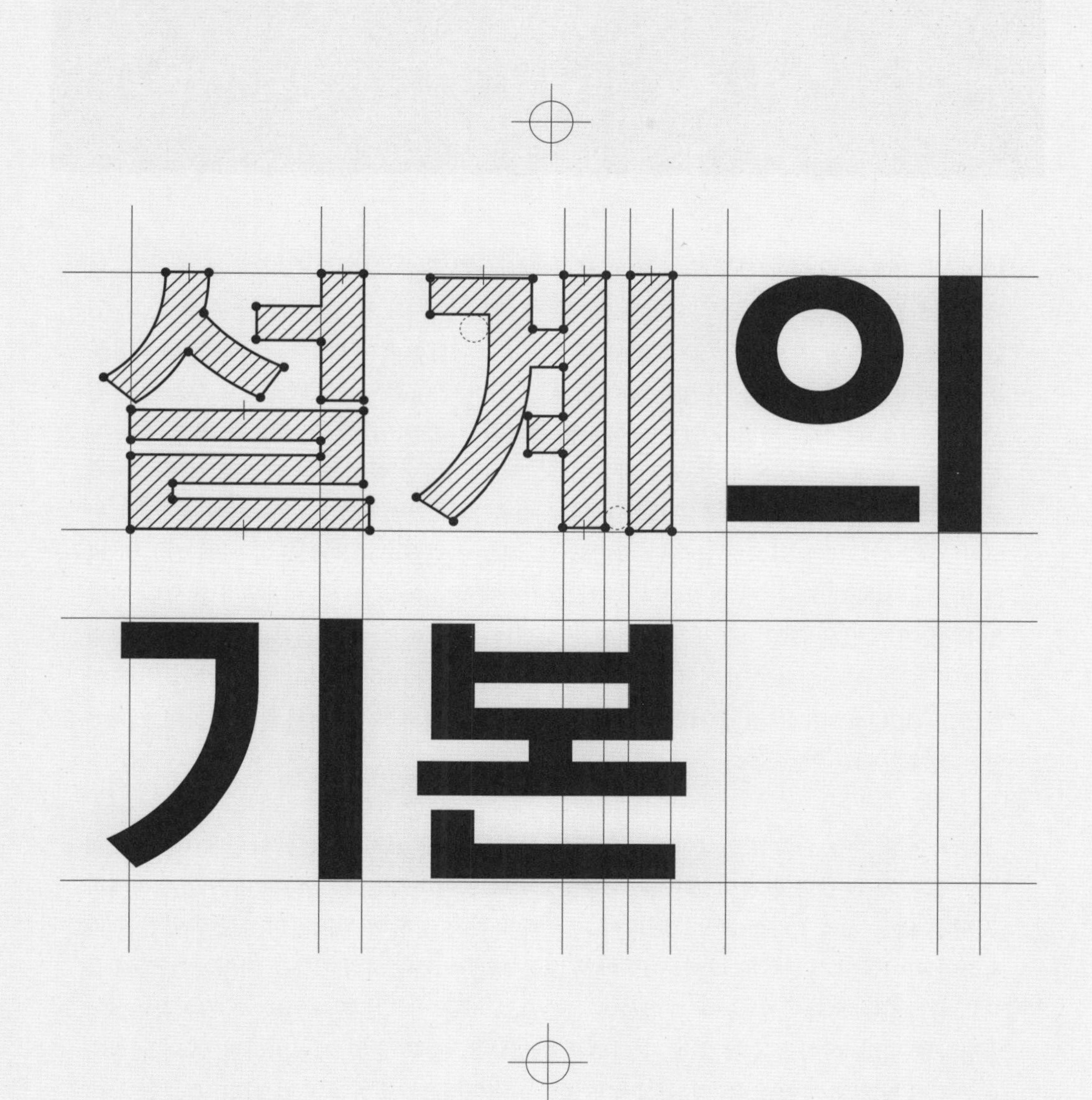

후회 없는 집짓기를 위해 알아야 할 설계의 기본

우리 가족에게 맞는 설계는 따로 있다

10여 년 전에는 은퇴한 부부가 노후에 시골에서 살기 위해 집을 짓는 경우가 많았다. 여유 자금으로 집을 짓는 노부부가 많았기 때문에 제법 큰 규모의 전원주택을 흔히 볼 수 있었다. 요즘은 집을 지으려는 30대 젊은 부부들이 늘어나는 추세다. 층간 소음에서 자유로운 집, 아이가 마음껏 뛰놀 수 있는 집에서 살고 싶어서 대출을 받으면서라도 무리해서 집을 짓는 것이다. 어린 자녀가 있으면 아이를 중심으로 집을 설계하는 경우가 많다. 애초에 집을 짓는 목적이 아이에게 추억을 만들어주고 싶어서라면 아이를 중심으로 설계하는 게 잘못된 것은 아니다. 단독주택은 내가 원하는 집을 짓는 것이 정답이기 때문이다. 다만, 아이가 자라 중학생만 되어도 늘어난 학업의 양 때문에 대부분의 아이들이 아빠보다 더 바쁜 일상을 보내게 되는 게 현실이다. 대학교에 진학하면 자취를 하는 경우가 많으니 방학을 해야 겨우 집을 찾고, 더 자라서 취직을 하면 아예 독립을 하는 경우가 다반사다. 그렇게 되면 아이를 중심으로 설계한 공간들은 제 기능을 하지 못하고 창고처럼 방치되기도 한다. 30~40년을 내다보고 설계할 수는 없지만, 추후 생길 수 있는 변화를 감안하여 거기에 맞는 설계를 하는 것이 좋다.

예를 들어 아이가 중학생 이상이라면 독립할 시간이 얼마 남지 않았다. 그런데 1층에 거실과 주방을 두고 안방과 아이들 방을 모두 2층으로 올려버리면, 몇 년 후 아이들이 독립하고 나면 넓은 집의 1, 2층을 오르내리며 사용해야 하는 상황이 벌어진다. 1층에 안방을 배치하면 아이들이 독립하고 나서도 1층에서 모든 생활이 가능하다. 2층은 아이들이 집에 올 때 사용하거나 손님이 왔을 때 개방하는 공간으로 바꾸거나 부부 개인의 서재나 작업실로 변경하면 된다. 아이들이 독립한 뒤 대부분의 생활을 1층에서 할 계획이라면, 집의 난방과 냉방 효율을 최대한 높일 수 있는 설계가 좋다. 즉, 거실은 2층까지 트지 말고, 층고만 높여 개방감을 주는 것이 효과적이다. 반면, 아이들이 아직 어리거나 앞으로 아이를 가질 계획이 있다면 안방과 아이들 방을 같은 층에 두는 것이 좋다. 커다란 방을 하나 배치해 아이들이 어렸을 때는 그 방에서 가족들이 함께 자고, 아이들이 크면 방을 분리해서 각자의 방을 만들어주기도 한다. 또한 드레스룸이나 샤워실, 세탁실을 같은 층에 두면 집안일의 동선이 짧아진다.

아이들을 모두 독립시킨 뒤 도시 생활을 정리하고 지방에 작은 주택을 지어서 살고 싶은 중년 이후의 부부라면, 평상시에는 1층에서 모든 생활을 할 수 있도록 설계하고, 2층은 게스트룸으로 활용하는 것이 효율적이다. 2층은 원룸 형태로 만들고 손님들이 방문할 때만 개방한다. 2층 주택을 짓는 이유는 대부분 땅이 좁기 때문이다. 집을 지을 땅이 넓다면 아파트처럼 단층 주택을 짓는 것이 노후 생활을 보내기에는 더 편리하다.

설계를 시작하기 전에는 집을 짓는 이유를 명심하자! 젊은 부부가 집을 짓는 이유는 아이들이 더 크기 전에 행복한 추억을 만들 수 있는 집에서 살기 위함이고, 은퇴한 노부부가 집을 짓는 이유는 조용한 곳에서 편안하게 노후를 보내기 위해서이다. 이때 처음 집을 지은 그대로 평생 살겠다는 생각으로 설계에 들어가면 정작 중요한 부분을 놓칠 수도 있다. 가까운 미래에 가족에게 생길 수 있는 변화까지 염두에 두고 설계를 해야 한다.

합리적인 설계가 합리적인 비용을 결정한다

설계를 할 때 가장 고민하는 부분은 역시 예산이다. 고객들과 상담할 때면 종종 "설계를 할 때는 꿈을 이야기하지만 공사를 할 때는 현실을 이야기한다"고 말한다. 자동차를 구입할 때 차의 종류와 디자인, 옵션 등을 결정하는 요소가 예산인 것과 마찬가지다. 아파트의 경우 평당 얼마로 가격이 정해져 있다. 평당으로 가격을 정할 수 있는 이유는 몇 천 세대의 평면이 다 비슷하기 때문이다. 198m²(60평) 아파트와 99m²(30평) 아파트의 평당가를 비교해보면 99m²(30평) 아파트의 평당가가 더 높다. 공사비 또한 99m²(30평) 아파트의 공사비가 더 높게 책정된다. 거실이 33m²(10평)인 집과 거실이 17m²(5평)인 집의 평당가가 같다는 것은 이해가 되지 않는다. 그래서 합리적인 비용으로 집을 짓고 싶다면 합리적인 설계가 우선되어야 한다.

4인 가족을 기준으로 통상적으로 가장 많이 고려하는 단독주택의 크기는 약 149m²(45평) 정도다. 이 크기라면 보통 1층에 거실, 주방, 다용도실, 작은 창고, 방 한 개, 욕실 한 개, 그리고 2층에 방 세 개, 화장실 한 개 정도를 배치할 수 있다. 이전에 약 109m²(33평) 확장형 아파트에 살았다면 단독주택 기준으로는 약 132m²(40평) 이상은 되어야 예전 집과 비슷한 크기라고 느낄 것이다.
4인 가족 기준으로 약 132m²(40평) 크기의 집을 짓는다 가정하고 예산을 짜보면 건축비만 대략 2억에서 2억 2천만 원 정도가 필요하다(중급 이상의 주택 기준). 그 외 추가로 드는 비용을 좀 더 상세하게 들여다보자.

연면적 142m²(43평), 다락 23m²(7평), 발코니 12m²(3.5평), 현관 5m²(1.5평)의 평면도.

설계비 (인허가, 사용 승인, 내진 설계 등)	1500~2000만 원
건축공사비	2억~2억 2천만 원
가설전기	70만 원
본전기 인입비 및 맨홀 설치비	150만 원
통신 인입 및 맨홀 설치비	150만 원
통신필증	100만 원
오수필증	100만 원
도시가스 설치 및 분담금	300만 원
상수도 설치	150만 원
준공조경 공사 (부지 정리, 기본 조경수 식재, 주차 라인 등)	500만 원
가구 공사 (주방 가구, 붙박이장, 신발장 등)	1000~2000만 원
취등록세	300~500만 원
전자제품 (에어컨, 세탁기, 건조기 등)	1000만 원

이 정도가 집을 짓는 데 드는 대략적인 금액이다. 즉, 132m²(40평) 규모의 단독주택을 지으려면 2억 5천만 원 이상의 비용이 든다. 흔히 집을 짓는 데 평당 400~500만 원 정도가 든다고 이야기하는데 이는 취등록세 및 조경, 가구 공사 등을 제외한 순수 건축비만 이야기하는 것이다. 건축비 외에도 대략 5천만 원 정도의 비용이 더 추가된다. 물론 위에서 제시한 금액보다 더 저렴하게 지을 수도 있다. 그러므로 설계를 하기 전에 가용 가능한 예산과 추가로 발생할 수 있는 비용에 대비하여 최종적으로 감당할 수 있는 예산이 얼마인지 가늠하고, 예산에 맞춰서 설계 단계부터 조정해야 한다.

합리적인 예산으로 넓은 집을 짓고 싶다면 우유갑 같은 박스 형태의 박공지붕 디자인으로 외관을 설계하는 게 효과적이다. 중정(집 안에 있는 마당)이 있거나 1층이 넓고 2층이 좁으면 부수적인 면적이 늘어나서 공사비가 더 올라간다. 바닥 면적뿐만 아니라 벽체 마감 면적도 공사비에 큰 영향을 미치기 때문이다.

1층이 넓고 2층이 좁은 형태의 설계는 전체 면적이 같아도 지붕 면적과 기초 콘크리트 부분의 면적이 늘어나기 때문에 공사비가 올라간다. 바닥 면적당 공사 금액을 따지면 기초 공사 금액이 가장 크다.

사각형 박스 형태의 디자인이 가장 합리적인 공사비 산출이 가능한 설계다.

누구나 좋은 집을 짓고 싶다. 하지만 하자 없이 튼튼한 집을 지으려면 겉보기에 화려한 집보다 기본에 충실한 집을 짓는 것이 우선이다. 누수 없고 여름에는 시원하고 겨울에는 따뜻한 집을 기본으로 한 다음에 마감을 고민해야 한다. 전체 공사비에서 차지하는 비중을 보면 마감재가 차지하는 비중은 30%도 되지 않는다. 70%는 집이 완성되고 나면 보이지 않는 부분들이다. 기초, 구조, 전기, 설비, 방수 등. 눈에 보이지 않는 집의 내면까지 충실히 시공한 다음 마감을 진행해야 한다. 설계 시에 이런 부분도 감안해서 예산을 잡고 설계를 시작하는 것이 좋다.

공사비를 아끼는 설계 디테일

1. 박스 형태, 박공지붕의 외관 디자인으로 설계한다.
2. 실 분리를 많이 할수록 벽체 면적이 늘어나서 공사비가 늘어난다.
3. 욕실이 차지하는 공사비 비중이 제법 크다. 가족 구성원과 라이프스타일을 고려하여 욕실의 개수를 정하자.
4. 창호는 기본 환기창 외에는 고정창을 설치한다. 평생 열까 말까 싶은 창까지 전부 열리는 창으로 만들 필요는 없다. 고정창이 열리는 창에 비해 단가도 저렴하고 단열에도 좋다.
5. 다락은 면적 대비 가격이 저렴하지만 비용이 발생하는 공간이다. 용적률에 포함되지 않는 서비스 면적이지만 안타깝게도 공사비는 서비스가 아니다. 아이들에게는 놀이방이 되고 짐이 많은 집이라면 수납 공간도 되지만 굳이 필요하지 않다면 만들지 말자.

합리적 예산으로 집짓는 법, 박스형 설계

처음에는 건축주가 공간별로 필요한 면적을 그대로 가져와서 갖다 붙이는 방식으로 설계를 한다. 그래서 박스 형태의 설계가 아니라 오목하고 볼록한 형태의 설계가 나온다. 그대로 진행하면 외부 벽체 마감 면적과 내부 마감 면적이 늘어나 공사비도 같이 증가한다. 통상적으로 바닥 면적으로 계산해서 '평당 가격'으로 공사비가 책정되지만 이는 편의상 대략적인 공사비를 책정하는 방식이고, 실제로는 바닥을 마감하는 비용보다 벽체를 마감하는 비용이 더 많이 들어간다. 그러므로 최대한 사각형 형태를 유지하면서 설계하는 것이 중요하다.

박스 형태의 설계를 이해하려면 아파트를 떠올리면 된다. 부동산 관련 사이트에 들어가면 아파트 평면도를 쉽게 확인할 수 있다. 물론 단독주택과 아파트 평면은 다르지만 처음 시작할 때는 가장 대중적인 박스 형태 설계인 아파트 평면을 보면서 공부하는 것이 설계를 이해하기에 가장 빠르고 쉬운 방법이다. 그러나 2층 주택이라면 설계가 완전히 달라지기 때문에 아파트 평면만 생각하고 갖다 붙이면 안 된다.

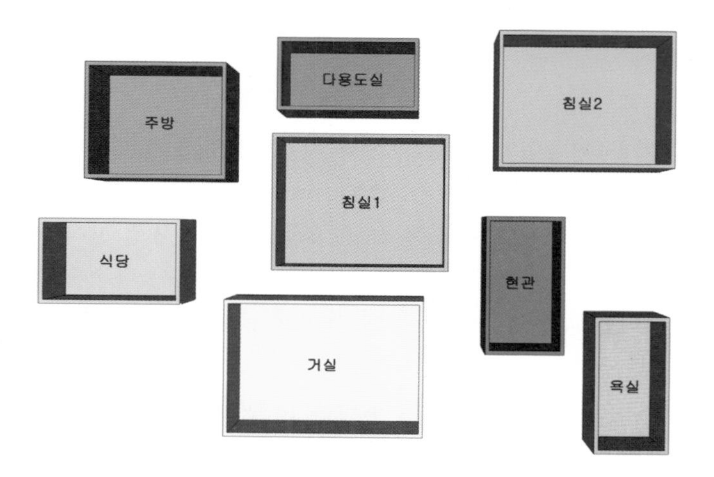

그림 1

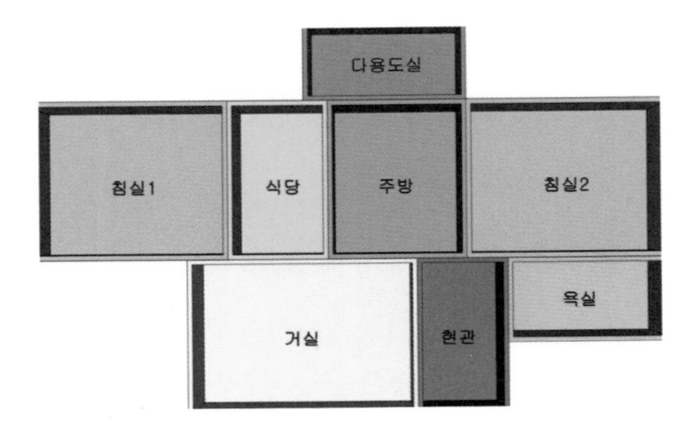

그림 2

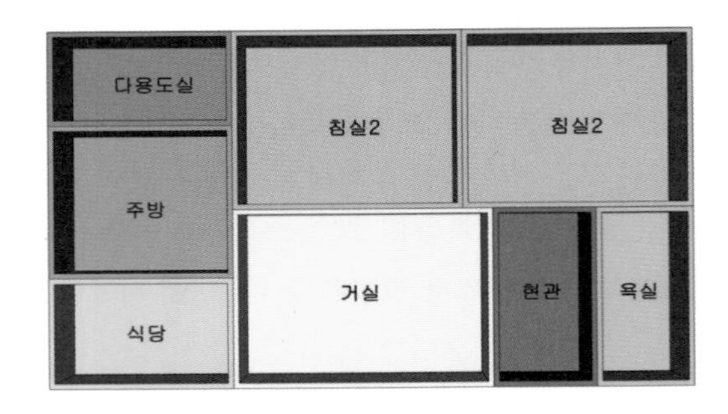

그림 3

처음에는 <그림 1>처럼 내가 필요한 공간의 면적을 구하고 이것을 테트리스하듯 맞추는데 이 면적을 고수하다 보면 사각형 형태가 잘 나오지 않는다. 테트리스를 잘못하면 <그림 2>와 같은 집이 만들어진다. 예전에는 이런 형태의 집이 많았다. <그림 2>의 집은 당연히 지붕 면적도 늘고 벽체 마감 면적도 늘어난다. 바닥 면적이 같으니 공사비도 같을 것이라고 생각하면 큰 오해다. 외부 벽체 면적을 계산해보면 예상했던 공사비보다 20%나 증가하는 경우도 있다.

실 크기를 조금씩 수정해서라도 <그림 3>과 같이 사각형 형태를 유지해야 합리적인 공사비 산출이 가능한 설계가 된다. 거실 크기 4000×4000 이런 식으로 정하고 설계를 하면 박스 형태를 유지하기 어렵다. 크기를 유동적으로 조금씩 조정하면서 설계 가능한 면적의 사각형을 그린 뒤 그 안에서 분리하면서 설계하는 것이 좋다. 물론 비용에 상관없는 디자인의 주택을 짓고 싶다면 박스 형태를 고집하지 않아도 된다. 하지만 내가 가진 예산 안에서 합리적이고 튼튼한 집을 짓고 싶다면 설계부터 이를 반영해야 한다. 예산을 초과하는 설계가 나오면 아무리 여기저기에서 견적을 받아도 공사비를 맞추기가 힘들다. 설계는 시작이다. 시작을 잘해야 다음 과정으로 넘어가는 일이 수월해진다.

설계의 시작, 부지에 맞춰 도면 그려보기

설계는 내 땅의 실제 크기를 아는 것에서 시작한다. 온나라부동산(www.onnara.go.kr) 홈페이지에서 땅의 크기를 확인할 수 있다. 이곳에 주소만 입력하면 해당 부지에 대한 웬만한 정보는 모두 얻을 수 있다. 물론 무료다. 주소를 입력하면 여러 정보가 뜨는데 그중 필요한 정보는 토지이용계획도와 지적도다.

우선 토지이용계획도를 보면 땅의 방향을 알 수 있다. 보이는 그대로가 동서남북이라고 보면 된다. 아래의 토지이용계획도에서 선택한 땅은 북쪽에 도로를, 남쪽에는 보행자 도로를 두고 있다. 양쪽에는 인접 대지가 있는 형태다. 보행자 도로를 향해서 집을 짓는다면 정확하게는 남동향으로 배치되는 것이다. 지을 집을 어떻게 배치할지 파악하면 ㄱ자의 설계를 할지 ㅁ자의 설계를 할지도 결정할 수 있고 창호의 크기와 위치도 결정할 수 있다.

다음에 필요한 것은 지적도다. 홈페이지에 들어가 보면 실제 치수가 자세히 나와 있다. 이 치수를 이용해서 1/100로 축소해서 도면을 그리면 된다. 땅이 굉장히 크지 않은 이상 A3 용지 안에 전부 들어간다. 일반적으로 사용하는 30cm 자를 사용해 그대로 m로 계산하면 된다. <그림 2>를 보면 한쪽의 치수가 18.94m라고 되어 있는데 18.94cm로 도면 위에 환산해서 그리면 된다. 건폐율(대지 면적에 대한 바닥 면적의 비율) 및 이격 거리(인접 대지, 도로 등에서 떨어져야 하는 거리) 등에 맞게 그릴 수 있는 최대한의 박스를 그리고 그 안에서 하나씩 맞춰나가면 된다.

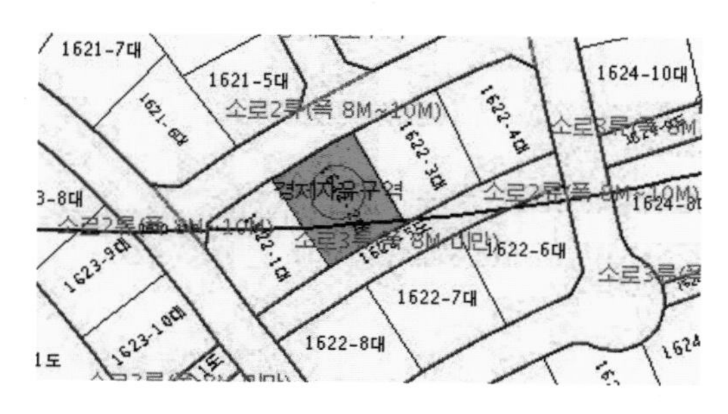

그림 1

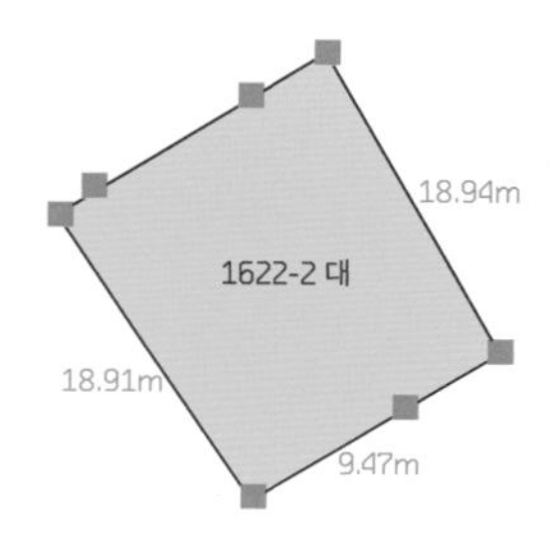

그림 2

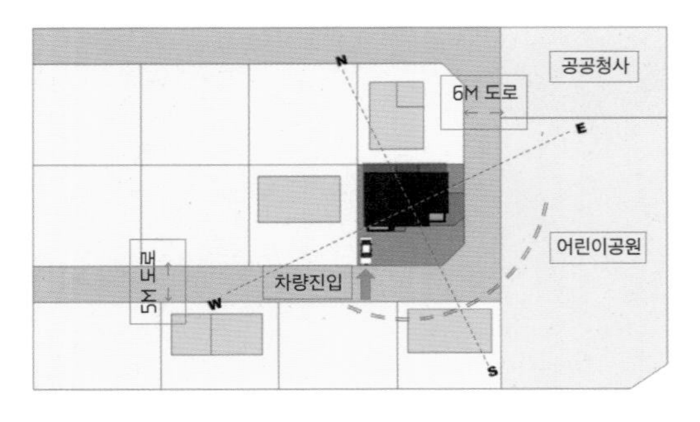

그림 3

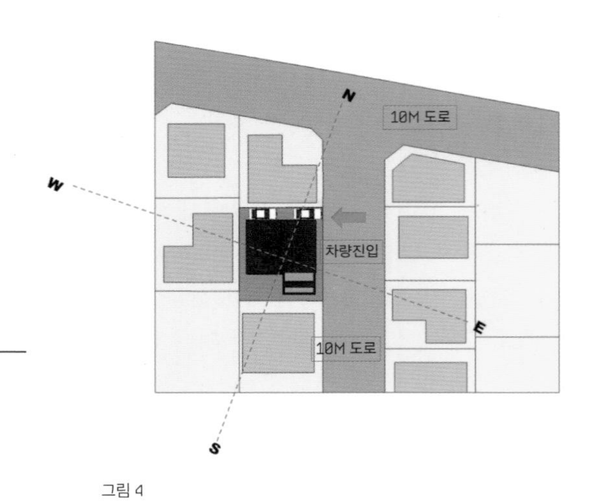

그림 4

<그림 3>의 부지는 동쪽과 남쪽에 도로를 끼고 있다. 네이버나 다음 지도에서 검색하면 정확한 방향을 알 수 있다. 부지에 맞춰서 집을 지으면 남서향의 주택이 된다. 남서향의 주택은 채광을 많이 받을 수 있는 형태이기 때문에 따뜻한 집을 지을 수 있다. 하지만 이런 땅은 주차 진입을 남쪽으로 해야 해서 최소 5m 이상은 들어가서 집을 배치해야 한다. 마당에 주차장을 만들 때는 주차장 규격이 2.5m×5m는 되어야 하므로 진입로에서 5m는 떨어진 곳에 집이 위치해야 한다. 1층을 더 넓게 사용하고 싶다면 ㄱ자 형태로 지어야 한다. 또한 북쪽은 일조권 때문에 조금 거리를 두고 지어야 해서 남쪽에 위치하는 마당이 조금 작아질 수도 있다. 단, 남쪽 일조권이라면 괜찮다.

<그림 4>의 부지는 동쪽으로 도로가 접해 있다. 일조권 때문에 북쪽에 거리를 두고 건물을 지어야 한다. 어차피 이격 거리를 두어야 한다면 공간을 조금 더 확보해서 주차장을 만드는 것도 방법이다. 단, 주차장이 커질수록 마당이 좁아지므로 이 점을 고려해서 설계해야 한다.
앞쪽에도 집이 들어선다면 북쪽으로 바짝 붙여서 지을 것이고, 왼쪽에는 그림과 같은 방향으로 집이 들어설 수도 있기 때문에 채광 확보를 위해서 최대한 동쪽으로 붙여서 짓는 것이 좋다.

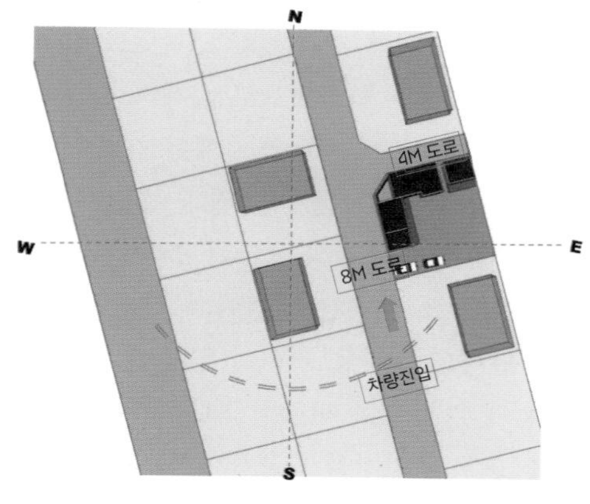

그림 5

<그림 5>는 북쪽과 서쪽으로 도로가 접한 부지다. 통상적으로는 ㄱ자로 지어서 남서향의 채광을 받는 것이 좋다. 하지만 동쪽에 인접한 대지가 없기 때문에 도로를 집 건물로 막아버리면 프라이빗한 마당을 가질 수 있다. 더욱이 일조권 문제가 걸리지 않기 때문에 최대한 도로에 붙여서 집을 지으면 남쪽에 제법 큰 마당을 확보할 수 있다. 대신 남서향의 채광을 받으려면 창호를 적절하게 배치해야 한다.

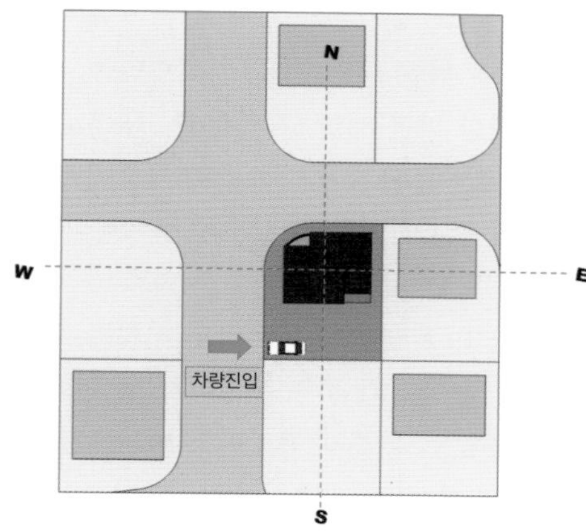

그림 6

<그림 6>은 정남향의 반듯한 부지다. 북쪽으로 도로를 접하고 있으므로 최대한 도로에 붙여서 도로 모양대로 집을 지으면 하루 종일 채광이 좋은 집이 된다. 단, 앞쪽에 북쪽으로 최대한 붙여서 지은 집이 들어선다면 오전에는 채광이 조금 부족할 수도 있다. 하지만 오후에는 충분한 채광이 들어온다. 이런 집을 ㄱ자로 설계하면 거실에 동향의 채광은 들어오지 않지만 서향의 채광은 늦은 오후까지 충분하게 들어온다.

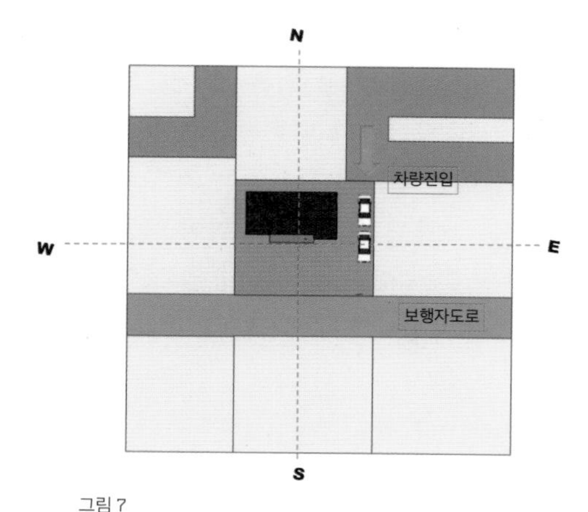

그림 7

택지지구의 땅 중에는 <그림 7>과 같이 아주 일부분만 도로에 접하는 경우가 있다. 이런 부지는 주차장 위치에 선택의 여지가 없다. 무조건 도로와 접하는 부분에 자리해야 한다. 또한 북쪽으로는 일조권, 서쪽으로는 인접 대지, 동쪽으로는 주차장 때문에 이격을 해야 하는 상황이다. 물론 지역마다 일조권 법규도 다르고 주차장법도 다르기 때문에 현지 법규를 따져봐야 하지만 통상적으로 보면 이격 거리가 많이 발생한다. 남쪽이 보행자 도로라 차량이 다니지 않기 때문에 넓어 보이는 마당을 얻을 수 있다는 장점은 있다.

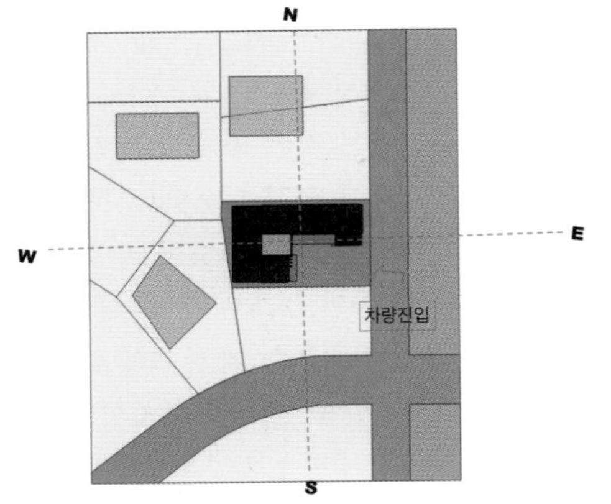

그림 8

가로가 긴 형태의 부지는 집도 가로로 길어질 수밖에 없다. 사각형으로 설계하면 남쪽 마당이 작아지고 앞쪽 부지에서 북쪽으로 바짝 붙인 집을 짓는다면 집과 집 사이가 가까워질 수밖에 없다. <그림 8>처럼 부지 대비 집을 크게 짓는 과정에서 집 건물 일부가 남향의 채광을 가리는 상황이 생기는데 이 경우 창호로 채광을 최대한 확보하는 것이 좋다. 주차장을 확보해야 하므로 동쪽 진입로는 전부 막을 수 없다.

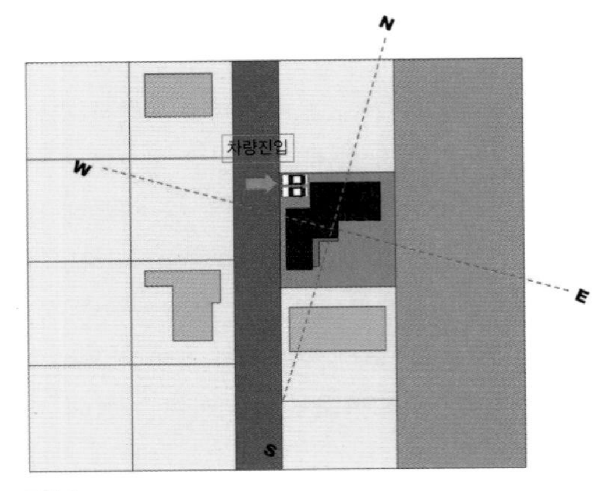

그림 9

<그림 9>의 부지는 일조권 때문에 일부를 이격해야 하는 상황이다. 건물 평면을 조정해 이격한 만큼 생긴 공간에 차 2대를 주차할 수 있는 주차장을 만들고 주차장에서 바로 현관으로 진입할 수 있도록 설계한다. 남동향에 가까운 집이므로 늦은 오후의 채광이 필요 없는 남쪽 지방이라면 서향을 막는 방식의 설계도 괜찮다. 도로에서 집 안쪽이 보이지 않고 동쪽의 녹지만 보이기 때문에 프라이빗한 집과 마당을 가질 수 있다.

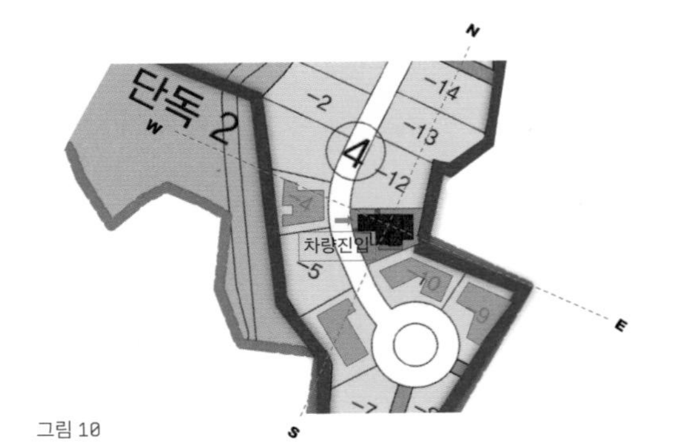

그림 10

부지가 마름모 형태이거나 원형이라면 부지의 효율성을 최우선에 두고 설계해야 한다. 때로는 땅 모양대로 집을 짓기도 한다. 시원한 집을 원한다면 남동향으로, 따뜻한 집을 원한다면 남서향으로 짓는 것을 추천한다. 물론 채광을 무시한다고 집이 항상 춥거나 더운 것은 아니다. 주난방은 보일러, 보조난방은 채광이라고 생각하면 된다.

· 일조권 이격 거리 : 높이 9m 이하 경계선부터 정북 방향 기준으로 1.5m 이상.
· 인접 대지 이격 거리 : 내 땅과 옆 땅이 붙어 있을 때 경계에서 0.5m 이상 떨어져서 집을 지어야 한다.
지역과 땅에 따라 1m인 곳도 있다.
· 주차장 규격 : 가로 2.5m, 세로 5m 이상의 공간.

· 위 규정은 지역마다 다르므로 설계 시에는 조례를 꼭 검토해야 한다.

집의 첫인상을 결정하는 외관 설계, 어디서부터 시작할까

대부분의 건축주는 가족의 라이프스타일을 고려한 실용적인 평면 설계를 추구하지만, 집의 첫인상을 결정하는 외관은 뭔가 특별하게 디자인하고 싶어 한다. 하지만 외관은 평면에 맞게 만들어야 하고, 프로그램도 사용할 줄 알아야 해서 건축주가 외관을 디자인하기는 매우 어렵다. 가장 편리한 방법은 완공된 집이나 사진 자료를 참고하여 새롭게 디자인하는 것이다. 원하는 외관 디자인과 비슷한 주택의 사진을 보여주면 설계자가 사진에 갇혀 창의적인 디자인이 나오지 않을까 봐 걱정하는 건축주도 있지만 디자인이 업인 전문가들이니 믿고 맡기는 게 좋은 디자인의 밑거름이 된다.
다양한 예시를 통해서 장단점을 살펴보자.

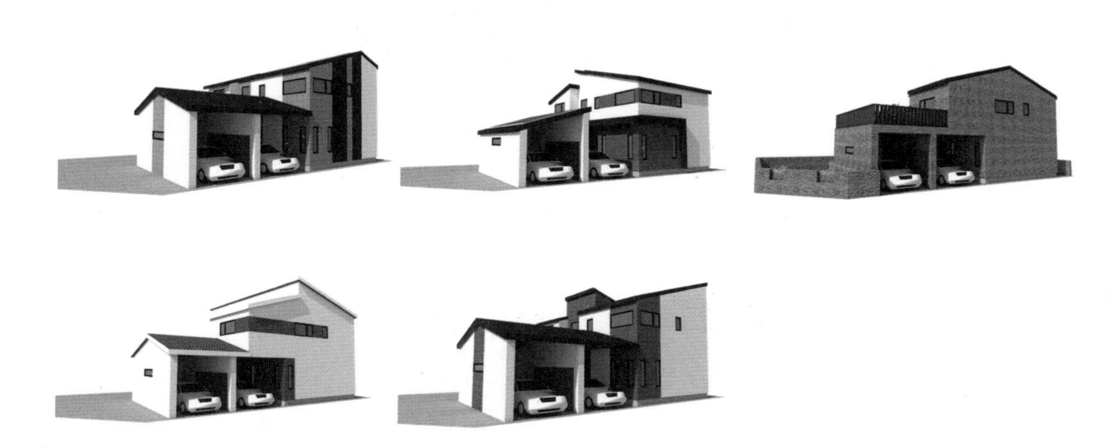

같은 평면으로 외관만 다르게 디자인한 것이다. 이처럼 같은 평면으로 다양한 예시를 만들 수 있다. 처음부터 한 가지 설계만 고집하기보다 다양하게 접근하면서 고민하다 보면 나와 가족이 가장 원하는 형태의 디자인을 찾을 것이다.

박공지붕 형태의 외관이다. 人자 형태로 되어 있으며, 가장 안정적인 형태 중 하나다.
어릴 적 스케치북에 집을 그리면 대부분 이런 형태로 그렸을 것이다. 그만큼 친숙하고 안정적인 느낌을 주는 형태의 집이다.

사각 평면에 박공지붕 형식이다. 가장 효율적인 설계를 할 수 있고 비용도 절감할 수 있다.

일본의 주택 분위기가 나는 이 집은 모임지붕 형식이다.
지붕의 평면에서 가운데를 잡고 끌어당긴 느낌이라고 보면 된다. 지붕 처마의 사면 높이가 같아서 어디서 보아도 안정적이다.

변형된 외경사 형태의 디자인이다. 한쪽이 높고 외경사로 내려가는 형태다.
모던한 주택을 설계할 때 많이 활용한다. 1층이 넓고 2층은 좁을 때 2층 공간을 한쪽으로 몰고 외경사로 디자인한다.

박공지붕 형태에서 변형된 복합외경사다. 지붕이 만나지 않고 중간에서 끊어져서 따로따로 외경사 형태의 지붕으로 내려가는 형식이다. 지붕이 높은 곳에는 다락방을 배치한다. 다락방에 창을 낼 수 있는 벽체가 생기기 때문에 볕이 잘 드는 다락방을 만들 수 있다.

모임지붕 형식이다. 모든 지붕이 모이는 형식으로 사면 어디서 보아도 비슷해 보인다.
인접 대지가 없는 위치에 지으면 사면이 모두 모던해 보이는 효과가 있다.

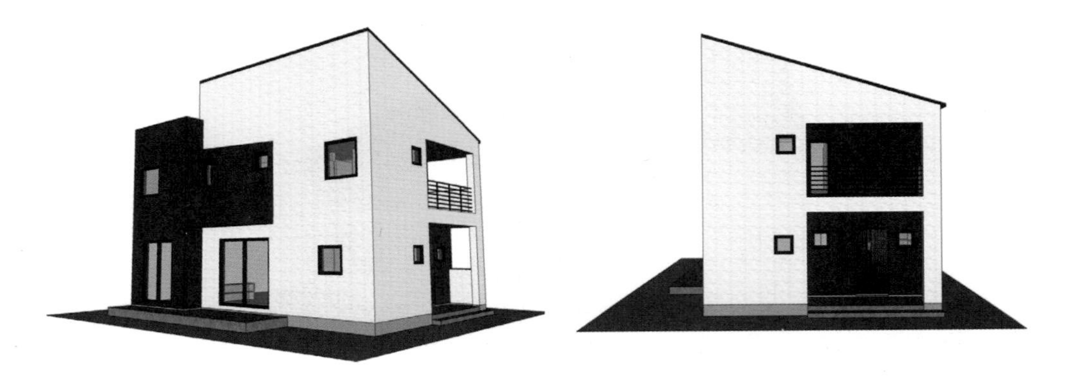

집이 커 보이는 디자인이다. 외경사 형태로 집 한쪽을 인위적으로 끌어올려서 흡사 3층 집처럼 보인다.
외경사 형태의 설계는 다락의 벽체가 높아지기 때문에 사람이 서서 다닐 수 있을 정도의 공간을 충분히 확보할 수 있다.
어디에서 바라보느냐에 따라 집의 느낌이 달라지는 외관이다.

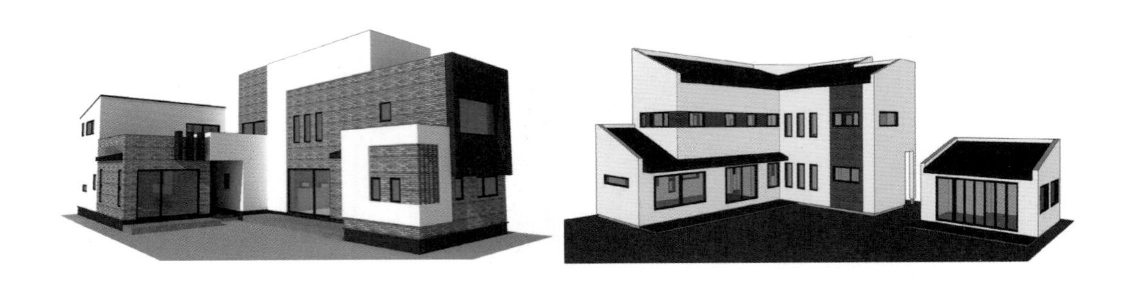

모던한 분위기를 자아내는 큰 박스 형태의 외관이다. 지붕 옆에 벽체를 세운 디자인으로 밖에서 올려다보면 옥상이 있는 것처럼 보인다.
빌딩처럼 박스 형태의 외관으로 짓고 싶을 때 적용하는 디자인이며 뒤에서 보면 경사 지붕이 보이는 형태다. 마당에서 바라보는 모습과 도로에서 바라보는 모습이 달라서 어느 쪽으로 할 것인가를 결정해야 한다. 대부분 도로에서 봤을 때 높은 벽체가 보이도록 설계한다.

박공지붕 형태지만 경사를 주어서 다양한 모습을 보여줄 수 있다. 단점은 서까래의 길이가 전부 다르기 때문에 목수 인건비가 증가한다는 것. 하지만 어느 쪽에서 보아도 벽체의 높은 면과 낮은 면이 다 보이기 때문에 독특하고 재미있는 디자인을 구현하고 싶을 때 추천할 만하다.

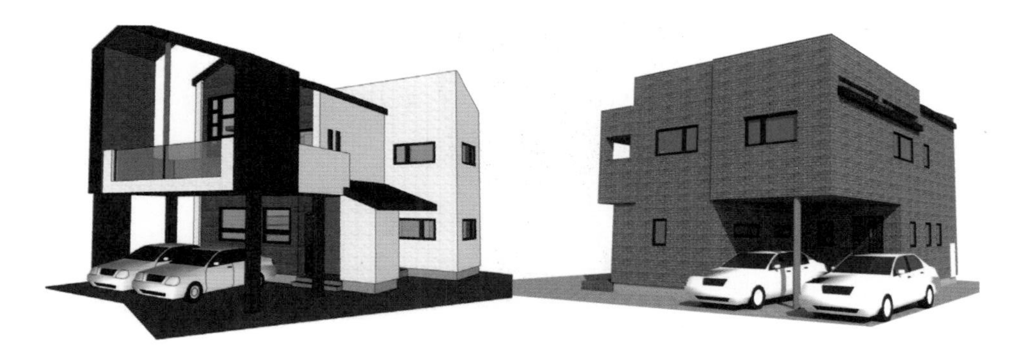

지하 주차장을 갖고는 싶은데 만들 수 없는 상황이라면 필로티를 활용하는 것도 방법이다. 실내 주차장은 아니지만 최소한 비는 맞지 않는 곳에 주차할 수 있다. 평소 실내 주차장을 이용하던 사람은 비가 많이 오면 우산을 펴야 하고 눈이 많이 내리면 자동차 유리에 수북이 쌓인 눈을 치워야 하는 상황이 매우 불편할 수 있다. 이럴 때는 필로티 주차장을 고려할 만하다. 필로티 주차장을 만들려면 2층이 넓은 구조로 집을 설계해야 한다. 집이 크다면 1층을 좁게 만들고 2층을 더 넓게 만들면 자연스럽게 필로티 부분이 나오지만 대부분 1층이 넓고 2층이 좁은 형태이기 때문에 인위적으로 만드는 경우가 많다. 1층에 지붕을 설치하거나 외부 발코니를 크게 만들고 하부에 주차장을 두어도 된다.

상황이 여의치 않다면 위 그림처럼 구조물을 만들어서 카포트(주택 부지 안에 위치한 간이 차고)를 만들 수도 있다.

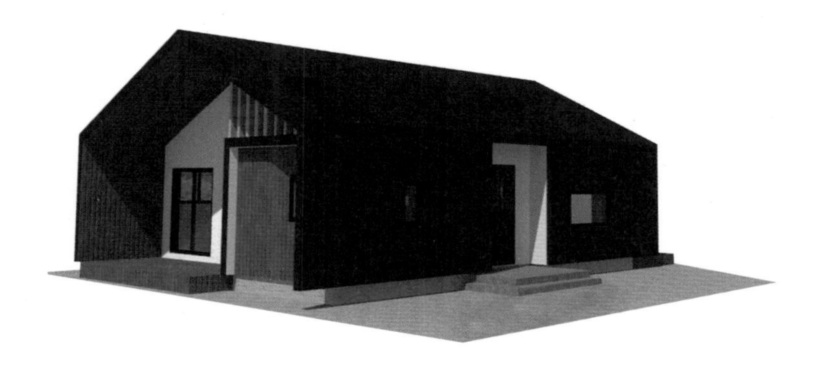

최근 많이 하는 디자인으로 단층 주택에서 지붕을 더 끌어당겨 처마를 길게 만드는 형태다.
정면에서 보면 지붕 있는 테라스가 하나 생긴 듯한 효과가 있다.

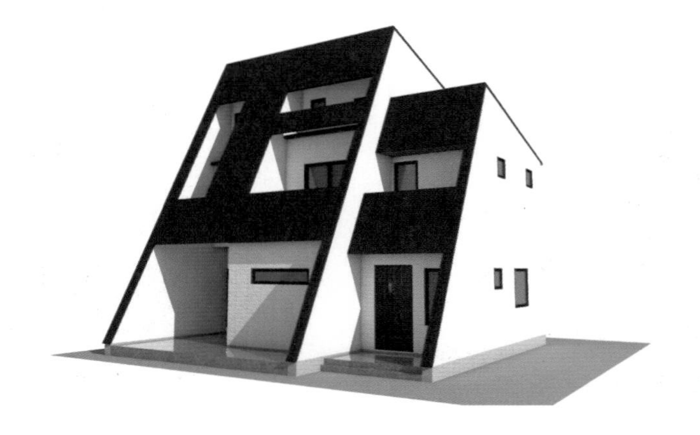

독특한 디자인이 좋다면 처음부터 설계자에게 다른 형태의 디자인을 원한다고 말하자. 다만, 증가되는 공사비에 대한 부담은 염두에 두어야 한다. 디자인이 독특하면 자재, 인건비 등 여러 면에서 비용이 더 발생할 수밖에 없다. 일하기 쉽게 만들면 디자인은 단순해진다. 즉, 설계자에게 공사비 이야기를 계속하면 설계자의 생각은 단순해질 수밖에 없다. 그러므로 독특한 외관 디자인을 원한다면 설계자가 자유롭게 창작할 수 있는 여지를 주어야 한다.

일본의 경우, 건축주가 이미 설계되어 있는 상품을 구매하는 방식이 보편화되어 있다. 모듈이 정해져 있어서 일부 수정은 가능하지만 거의 비슷하게 만들어진다. 건설회사 입장에서도 설계되어 있는 상품에 맞춰 시공을 하면 자신들이 가진 자재와 기술력 안에서 진행할 수 있고 똑같은 제품을 많이 만들면 관리비도 절감할 수 있어서 선호하는 방식이다. 마치 차를 사듯이 집을 고르면 일정 시간 이후에 납품을 받는다고나 할까. 일본은 사용할 수 있는 제품들이 정해져 있고 설치할 자재에 맞춰 설계만 한다면 제품을 사와서 바로 설치만 하면 되는 경우도 많다. 예를 들면 방의 높이가 2400mm로 정해져 있다면 석고보드, 목재, 벽재, 타일 등 모든 제품이 그 크기에 맞게 시공이 가능하도록 제품들의 치수가 통일되어 있는 것이다.

하지만 한국에서는 시중에 나와 있는 설계 중에서 우리 집 설계를 고르는 방식은 매우 낯설다. 또한 가족의 생활 패턴에 맞는, 가족의 개성이 드러나는 집을 설계하고 싶어 한다. 그래봐야 2층 단독주택 내에서 평면을 짜고 디자인을 하는데 얼마나 다르게 설계할 수 있겠느냐고 물을 수도 있다. 하지만 가구나 자동차도 작은 부품 하나, 미세한 디자인의 차이로 비슷한 듯 보이지만 매우 다른 것처럼 집도 약간의 차이가 많은 것을 결정한다. 그러므로 설계 전에 많은 집, 많은 자료를 보는 것이 중요하다. 이때 한 가지 주의할 것은 예시 사진이나 디자인은 사람들이 실제 건물을 바라보는 눈높이보다 약간 높다는 점이다. 약간 높은 데서 봐야 집이 예뻐 보이기 때문이다. 집 앞에서 바라보면 지붕은 보이지 않는다.

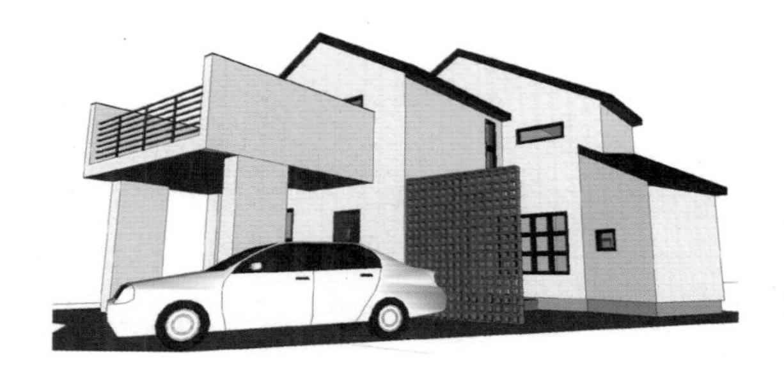

실제 집을 보는 눈높이.

디자인을 보여줄 때의 눈높이. 실제로 이 모습은 건물 2층 높이에서 바라봐야 볼 수 있기 때문에 이렇게 볼 일은 거의 없다.

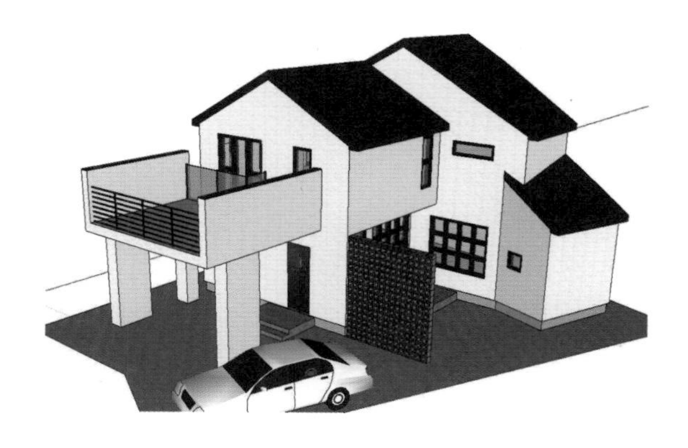

드론 등으로 아래를 내려다볼 때의 눈높이. 우리 집을 이 높이에서 볼 일은 거의 없다고 봐야 한다.

이처럼 우리가 직접 집을 바라보는 눈높이와 사진과 자료로 볼 때의 눈높이가 다르기 때문에 완공 후 집의 느낌이 설계하면서 상상했던 것과는 다를 수도 있다.
예를 들어 지붕재가 고급스러워 보여서 비싼 금액에도 무리해서 사용했는데, 실제 적용해보니 우리 집 마당에서는 지붕재가 전혀 보이지 않는다. 멋있어 보이려고 사용한 마감재지만 100m 이상 떨어져 있어야 그나마 보인다. 그렇다면 예산을 초과해서라도 이 지붕재를 써야 할지 진지하게 고민해봐야 한다. 내가 살고자 하는 집의 디자인을 정했다면 비슷한 형태의 집들을 많이 보면서 감을 익히고, 어느 부분에 힘을 주는 게 좋을지, 지붕과 벽체가 이어지는 전체 모습은 어땠으면 좋겠는지 같이 고민해보는 것이 좋다.

목조 주택으로 지을까,
콘크리트 주택으로 지을까

어떤 구조로 집을 지을지에 대한 고민은 설계 단계부터 시작된다. 과거와 달리 요즘은 벽돌집보다는 스틸, ALC, 목조, 콘크리트 등 다양한 자재로 집을 짓는 추세다. 이 중에서 가장 선호하는 자재는 목조와 콘크리트다. 목조와 콘크리트, 두 가지 자재를 좀 더 자세히 다루겠다. 집을 지으려는 사람들은 목조 주택과 콘크리트 주택의 장점을 놓고 많은 고민을 한다. "목조 주택은 단열이 좋고 경제적이어서 많이 짓는다고 하던데…." "콘크리트 주택은 튼튼하고 방수가 잘되어서 목조 주택보다 오래간다고 하던데…." 이처럼 어떤 자재로 집을 지을지를 두고 마지막까지 결정을 내리지 못하는 사람들이 많다. 과연 어떤 자재를 선택하는 게 좋을까?

예전에는 자동차를 구입할 때 가장 중요시했던 게 잔고장이 없는 차였다. 일본 자동차가 잔고장이 없다고 소문이 나자 미국에서도 일본 자동차를 선호했고, 우리나라에서도 삼성자동차가 나왔을 때 일본 자동차를 기본으로 만든 자동차니까 잔고장이 없을 거라는 인식이 있어서 삼성 자동차가 많이 팔렸다. 하지만 잔고장이 없는 게 당연시된 요즘은 자동차를 고르는 기준이 옵션과 디자인, 그리고 브랜드가 되었다.

주택도 마찬가지다. 건축 기술은 발전하고, 건축주와 소통하지 못하거나 날림으로 집을 짓는 회사는 살아남지 못한다. 소위 막 지은 집은 더 이상 찾아보기 힘들다. 목조 주택이 처음 들어왔을 때는 미국식, 캐나다식 목조 주택을 그대로 도입했다. 그러니 2층 바닥에 모르타르를 치고 난방을 하고 화장실에 방수를 하고 타일을 시공하고 화장실 전체를 물청소한다는 인식은 아마 없었을 것이다. 그때만 해도 목조 주택을 짓는 방법 자체가 생소했기 때문에 외국 사람들이 직접 와서 목조 주택을 짓기도 했다. 하지만 외국 목수들은 목구조만 진행해놓고 가버리면 그만이다. 목조 주택에 대한 이해가 없는 사람들이 외국 목수들이 지어놓고 간 목구조에 콘크리트 주택을 짓는 방식으로 나머지 공사를 했으니 누수를 비롯한 많은 문제가 생겼다. 이 때문에 목조로 지으면 나무가 썩어 집이 튼튼하지 않다는 편견이 생겼다. 하지만 생각해보자. 국내 오래된 사찰은 모두 목조로 지어지지 않았는가. 집을 어떻게 지었느냐가 문제일 뿐, 자재 그 자체는 문제가 없다.

반대로 콘크리트 주택은 춥다는 인식이 강하다. 노출 콘크리트 주택을 지은 한 지인은 "컵에 담긴 물이 얼 정도"라고 표현하기도 했다. 과거에 지은 벽돌집 중에는 시멘트 벽돌과 빨간 벽돌 사이에 단열재를 고정도 시키지 않은 채 대충 껴 넣고 시공한 집도 있었다. 이런 집은 추울 수밖에 없다. 점차 단열이 중요한 문제로 인식되면서 단열재도 두꺼워지고 단점을 보완할 수 있는 다양한 자재들이 개발되었다. 노출 콘크리트 주택도 중단열을 하는 등 기술적으로 많은 발전을 이루었고, 시공 매뉴얼 자체도 많이 바뀌었다.

이제는 단열과 내구성, 사후 관리가 선택의 기준이 아니라 우리 가족의 라이프스타일에 맞는 구조가 무엇인지가 더 중요한 기준이 되어야 한다. 옥상 정원을 만든다든지, 아이들을 위해 2층 발코니에 커다란 이동식 수영장을 설치한다든지, 나중에 증축 가능한 구조의 집을 만든다든지, 루프탑 테라스를 갖고 싶다면 콘크리트 주택을 선택하는 것이 좋다. 반대로 옥상 없이 지붕을 만들어 개성 있는 외관의 집을 갖고 싶다든지, 작은 땅에 집을 지어야 한다든지, 합리적인 비용으로 넓은 주택을 짓고 싶다면 목조 주택이 더 적합하다. 최근 목조 주택의 비중이 높아지는 이유는 같은 비용을 투자했을 때, 목조 주택이 면적 대비 더 넓은 집을 지을 수 있고 단열 성능도 뛰어나기 때문이다. 요즘 개발하는 택지지구는 옥상 자체를 불허하거나 전체 면적의 일부만 허용하는 경우가 많아서 옛날처럼 옥상 전체를 사용하기 힘들어졌다. 요즘은 목조 주택을 짓고 벽돌로 마감하기도 한다. 즉, 모든 마감재의 혼용이 가능해 목조 주택의 자재를 콘크리트 주택에 시공하기도 하고 콘크리트의 마감 자재를 목조 주택에 적용할 수 있게 된 것이다.

아래 사진 속 집은 1층은 콘크리트로 2층은 목조로 지었다. 겉으로 봐서는 이 집이 목조 주택인지 콘크리트 주택인지 전문가가 아니라면 구분하기 어려울 정도다. 아마 전문가도 자세하게 보지 않고서는 1층이 콘크리트인지 모를 것이다. 이처럼 목조나 콘크리트의 장단점을 보완할 수 있을 만큼 기술이 발달하고 자재도 다양해졌다. 그러므로 자재의 특성을 고민하기보다 내가 살고 싶은 집을 구현하려면 어떤 자재가 더 효율적인지를 고민하는 것이 중요하다.

같은 면적에 짓는다고 가정했을 때,
목조 주택이 더 넓은 집을 지을 수 있는 이유

같은 평수라면 콘크리트보다 목조로 지으면 더 넓은 집을 만들 수 있다. 바로 벽체 때문이다.
목조 주택과 콘크리트 주택의 벽체 두께를 비교해보자.

콘크리트 주택은 개정된 단열 기준을 적용하고 일반적으로 알고 있는 스티로폼으로 단열을 한다고 가정하면 (중부 지방 기준),

콘크리트 주택 :
스티로폼 140mm(나등급) + 콘크리트 20cm + 내부각재상 3cm + 석고보드 2장 1.9cm = 벽체 두께 38.9cm

목조 주택 :
스티로폼 50mm + 목구조 14cm(목구조 사이에 글라스울 단열재) + 석고보드 2장 1.9cm = 벽체 두께 20.9cm

개정된 단열 기준을 맞추기 위해서 똑같이 스티로폼으로 단열을 한다는 가정하에 계산해보면 위와 같이 거의 두 배 가까이 차이가 난다. 실제 안목치수(벽체와 벽체 사이의 거리를 잴 때 벽체 중심선이 아닌 마감 후 눈으로 보이는 벽체 사이의 거리를 기준으로 삼는 것)로 면적을 계산해보면 목조 주택이 좀 더 넓다.

집 설계의 중심, 거실과 주방의 배치

집을 설계할 때 가장 많이 고민하는 부분이 바로 거실과 주방의 위치다. 아파트 평면에 익숙한 우리는 거실, 식당, 주방이 하나로 이어지는 형태가 편하다. 사실 그 형태가 가장 넓어 보이고 편리하다. 외국은 식당 공간이 따로 있는 경우가 많다. 영화나 드라마를 보면 주방에서 식사를 하지 않고 별도의 공간에서 식사를 하는 장면을 흔히 볼 수 있다.

하지만 한식은 반찬을 비롯해 국까지 가짓수가 많아 주방과 식당이 분리되어 있으면 음식을 나르는 동선이 길어져 불편하다. 이러한 문화를 반영하여 한국에서는 주방과 식당을 한 공간에 두고 거실만 분리하는 설계를 많이 한다. 거실과 주방을 어디에 배치할지는 가족의 라이프스타일과도 연계되므로 설계 전에 충분히 고민한 뒤 결정하자.

> 거실, 주방, 식당 일체형

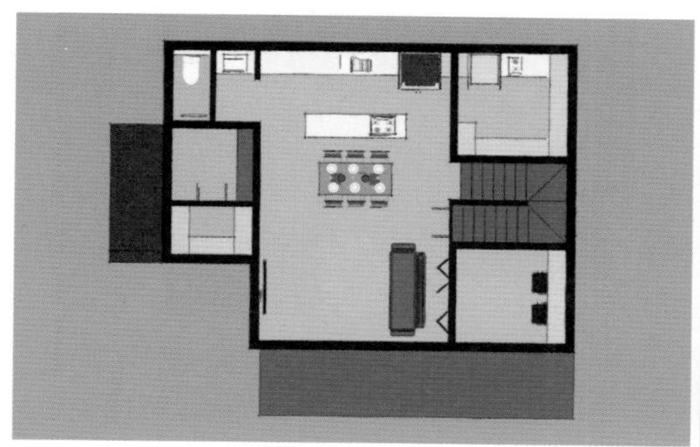

거실, 주방, 식당 일체형은 아파트에서 흔히 볼 수 있는 평면으로 세 공간이 하나로 이어져 있다. 마당의 데크까지 함께 이어지기 때문에 집이 넓어 보이는 효과가 있고 집의 개방성만 본다면 가장 효율적인 배치다. 하지만 단독주택만이 가질 수 있는 다양성이나 개성을 살리기는 어렵다. 1층이 넓지 않다면 가장 효율적인 평면이며 1층 한쪽에 안방을 배치해야 한다면 안방을 두고, 다른 한쪽에 거실, 주방, 식당을 일체형으로 배치하는 것이 효율적이다.

> 주방만 분리

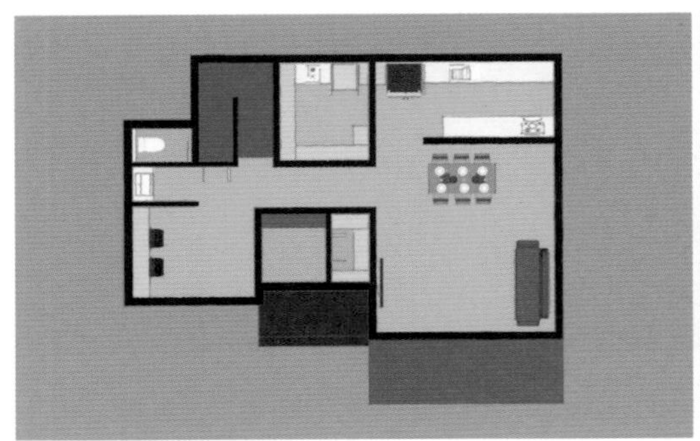

주방만 분리하는 평면이다. 식당이나 거실에서 주방을 볼 수 없기 때문에 음식을 만들면서 주방이 지저분해져도 신경 쓰지 않고 편하게 요리할 수 있다. 건축주가 오픈형 주방을 싫어한다면 생각해볼 수 있는 평면으로 식당과 주방이 떨어져 있어 동선이 길다는 게 단점이다. 이 경우 주방과 식당을 완전히 막지 말고 사진처럼 일부만 막은 뒤 상부장 사이를 뚫고 중간에 선반을 설치하면, 음식을 선반에 올려놓고 나가서 테이블에 세팅할 수 있어서 편리하다.

> 거실만 분리

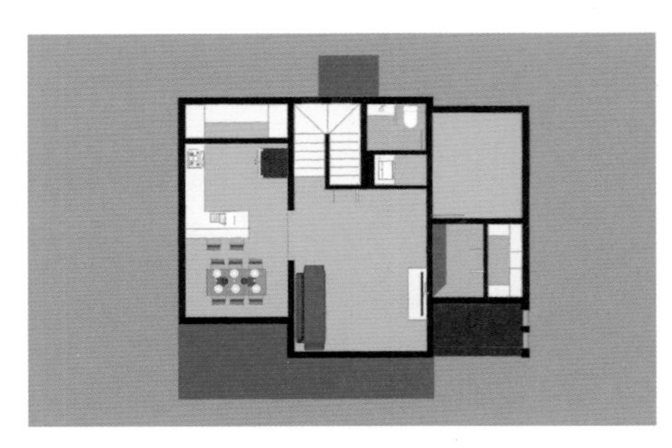

도면 1

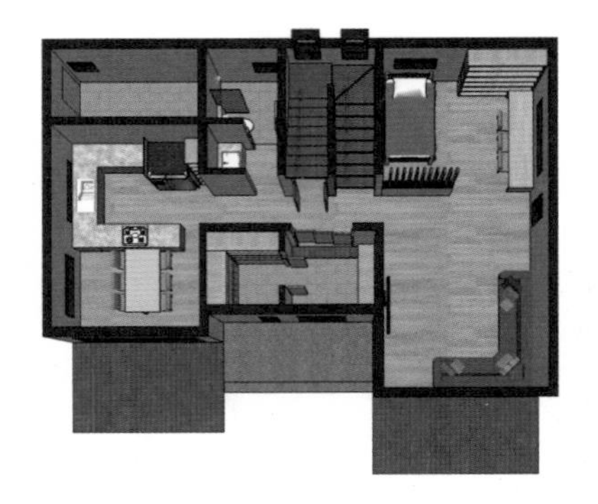

도면 2

거실이 분리되어 있는 형태다. 상담을 하다 보면 거실에서 음식 냄새가 나는 걸 싫어하거나 식사하는 장소와 거실이 완전히 분리되는 걸 선호하는 사람이 많다. 이럴 때는 <도면 1>처럼 분리할 수도 있고, <도면 2>와 같이 거실과 주방 사이에 현관문을 두어 현관과 계단실로 거실과 주방을 분리할 수도 있다. 한쪽은 거실로, 한쪽은 주방과 식당을 두는 형태로 설계할 수 있어서 완전한 분리가 가능하다.

> 거실, 주방, 식당 분리형

거실과 주방, 식당을 모두 분리한 평면이다. 99~132m²(30~40평대)가 대중화된 주택에서는 효율적이지 않은 설계로 매우 큰 면적의 집을 지을 때 고려하는 배치다. 앞에서도 말했듯 반찬 가짓수도 많고 국 따로 밥 따로 하는 한식 문화에서 주방과 식당의 동선이 긴 설계는 추천하지 않는다. 추천한다면 거실을 분리하는 정도. 만약 삼대 이상이 모여 사는 대가족이고 가족 모두 모여 식사를 할 일이 잦다면 고려해볼 만하다.

가족 구성원에 딱 맞는 욕실 구조 찾기 & 배치하기

예전에 욕실은 그저 씻고 볼일을 보는 공간이었다. 그래서 대개 집의 구석에 배치하고 작은 면적을 할애하는 경우가 많았다. 하지만 시대가 바뀌고 사람들의 인식이 달라지면서 욕실을 중요하게 생각하는 건축주가 많아졌다. 가능한 넓은 면적에, 비용을 들여서라도 욕실을 제대로 만들고 싶어 한다. 아파트도 과거에는 한 공간 안에 세면대, 변기, 샤워기를 배치하는 설계를 많이 했지만, 최근에는 안방 욕실을 분리형 욕실로 설계하는 추세다. 단독주택을 지을 때는 비용을 아끼기 위해 욕실을 하나만 만드는 경우도 많지만, 안방에 독립된 욕실이 있는 집에서 살았던 사람이라면 굉장히 불편할 것이다. 그러므로 욕실은 가족 구성원에 따라 개수 및 실배치를 자유롭게 하는 것이 좋다.

> 세면대 분리형

세면대를 외부에 분리한 형태다. 어린 자녀가 있고 외부 활동이 잦아 손을 자주 씻어야 한다면 세면대를 외부에 설치하면 좋다. 손을 씻기 위해 슬리퍼를 신고 화장실에 들어가야 하는 번거로움을 줄일 수 있다.

> 화장실, 세면대, 샤워실 분리형

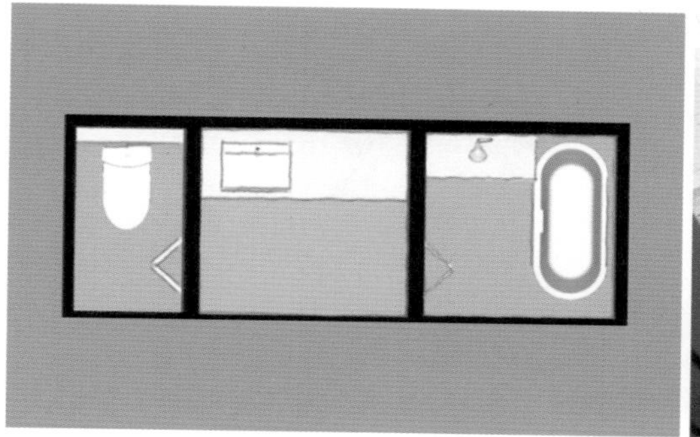

화장실, 세면대, 샤워실을 모두 분리한 형태다. 자녀가 많은 집에 적용하면 좋다. 아침에 일어나 등교 준비에 바쁜 아이들이 기다릴 필요 없이 급한 것을 바로바로 해결할 수 있는 구조이기 때문이다. 양치만 할 경우 굳이 화장실에 들어갈 필요가 없다. 문을 닫아놓으면 세면대 공간을 파우더룸으로 활용할 수도 있고 공용 드레스룸과 연결해서 설계하면 씻고 옷을 갈아입는 동선을 효과적으로 줄일 수 있다. 여기에 세탁실까지 연결하면 빨래 바구니를 들고 여기저기 돌아다닐 필요도 없다. 요즘 나오는 건조기는 배수구가 필요 없기 때문에 드레스룸에 건조기를 설치하면 빨래를 꺼낸 후 바로 정리해서 넣을 수 있다. 변기는 건식 형태로 만들기도 하지만 변기에 물이 찰 때 결로가 생기면 마루를 오염시킬 수 있으므로 꼭 타일을 깔아야 한다. 단점은 청소할 공간이 많아진다는 것.

접이식 문을 설치하면 좁은 공간에서도 문을 열고 닫을 수 있다.
세면대 옆에 앉을 수 있는 공간을 마련하면 파우더룸으로도 활용할 수 있다. 한 공간에서 씻고 머리를 말리고 화장까지 할 수 있다.

> 화장실, 샤워실 분리형

화장실과 샤워실을 완벽하게 분리하고 샤워실 안에 욕조와 샤워기를 설치했다. 동성의 자녀를 둔 가족이라면 아이들을 함께 샤워시키기 좋다. 욕조가 필요하지만 주로 샤워기를 사용한다면 욕조를 설치하되 샤워기를 두 개 설치하는 것도 방법이다. 아파트는 공간 활용도를 높이기 위해 욕조에 들어가서 샤워를 하는 구조가 많지만 샤워기가 두 개면 여러모로 편리하다. 화장실, 샤워실 분리형인 경우 좁은 공간에 변기만 따로 설치하면, 샤워실에서 화장실 냄새가 나지 않아 좋고 급할 때 샤워실 문을 열고 들어갈 일도 없다. 이때 변기 옆에 작은 제트수전을 설치해놓으면 청소도 간편하게 할 수 있다. 변기에 결로가 생길 것을 대비해 원목마루재는 피하자.

벽에 청소용 제트수전이 설치되어 있다.

작은 세면대를 설치하면 볼일을 보고 바로 손을 씻을 수 있다.

> 화장실, 세면대, 샤워실 일체형

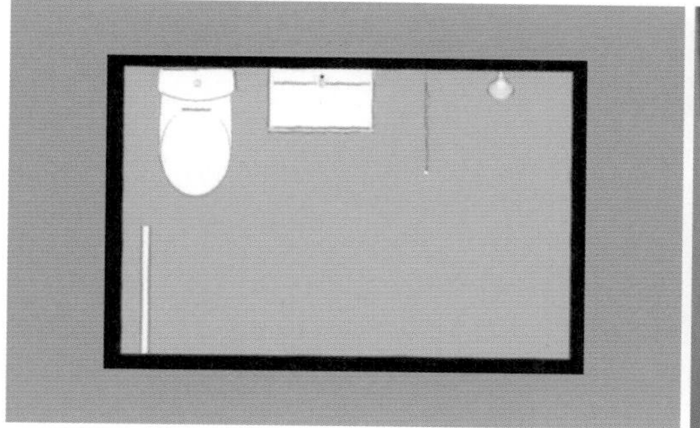

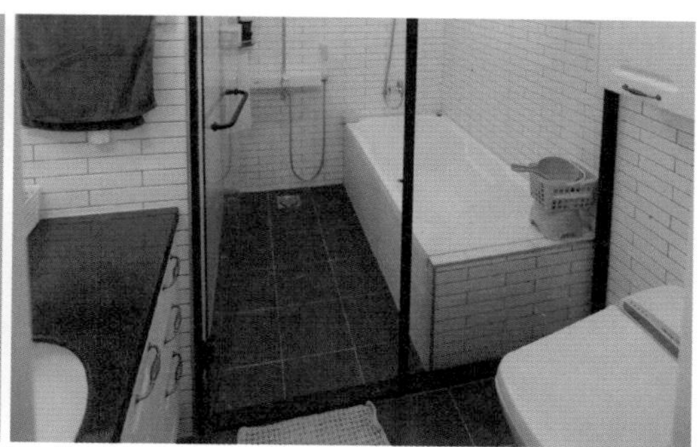

가장 익숙한 구조다. 청소도 쉽고 건축비 절감에도 효과적인 배치다. 하지만 손만 씻을 때도 슬리퍼를 신고 화장실에 들어가야 한다는 단점이 있다. 일체형 욕실이라도 유리 칸막이를 사용하면 분리가 가능하다. 씻는 공간만 유리 칸막이로 분리하면, 변기와 세면대 공간은 건식 화장실처럼 사용할 수 있다. 하지만 칸막이로 분리하려면 여유 공간이 필요하기 때문에 비용 부담이 커질 수 있다.

화장실이 크지 않아서 변기, 세면대, 샤워기를 모두 넣을 수 없는 구조라면 세면대와 샤워기 일체형 제품을 설치하면 공간을 효율적으로 사용할 수 있다. 성인 남자가 양손을 넣고도 공간이 남을 정도로 세면대 크기가 넉넉하기 때문에 전혀 불편하지 않다.

아들이 많은 집이라면 소변기 설치를 고려해보자. 청소를 자주 해야 한다는 단점이 있지만, 대변기는 깨끗하게 사용할 수 있다.

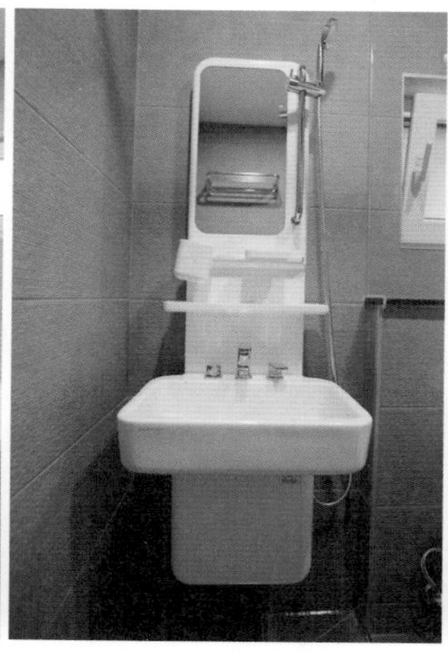

세면대와 샤워기 일체형 제품. 거울과 선반까지 함께 있어서 욕실 공간이 좁을 때 설치하면 좋다.

2층에 큰 욕조를 두고 싶다면 사진과 같은 방식도 좋다. 욕조 앞에 계단을 만들면 들어갈 때 위험하지 않고 사우나에 온 듯한 느낌이 난다. 계단 높이로 욕조 깊이를 선택할 수 있다.

집에 꼭 두고 싶은 아이템은 무엇인가

많은 건축주가 집을 지을 때 디자인보다는 마감 자재에 관심을 둔다. 예쁜 타일, 예쁜 마루, 독특한 조명 등…. 하지만 마감 자재보다 내가 왜 이 집을 짓는가를 먼저 생각해야 한다. 그러려면 기존에 살았던 집에서 무엇이 불편했고 무엇이 편리했으며 나중에 집을 지으면 꼭 하고 싶은 것이 무엇이었는지를 정리해야 한다. 예를 들어 안방에 욕실이 있어서 편했는지 아니면 거의 사용하지 않았는지, 건조기는 어디에 배치하는 것이 편리할지, 집에 외부 발코니가 있다면 유용하게 사용할지 등 공간, 아이템, 배치에 대한 고민을 많이 해야 한다. 그래야 공간에 맞는 아이템을 적재적소에 배치할 수 있다.

가장 많이 하는 설계는 1층에 공용 공간을 두고 2층에 개인 공간을 두는 형태다. 보통 1층에 주방, 거실, 다용도실 같은 공용 공간을 배치한다. 요즘은 가족과 함께 보내는 시간을 중요하게 생각하기 때문에 공용 공간에 많은 면적을 할애한다. 아이들 공부를 식탁 테이블에서 하기도 하고 거실 한편에 아이들이 놀 수 있는 작은 놀이방을 두기도 한다. 반대로 방은 잠만 자는 기능에 충실하게, 크기를 줄이는 추세다.

> 거실 책장

예전에는 방에 책장을 두었지만 요즘에는 인테리어 효과가 크기 때문에 거실에 배치하는 추세다. 거실 책장은 책뿐 아니라 사진이나 작은 소품을 함께 전시하는 공간으로 사용한다. 책장을 거실에 두면 오면가면 자주 보기 때문에 아이들이 책에 관심을 가지기도 쉽다.

> 오픈 서재

오픈 서재를 만들면 거실, 서재, 놀이방을 한 공간에 둘 수 있다. 이런 공간에는 TV를 없애는 것이 좋다. 거실 한쪽에 미끄럼틀을 만들고, 서재 앞에 계단을 두어 아이들이 자유롭게 앉아서 레고 놀이도 하고 책도 볼 수 있다. 거실이자 서재가 곧 아이들의 놀이터가 되기 때문에 자연스럽게 책을 접할 수도 있다. 계단의 높이를 높이면 큰 그림책이나 장난감 박스를 수납할 수 있는 공간도 된다. 거실 한쪽에 원형창을 내고 아래에 윈도우 시트를 만들면 상상력을 자극하는 아이만의 도서관이 탄생한다. 원형 유리창은 유리 칠판으로도 사용할 수 있다. 또는 거실에서 2층으로 이어지는 계단 아래 남는 공간에 서재를 만드는 것도 방법이다.

원형창 아래 윈도우 시트를 만들면 창가에 앉아 책을 읽을 수 있다.

계단은 의자이자 수납함으로 사용한다.

> 윈도우 시트

액자 같은 창문을 만들고 싶거나 창문 앞에 앉아 바깥 풍경을 감상하고 책을 읽으며 휴식을 취할 수 있는 공간을 만들고 싶다면 윈도우 시트가 제격이다.

> 벽 장식

벽체에 나뭇가지 장식을 만들면 집의 분위기를 한껏 살려줄 수 있다. 사진 속 벽 장식은 장식이자 문으로 제작되었다. 아이에게 특별한 공간을 만들어주고 싶다면 이런 아이템들을 집 안 곳곳에 적용해보자.

> 계단문

자녀가 2층을 사용했는데 자녀가 독립한 후 주로 1층만 사용하고 2층을 잘 사용하지 않는다면, 2층으로 올라가는 공기의 흐름을 막기 위해 계단문을 설치하는 것도 방법이다. 계단문은 집의 에너지를 절약해준다. 답답해 보일까 봐 걱정이라면 투명한 문도 있다.

> 선룸

실내 같은 테라스를 갖고 싶은 경우 선룸을 많이 둔다. 선룸은 외부에 두기 때문에 난방을 하지 않고 채광으로 온도를 조절한다. 겨울에도 채광만으로 온도가 30도 이상까지 올라가기도 한다. 대신 여름에는 굉장히 더우므로 환기를 자주 하고 실링팬을 설치해 온도를 조절하는 것이 좋다. 선룸은 테라스 분위기를 낼 수 있을 뿐만 아니라 식물을 키우는 등 다양한 용도로 활용할 수 있다. 다만 창고로 사용할 생각이라면 만들지 말자. 만드는 데 큰 비용이 들기 때문에 창고로 사용하는 것은 매우 비효율적이다.

선룸에는 폴딩도어 등 환기에 용이한 창호를 설치하는 것이 좋다.

> 벽난로

집을 짓는다면 누구나 한번쯤 고민하는 게 벽난로다. 도심지에 짓는다면 도시가스가 공급되기 때문에 굳이 벽난로를 설치할 필요가 없다. 벽난로는 보조난방이지 주난방이 될 수 없기 때문이다. 주로 기름보일러를 사용하는 지역에 집을 지을 때 난방비 절감 차원에서 벽난로 설치를 고민하는데 청소와 관리가 쉽지 않다. 집의 인테리어와 분위기를 생각한다면 좋은 아이템이다.

> 천창

단독주택은 천장에 창을 낼 수 있다. 천창을 내면 하늘에서 채광을 받을 수 있어 좋다. 채광이 너무 강한 여름에는 불편하지 않느냐고 묻는 건축주도 많은데, 그럴 때는 블라인드를 설치하면 된다. 또한 천창은 집 안 환기에도 중요한 역할을 한다. 주택에서 계단실은 굴뚝 역할을 하기 때문에 1층의 뜨거운 공기는 계단을 타고 올라간다. 다락까지 올라온 뜨거운 공기가 밖으로 나가지 못하면 집 안에 정체된다. 특히 여름에 집 안의 더운 공기와 하늘과 맞닿은 다락의 더운 공기가 만나면 집 안 전체가 더워지는데 천창이 있으면 정체된 공기들이 빠져나간다. 실제로 천창에 손을 대보면 자동차 창문을 살짝 열었을 때 공기가 빠져나가는 것과 비슷한 느낌을 받는다.

천창은 환기와 채광은 물론 디자인 면에서도 좋은 아이템이다. 천창을 만들면 물이 샐까 봐 걱정하는 건축주도 있는데 일반 창호를 제작하듯 만든 창호를 설치하면 누수의 위험이 있지만 천창 전용 창호를 매뉴얼대로만 설치하면 물 샐 일이 전혀 없다.

> 세탁실

빨래는 세탁기와 건조기가 하고 개키기만 하면 되는데 뭐가 힘드냐고 말하는 사람들이 있다. 물론 빨래 바구니를 들고 개울가에 가서 방망이로 치면서 빨래를 하던 시절을 떠올리면 편해지기는 했다. 하지만 빨래 횟수가 늘었다. 아기 빨래, 색깔 빨래, 수건 빨래, 따로 빨아야 할 것도 많고 자주 더러워지는 아이들 운동화도 빨아야 한다. 빨래하는 방식은 편해졌지만 일은 더 많아진 것이다. 그래서 세탁실에 빨래와 건조는 물론 다리미질까지 편하게 할 수 있도록 배치하는 것도 좋다. 세탁기, 건조기를 배치하고 그 위에 빨래나 각종 세탁용품을 둘 수 있는 선반을 설치하면 사용하기 편리하다.

빨래를 자주 하지 않는 사람, 또는 운동화까지 세탁기에 넣어 같이 돌리는 사람이라면 세탁실을 따로 두는 게 이해가 안 될 것이다. 세탁실을 따로 만들 필요가 없다면 세탁기를 주방 한쪽에 배치해도 된다. 단독주택은 개인주택이다. 자신이 편한 대로 지으면 된다.

세탁실에 창을 내면 채광이 좋아 편안한 공간으로 만들 수 있다. 창문 아래에 다림질을 할 수 있는 넓은 공간을 마련했다.

> 열등

샤워하기 전이나 샤워 후 몸을 말릴 때 유독 추위를 타는 사람이라면 욕실에 열등을 설치하면 좋다. 작동하자마자 따뜻해지므로 몸을 말리는 위치에 설치해두면 추위에 떨지 않아도 된다. 다만 깜빡하고 끄지 않으면 전기료 폭탄을 맞을 수도 있으니 주의해야 한다.

> 다용도실 가스레인지

주부들이 많이 고민하는 것 중 하나가 다용도실에 가스레인지를 설치하느냐다. 주방에는 청소가 간편한 인덕션을 설치하고 보조 주방에 가스레인지를 설치해서 곰탕을 끓이거나 오징어 굽기 등 냄새 나는 요리를 할 때 사용하고 싶긴 한데 얼마나 자주 사용할지가 고민이다. 오랫동안 끓여야 하는 사골곰탕을 해 먹을 일은 자주 없을 거 같고 오징어는 인덕션에서도 대충 구워 먹을 수 있으니까. 하지만 요즘에는 다용도실에 가스레인지를 설치하는 추세다. 보조 주방은 사골곰탕과 오징어를 구울 때 외에도 쓸모가 많기 때문이다. 생선구이처럼 냄새 나는 요리를 하기도 좋고 인덕션만으로는 요리하기 불편한 부분이 있기 때문에 요리를 자주 한다면 보조 주방이 큰 도움이 된다. 하지만 요리 빈도가 낮다면 굳이 설치하지 말자. 기름보일러를 사용하는 전원주택이라면 가스배관이 필요 없다. 이런 상황에서 가스레인지를 놓으려면 LPG 가스를 설치해야 하므로 전기, 가스, 기름 세 가지 에너지를 모두 끌어와야 한다. 인덕션을 사용하고 필요할 때마다 버너를 사용하는 것이 낫다.

다용도실에 2구 가스레인지를 설치했다.

리넨슈트, 2층 드레스룸에서 옷을 던지면 이곳에 모인다.

> 리넨슈트

리넨슈트는 빨래 통로다. 빨래 바구니에 빨래를 모으는 것이 아니라 서랍 같은 곳에 빨랫감을 던지면 바로 1층 세탁실에 모이는 구조다. 세탁실에 쌓인 빨래를 꺼내서 바로 세탁하면 되고, 만드는 방법도 간단하고 비용도 들지 않기 때문에 빨래를 자주 해야 하는 건축주에게 추천하는 아이템이다. 설치 후 아이에게 빨 것이 있으면 리넨슈트에 넣으라고만 알려주면 된다. 리넨슈트가 있으면 세탁 동선이 짧아져 매우 편리하다. 작은 공간박스를 만들어야 한다는 것과 위치가 자유롭지 못하다는 것은 단점이다.

> 외부 수전

외부 또는 테라스에 싱크대를 두면 야외에서 바비큐 파티를 할 때 주방까지 설거짓거리를 가지고 들어갈 필요 없이 바로 씻을 수 있다. 싱크대 하단에 창고를 만들면 불판 같은 것을 보관할 수 있어 여러모로 편리하다. 하지만 겨울에는 동파 위험이 있으므로 물을 차단시키는 장치가 꼭 필요하다.

외부 싱크대 하부에 창고를 만들 수 있다.

> 편백나무 마감

편백나무 마감은 많은 건축주가 한번쯤 고민하는 부분이지만 생각보다 가격이 비싸서 주저하기도 한다. 또한 전원주택 또는 펜션에 온 듯한 느낌을 주기 때문에 모던한 분위기의 인테리어를 원한다면 편백나무 마감은 추천하지 않는다. 모던한 단독주택을 원하지만 편백나무 마감도 꼭 해보고 싶은 아이템이라면 집 전체보다는 방 하나에만 적용하는 것도 방법이다. 서재나 부모님을 모시고 있다면 부모님 방에 적용하는 건 어떨까? 종종 편백나무 마감 위에 나무에 바르는 페인트인 스테인을 하는 경우가 있는데 스테인을 하면 오히려 편백나무의 기능을 떨어뜨리므로 주의하자. 습기를 빨아들이고 내뱉는 과정에서 편백나무만의 독특한 향기가 나게 하는 것이 좋다. 향기는 시간이 지나면 조금씩 옅어진다.

보조 주방 출입문

보조 주방에서 외부로 나가는 문을 설치하면 여러모로 편하다. 보안 문제가 마음에 걸리거나 주방에 문이 있으면 불안하다는 건축주도 있는데, 아무리 편해도 만들어놓고 신경이 계속 쓰일 것 같다면 만들지 말아야 한다.

음식물 쓰레기를 버리거나 외부에 빨래를 너는 등 출입이 잦다면 보조 주방에 출입문을 설치하면 유용하다. 보조 주방 출입문은 위아래로 열리는 창호도어를 사용하면 환기 효과도 같이 볼 수 있으니 참고하자. 통풍도어라고도 한다.

창 두 개가 위아래로 열리는 방식이다.

손님용 샤워실

손님용 샤워 공간이 필요하다면 작은 공간을 할애해 일체형 수전을 설치하면 좋다. 일체형 수전은 세면대, 선반, 거울, 샤워기까지 한 기구에 모든 게 달려 있어 좁은 공간에 두기 좋다. 좋은 아이템은 좋은 설계를 만드는 데 도움이 된다.

해먹

집에 해먹을 설치하고 싶어 하는 사람도 많다. 해먹을 설치하려면 구조물에 미리 고리를 달아주는 것이 좋다. 완공 후에 고리를 달면 목조 주택의 경우에는 보강이 힘들 수도 있고 콘크리트 주택의 경우에는 마감재에 손상을 줄 수도 있다. 미리 고리만 달아놓으면 해먹 설치는 간단하다.

> 잔디 블록 & 카포트

외부에 주차장을 두고 싶다면 일부 면적을 할애해 잔디 블록 같은 튼튼한 제품을 시공하자. 무거운 차가 자주 들락날락해도 파손이 적고 오래간다. 시공 또한 간편하다. 또는 카포트를 설치해 실내 주차장 같은 공간으로 만들 수도 있다.

> 넓은 욕조

많이 고민하는 아이템 중 하나다. 공간도 많이 차지하고 공사비도 부담스럽지만 설치해두면 목욕탕에 가지 않아도 한 번씩 사우나를 할 수 있어 좋을 것 같다. 그런데 과연 자주 사용하긴 할까 싶고…. 실제로 공사비는 많이 나오지 않는다. 비용 때문에 고민이라면 충분히 도전해볼 만한 아이템이지만 얼마나 자주 사용할지는 신중하게 생각해봐야 한다. 대개는 욕조 안에 들어가기 싫은 게 아니라 욕조에 물을 받는 게 귀찮아서 사용을 꺼린다. 누군가가 퇴근 시간에 맞춰 적당한 온도의 물을 가득 받아둔다면 어느 누가 마다하겠는가. 만약 대형견을 키우거나 반려견이 많다면 괜찮은 아이템이다. 독립된 공간에서 반려견을 씻길 수 있기 때문이다.

이사 갈 때 가져갈 가구와 가전을 미리 정하라

최근 한 방송에서 아이돌 가수가 나와서 생애 첫 집을 구입한 뒤 갖고 싶었던 가구를 사서 배치했는데 사이즈가 맞지 않아 곤란했다는 이야기를 한 적이 있다. 침대 헤드가 큰 침대를 구입했는데 침대 헤드가 방보다 커서 헤드를 강제로 접어야만 방에 넣을 수 있었던 것이다. 큰 침대 헤드는 양쪽에 약간 여유가 있어야 더 멋스러워 보이는데 방에 넣으려고 헤드를 접어서 넣었다며 속상해했다. 이런 예도 있다. 이사를 가면서 분리형 냉장고가 맘에 들어 냉동고 하나, 냉장고 하나를 각각 샀는데 설치하려고 보니 아파트는 대개 일체형 냉장고를 기준으로 붙박이장이 되어 있기에 설치가 불가능했던 것이다. 결국 하나는 주방에 설치하고 하나는 다른 곳에 설치할 수밖에 없었다고 한다. 이런 사례에서도 알 수 있듯이 이사를 갈 때는 가져갈 가구와 가전을 미리 정하고 새로 살 것은 그 크기를 정확하게 확인해서 설계에 반영해야 한다. 물론 설계 시점과 입주 시점이 달라서 그 사이 구입할 물건이 달라지면 계획에 차질이 생길 수도 있지만, 내가 가지고 있는 제품은 명확하기 때문에 가로세로, 깊이까지 줄자로 정확하게 재고 놓을 장소를 정해서 그 위치에 맞게 설계를 하는 것이 좋다.

침대의 경우, 벽 쪽에 바짝 붙여서 놓는 것보다 약간 공간을 주는 것이 좋다. 호텔을 떠올려보면 침대가 한쪽 벽에 바짝 붙어 있는 경우는 드물다. 더블베드라면 침대 양쪽에 사람이 왔다 갔다 할 수 있어야 편하기 때문이다. 방에 침대 하나만 놓더라도 여유 공간을 두는 게 좋다. 소파도 형태에 따라서 공간을 차지하는 정도가 다르다. 예를 들어 각도를 조절할 수 있는 소파는 소파 뒤에도 여유 공간이 있어야 한다. 카우치 소파는 소파 끝을 기준으로 놓을 자리를 정해야 거실 동선을 짜는 데 좋다. 특히 냉장고는 김치냉장고가 뚜껑형인지 서랍형인지 정해야 한다. 그래야 그에 맞는 효율적인 배치가 가능하다.

거실과 주방의 공간 분리 효과를 주기 위해 단 차이를 주었다. 단의 위치가 잘못되면 거실과 주방의 가구를 새로 사야 하는 일이 생길 수도 있다.

1. 거실에 소파와 테이블을 함께 배치하고 싶다면 전체 가구 크기에 맞는 폭이 나와줘야 한다. 사진처럼 거실과 주방의 단 차이를 주는 방식으로 설계했는데, 소파가 너무 크거나 단의 위치를 잘못 정한다면 소파나 테이블을 둘 수 없고 둔다고 해도 어색하게 가구 배치를 해야 할지도 모른다.

소파의 형태에 따라 배치도 달라진다.

2. 카우치 소파는 앞쪽으로 돌출되는 디자인이므로 거실 크기를 좀 더 여유 있게 설계해야 한다.

3. 처음부터 소파 길이를 설계에 반영해 벽체 길이를 정했다. 이렇게 하면 합리적인 설계를 할 수 있다.

4

5

우드슬랩 테이블. 길게는 3m, 보통 2m 정도의 크기가 많다. 식당의 테이블 놓는 자리는 좀 더 여유 있게 설계하는 것이 좋다.

4. 가족의 추억이 깃든 가구나 오래 사용했어도 버리지 못하는 값비싼 고가구가 하나쯤 있을 것이다. 이런 가구는 설계 단계부터 놓을 자리를 정한 뒤 가구 크기를 재서 반영하는 것이 효율적이다.

5. 요즘 많이 구입하는 우드슬랩은 원목으로 테이블을 만들기 때문에 길이가 길다. 집 시공 중에 멋진 우드슬랩에 빠져 덜컥 구입했다가 크기가 맞지 않아 설치 자체가 힘들면 낭패를 보게 된다. 이 점을 염두에 두고 놓고 싶은 테이블의 대략적인 크기를 미리 기억해두었다가 설계에 반영하자. 그래야 로망을 이룰 수 있다.

6

벽난로 연통이 다락을 관통하면 난방에 도움이 된다.

6. 다락에 침대를 놓을 계획이라면 다락 크기를 맞춰야 한다. 높이, 넓이를 모두 고려하지 않으면 누웠을 때 지붕이 너무 가깝거나 침대 배치가 아예 불가능할 수도 있다.

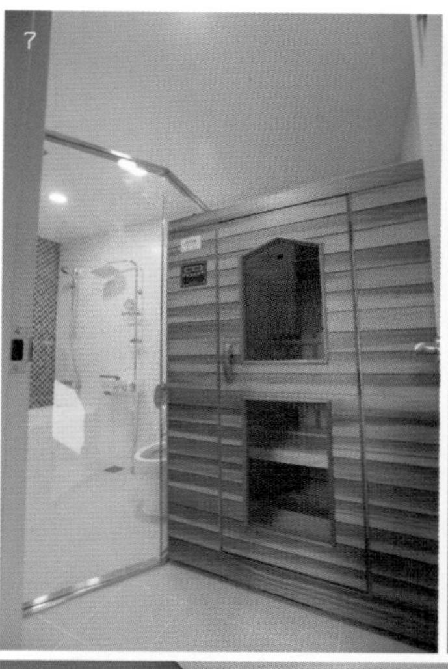

세탁기 놓을 공간을 염두에 두고 창의 위치를 결정하자. 세탁기 자리를 고민하지 않고 일단 방 가운데 창을 낸 뒤 세탁기를 설치하면 세탁기가 창문을 가리는 일이 생길 수도 있다.

가로로 설치하고 제품 크기에 맞게 선반도 제작했다. 어떤 제품을 사용할 것인지를 미리 정해두면 좀 더 디테일한 배치가 가능하다. 추후 제품을 바꿀 것에 대비해 좀 여유 있게 설계하는 것이 좋다.

7. 흔하진 않지만 집 안에 사우나를 설치하고 싶어 하는 건축주도 있다. 설계 시 사우나 공간을 감안하여 설계하면 욕실 한쪽에 딱 맞춰서 사우나를 넣을 수 있다. 설계 때 반영하지 않고 나중에 설치한다면 욕실을 고쳐야 하는 등 여러 불편함이 있을 것이다.

8. 세탁기를 세로로 놓는다면 뚜껑을 열고 닫을 수 있는 폭이 충분히 나와야 한다. 자칫 설계를 잘못하면 세탁기 뚜껑을 열고 닫을 공간이 나오지 않아 매우 불편할 수 있다. 세탁실에 많은 면적을 할애할 수는 없으므로 집의 전체 면적을 고려해서 공간을 최소화하여 설계한다. 세탁기 놓는 자리를 만드는 비용이 세탁기 비용보다 훨씬 비싸다는 걸 잊지 말고, 가장 합리적으로 공간을 짜야 한다.

9. 세탁기와 건조기를 가로로 나란히 놓는 게 편하다면 설계할 때부터 반영해야 한다. 그래야 세탁실의 폭을 결정할 수 있고 그 위로 크기에 맞는 선반을 설치할 수 있다. 단, 설계가 끝난 뒤 마음이 바뀌면 안 된다.

1 1층 76m^2(23평) 이내의 작은 면적에 지은 집 설계

2 취미 생활 공간을 배치한 집 설계

3 가족 구성원, 라이프스타일을 반영한 집 설계

4 자녀가 없거나 독립시킨 뒤 부부만 사는 집 설계

5 실내 주차장을 포함한 집 설계

6 형제자매, 친구 등 두 가족이 함께 사는 듀플렉스 하우스 설계

7 삼대가 한 지붕 아래 함께 사는 집 설계

8 1층에 노후 수익용 상가를 품은 점포 주택 설계

PART 2

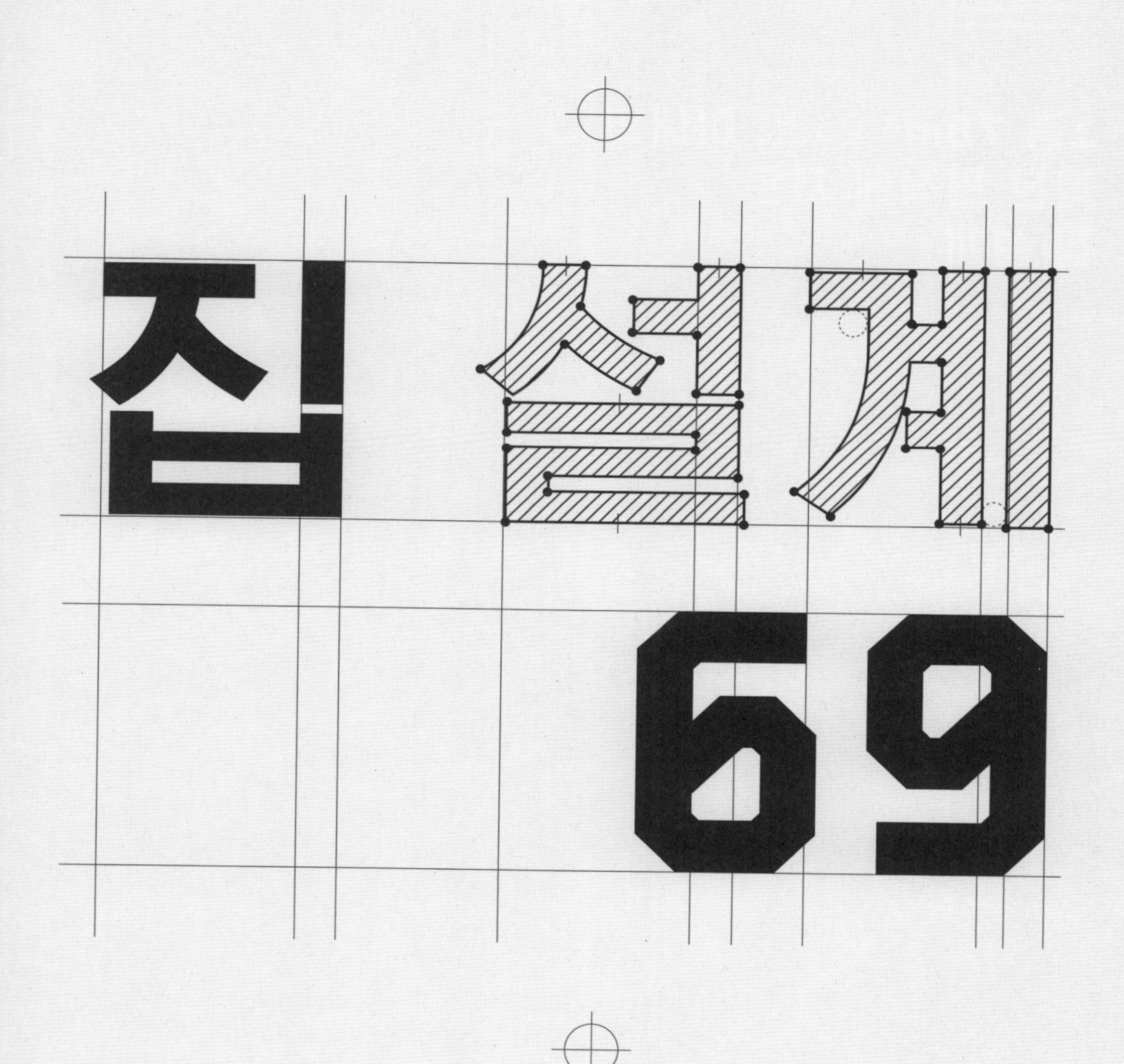

구성원별, 구조별 집 설계 69

1

1층 76m²(23평) 이내의 작은 면적에 지은 집 설계

1-1 1층 61m²(18평)의 작은 면적에 지은 3층 집
1-2 부정형 좁은 대지에 지은 테라스 하우스
1-3 건축면적 64m²(19평), 3인 가족이 살기 좋은 대중적인 집
1-4 사이좋은 자매를 위한 집
1-5 활동적인 형제를 위한 집
1-6 2층을 부부만의 독립적인 공간으로 만든 집

완공 사례

1-7 사계절 풍경을 품은 네 식구의 집 'FISH153'
1-8 1225번지에 세워진 '크리스마스 하우스'
1-9 아이들이 맘껏 뛰놀기 좋은 집 '늘해랑'

1층 61m²(18평)의 작은 면적에 지은 3층 집

1층	61m²
2층	50m²
3층	31m²
합계	142m²

Intro.

자연 녹지 지역은 건폐율이 20%다. 건폐율이 20%면 총면적의 20%에 해당하는 면적에만 집을 지을 수 있다. 예를 들어 300m² 정도의 땅을 샀다면 60m²에만 집을 지을 수 있다. 그런데 이런 지역의 땅은 도로 지분을 포함해서 분양한다. 10~20% 정도는 도로 지분이므로 실제로는 1층 면적이 더 작게 나올 수밖에 없다. 이럴 경우 집을 3층으로 지어 공간을 효율적으로 나누어 설계하면 좋다. 지역에 따라 다르므로 3층 주택을 지을 수 있는지도 확인해야 한다.

1층에는 공용 공간만 배치하고 2층과 3층은 아이들과 부모의 전용 공간으로 설계하면 알차게 공간을 배치할 수 있다. 3층 정도는 집 안에서 움직이는 것이니 불편하지 않을 거라고 생각하지만 단층 집에서만 생활해본 사람은 적응 기간이 필요하다. 하루에도 몇 차례씩 오르내리기를 반복하다 보면 처음 몇 개월은 다리도 아프고 발바닥도 아프다. 3층까지 오르내리는 게 많이 불편할 수 있지만, 시간이 지나면 대부분은 적응한다. 공간이 좁아서 불편하다는 건축주는 있어도 계단 자체가 불편하다고 호소하는 건축주는 많지 않다. 물론 3층 집은 비교적 젊은 부부이거나 아이들이 아직 어릴 경우 고려해볼 만한 주택 형태다. 집안 곳곳에 아이들과 함께하는 공간을 만들어주고 싶은 젊은 부부라면 충분히 도전할 만하다. 녹지 지역에 비교적 작은 규모의 집을 지으면 대신 넓은 마당을 가질 수 있다는 장점이 있다. 참고로 주거 지역의 건폐율은 50%다.

1층

61m² 정도의 땅에 주택을 지어야 하므로 바닥 면적을 최소화한 효율적인 설계가 필수다.

계단 아래 수납장
상부장이 없는 대신
벽체 수납장을 만들어준다.

게스트룸
1층에 손님용 공간을 따로
배치했다.

주방 개수대
개수대가 두 개인
주방을 갖고 싶어 하는
경우가 종종 있다.

거실 겸 오픈 서재
항상 책을 가까이 두고 사는
집이라 식당에 주방 테이블 겸
오픈 서재를 두었다.
굳이 TV를 설치할 필요가
없다면 거실을 오픈 서재로
꾸미는 것도 방법이다.

2층

형제의 방을 나란히 배치하고 드레스룸과 화장실, 베란다까지 둔 아이들만의 전용 공간으로 설계했다.

계단실
좁은 공간에 계단을 설치할 때는 오픈 일자 계단이 공간 활용 면에서 효율적이다.

세탁실

드레스룸
세면대 바로 옆에 공용 드레스룸을 배치했다.

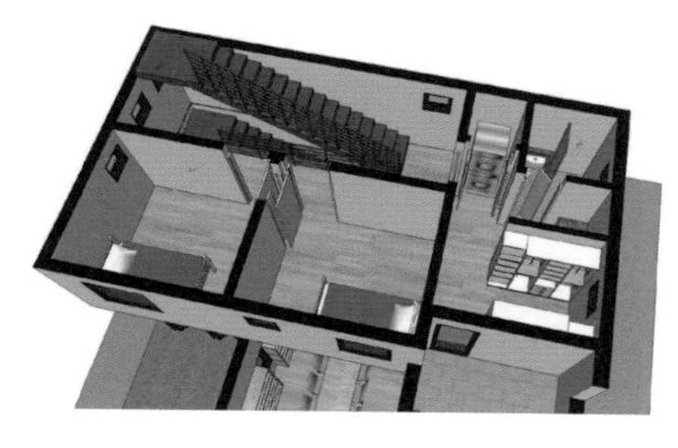

출입문은 따로 설치하고 방에서 바로 오갈 수 있도록 벽체에 또 하나의 문을 설치했다.

베란다
세탁실을 어디에 둘까 고민하다가 중간 지점인 2층에 설치하고 베란다를 만들었다.

3층

3층은 부부만의 공간을 배치했다. 화장실이 딸린 안방을 크게 만들고, 화장실 뒤에 드레스룸을 두어 동선을 최소화했다. 61m²의 작은 면적에 지은 집 안에 가족 구성원 모두에게 독립된 공간을 배치하기 위해 3층 집을 설계한 경우라 3층에 방이 있으면 초반에는 방을 오르락내리락하는 것이 힘들 수 있다. 젊은 부부라면 운동을 한다 생각하고 3층에 안방을 두는 것도 고려해볼 만하다.

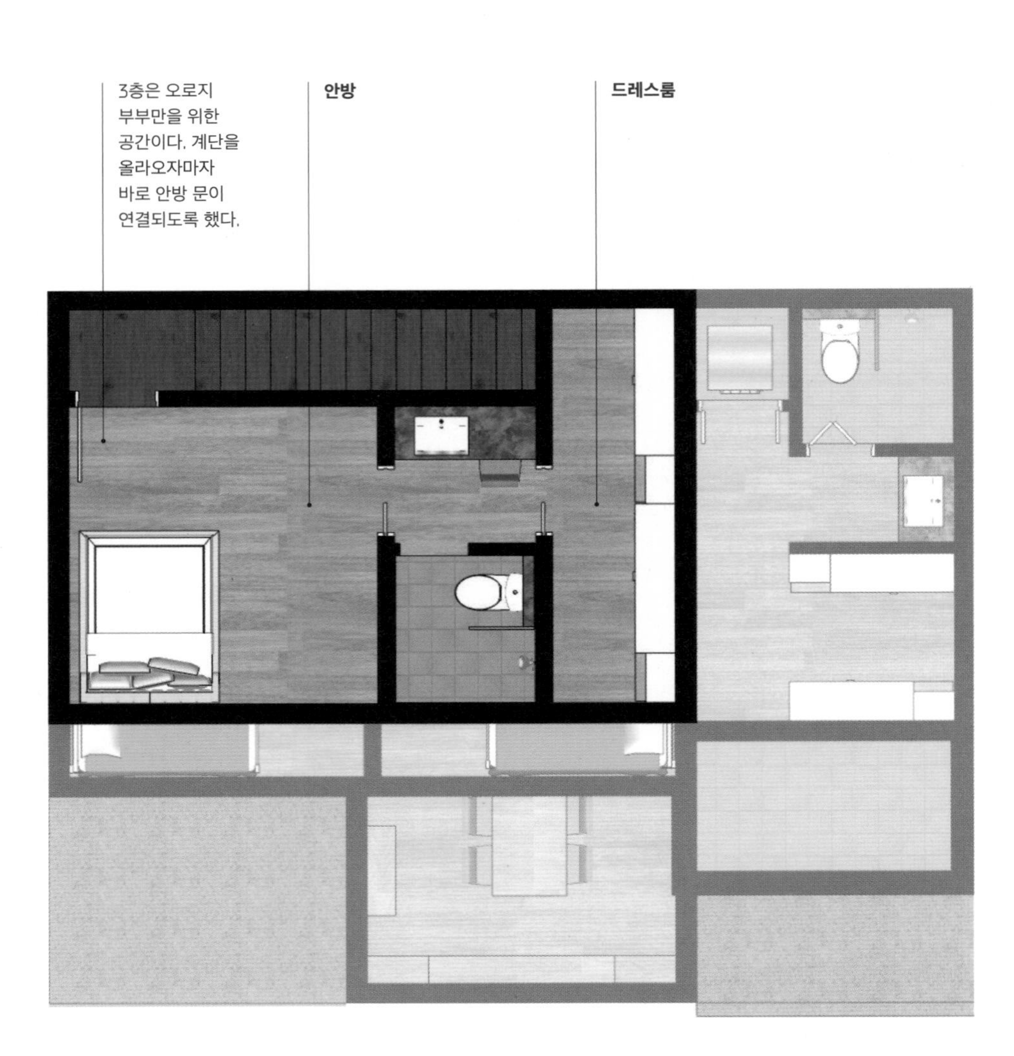

부정형 좁은 대지에 지은 테라스 하우스

1층	61m²
2층	67m²
합계	128m²

Intro.

사각형의 형태가 아닌 부정형의 좁은 대지다. 인접 대지에서 이격해야 하는 공간, 일조권, 그리고 차 두 대를 주차할 수 있는 주차장까지 감안하면 마당 공간이 거의 나오지 않는다.

이런 땅에 짓는 집의 마당은 마당이라기보다 진입로 정도밖에 되지 않는다. 이럴 때는 2층 발코니를 마당으로 활용하면 좋다. 인도에서도 잘 보이지 않고 도로를 바라보고 있어서 옆집에서도 잘 보이지 않는 우리 가족만의 프라이빗한 발코니 겸 마당을 가질 수 있다. 집이 큰 편이 아니므로 1층에 안방과 주방, 테이블 정도만 두고 거실은 2층에 설계한다.

1층과 2층에 모두 공용 공간을 두었기 때문에 가족들이 함께 모여 대화를 나누거나 간식을 먹는 등 함께 시간을 나눌 수 있는 공간이 많다. 2층에 배치한 거실은 넓은 발코니와 연결되어 거실을 확장한 것 같은 효과도 볼 수 있다.

1층

2층에 넓은 발코니를 만들어서 자연스럽게 필로티 주차장이 생겼다. 1층에는 넓은 주차장을 두고 2층에는 마당을 대신할 수 있는 마당 겸 발코니를 두어 가족들의 휴식 공간으로 조성했다. 집을 지을 대지가 반듯하지 않고 좁을 때 참고할 만한 평면이다.

주방

주방에서 보내는 시간이 많지 않은 맞벌이 부부, 혹은 자녀를 모두 독립시킨 노년 부부라면 주방이 꼭 커야 할 이유는 없다.

계단 아래 공간을 주방 수납 공간으로 활용할 수도 있다.

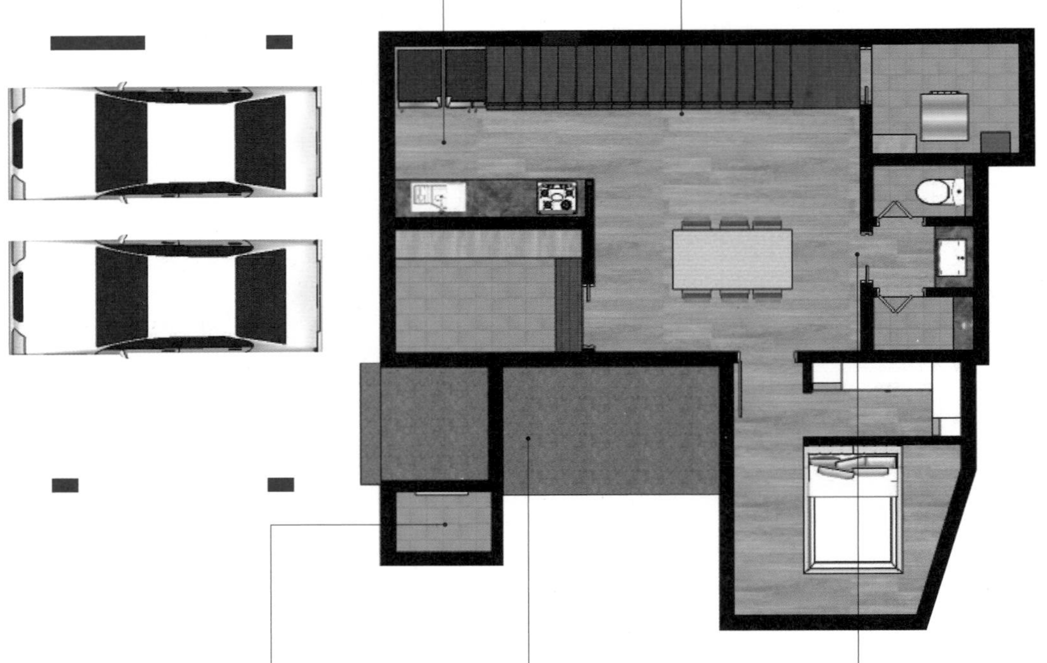

외부 창고

현관 쪽에 별도의 공간을 만들면 창고로 활용할 수 있고 택배함으로도 사용할 수 있다.

중정

집 안 건물과 건물 사이에 있는 마당

좁은 마당에 대한 아쉬움을 달랠 수 있는 중정 테라스 공간, 설계 시 반영하면 식당이나 안방에서 바라볼 수 있는 아담한 중정 테라스 공간을 배치할 수 있다.

식탁에서 바로 화장실이 보이는 것은 좋지 않지만 공간 배치상 어쩔 수 없다면 문을 달아주는 것이 좋다.

2층

2층에는 마당을 대신할 수 있는 넓은 발코니와 거실을 배치해 가족 공용 공간으로 두루 활용할 수 있게 했다. 좁은 땅이지만 1층에 안방 하나, 2층에 아이방 두 개에 욕실까지 딸린, 4인 가족이 살 수 있는 집으로 설계했다.

발코니

마당이 거의 없는 대지라서 발코니로 마당을 대체한다.

멀티 작업이 가능한 거실

요즘은 TV, 소파, 책상을 한 공간에 두는 경우도 많다. 부부끼리, 혹은 자녀와 함께 야구나 영화를 보면서 맥주 한잔 마시는 공간으로도 좋다.

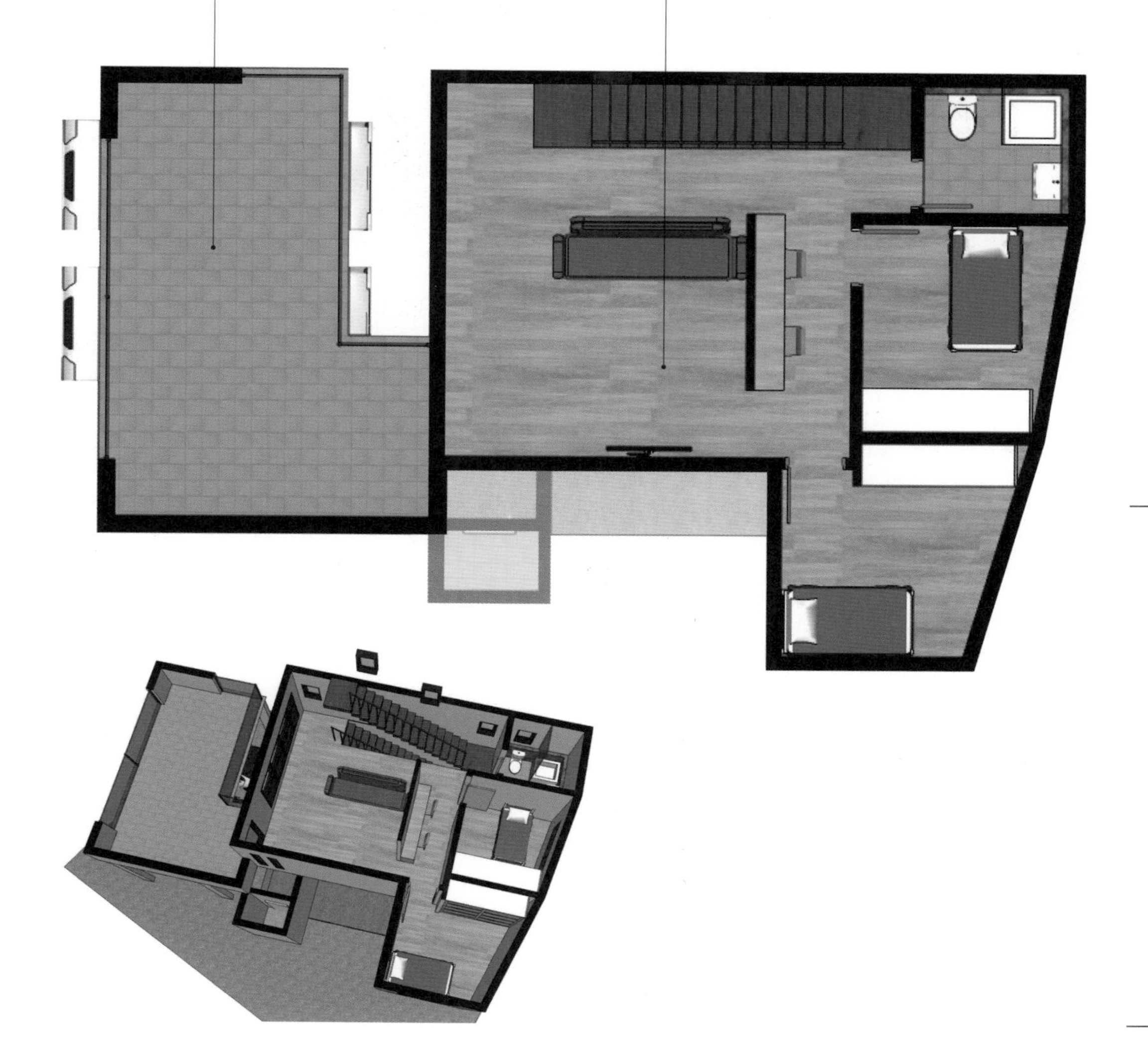

Intro.

3인 가족이라면 집 전체 평수가 132m²(40평) 이상일 필요는 없다. 99m²(30평) 크기도 충분하지만 109m²(33평) 이상의 확장형 아파트에서 살았다면 이미 넓은 집에 익숙해져버린 상태라서 99m²(30평) 크기의 단독주택은 좁게 느껴질 수밖에 없다. 이럴 때는 방은 잠을 자는 용도로 작게 만들고 거실 등 공용 공간을 넓게 설계하는 것이 좋다. 거실은 가족이 모여 함께할 수 있는 공간으로 활용하고, 2층에 안방과 아이방을 둔 설계다. 욕실은 하나만 배치하고, 큰 욕조를 설치해 부모와 아이가 함께 사용하도록 했다.

1층

1층 바닥 면적이 64m²로 작기 때문에 공간 배치를 잘해야 한다. 1층에는 거실과 주방, 세면대와 변기로만 구성된 작은 화장실을 두고 방과 드레스룸은 2층에 설계했다. 거실은 소파로 공간을 분리하여 다른 공간은 아이들 놀이방이나 서재 등 다양한 용도로 사용할 수 있다.

손님용 화장실

1층에는 손님들을 위한 작은 화장실을 배치했다.

계단 아래 창고

계단 아래 공간은 창고로 활용하기 좋다.

거실

1층에 방을 배치하지 않아서 1층 공간을 제법 여유롭게 활용할 수 있다. 거실로만 활용하기보다 소파와 인테리어 기둥으로 실 분리를 해서 별도의 오픈된 공간을 배치한 설계다.

소파, 인테리어 기둥으로만 공간을 분리했기 때문에 거실이 넓어 보일 뿐 아니라, 공간을 다양하게 활용할 수 있다.

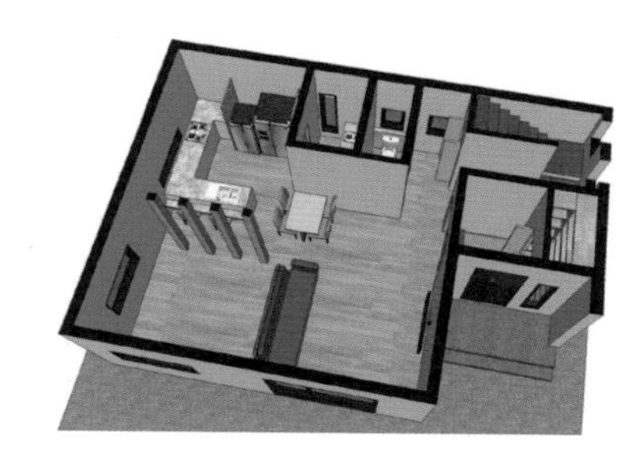

2층

2층에는 같은 크기의 방 두 개를 모두 남향으로 배치했다. 이런 설계는 아이가 독립할 시기가 얼마 남지 않은 가족의 경우 고려해볼 만하다. 아이가 독립하면 벽을 터서 하나의 넓은 방으로 만들 수도 있고, 부부가 각자의 방으로 사용할 수도 있다.

공용 드레스룸

파우더룸

드레스룸 한쪽에 작은 공간을 빼서 화장대를 설치했다. 옷을 갈아입은 뒤 파우더룸으로 이동해 화장까지 한번에 마무리할 수 있는 동선이다.

세탁실

공용 드레스룸 바로 옆에 세탁실을 만들면 동선이 짧아져 편리하다. 세로로 배치하면 좁은 공간에도 세탁기와 건조기를 모두 설치할 수 있다.

창고

2층에도 청소기나 위생용품을 보관할 수 있는 창고를 두었다.

사이좋은 자매를 위한 집

1층	65m²
2층	75m²
합계	140m²

Intro.

두 딸이 있는 4인 가족을 위한 설계다. 자매가 뭐든 함께하는 것을 좋아해서 2층은 두 딸만을 위한 공간으로 만들었다. 작은 거실과 욕실, 드레스룸을 공유하는 구조다.

드레스룸을 통해 자매의 방을 연결해서 언제든 서로 드나들 수 있다. 큰 거실이 따로 없는 대신 식당이 거실 역할을 한다. 식사도 하고 대화도 나누는 등 가족이 모여서 해야 하는 일은 식당에서 이루어진다. 이 설계에서 식당은 소통의 공간으로 활용해야 하기 때문에 주방과 분리했다.

또한 가족 구성원 중 여자가 많은 점을 고려하여 현관 양쪽에 신발 수납장을 만들었다.

1층

식당은 가족, 손님 들과 티타임을 나눌 수 있는 소통의 공간이므로 식당에서 주방이 보이지 않도록 주방과 분리하여 독립적으로 만들었다. 거실 역할을 해야 하는데 너무 막혀 있으면 답답해 보일 수 있어서 마당 쪽으로는 폴딩도어를 설치해 개방감을 주고 주방 쪽으로는 유리 칸막이를 설치해 공간은 분리하되 답답해 보이지 않도록 설계했다.

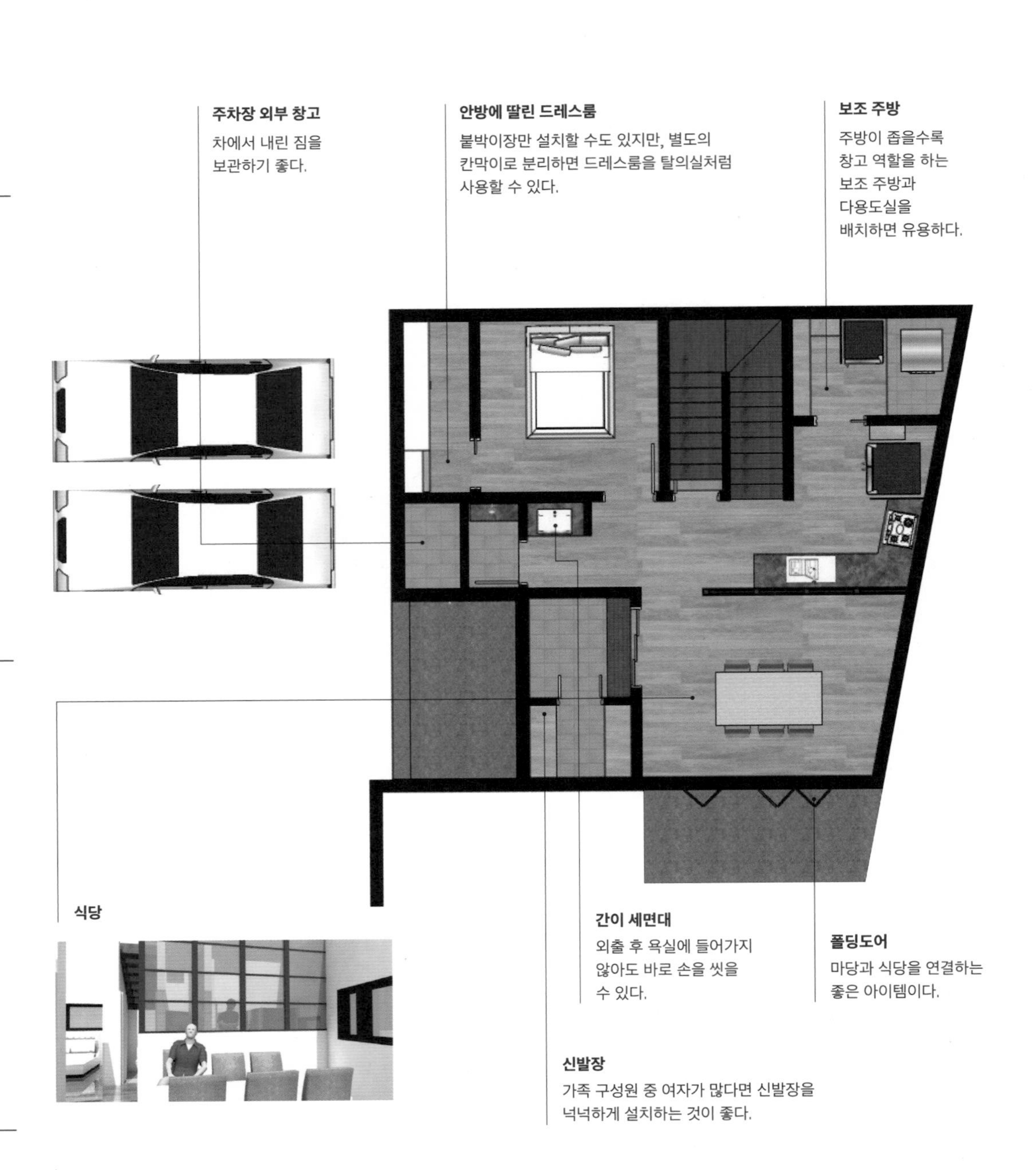

2층

자매가 사이좋게 드레스룸과 파우더룸을 공유하는 구조다. 옷을 보관하는 붙박이장 두 개를 설치하고 화장대도 의자 두 개를 놓을 수 있는 크기로 설치한다. 별도의 드레스룸과 파우더룸이 있기 때문에 방은 잠을 자고 공부하는 용도로만 사용한다. 옷과 화장품 등을 분리된 공간에 보관할 수 있어서 방은 항상 깨끗하게 사용할 수 있다.

일체형 욕실

일반적으로 여자들이 남자보다 씻는 시간도 길고 세면대와 샤워기를 함께 쓰는 일도 잦다. 그래서 욕실은 세면대와 욕조를 합쳐서 일체형으로 설치하고 머리를 말리는 공간은 외부에 따로 마련했다.

드레스룸

작은 거실

2층에 TV를 볼 수 있는 작은 거실을 두었다.

아이들이 중·고등학생이 되면 인터넷 강의 등을 시청하는 공간으로 활용할 수 있다.

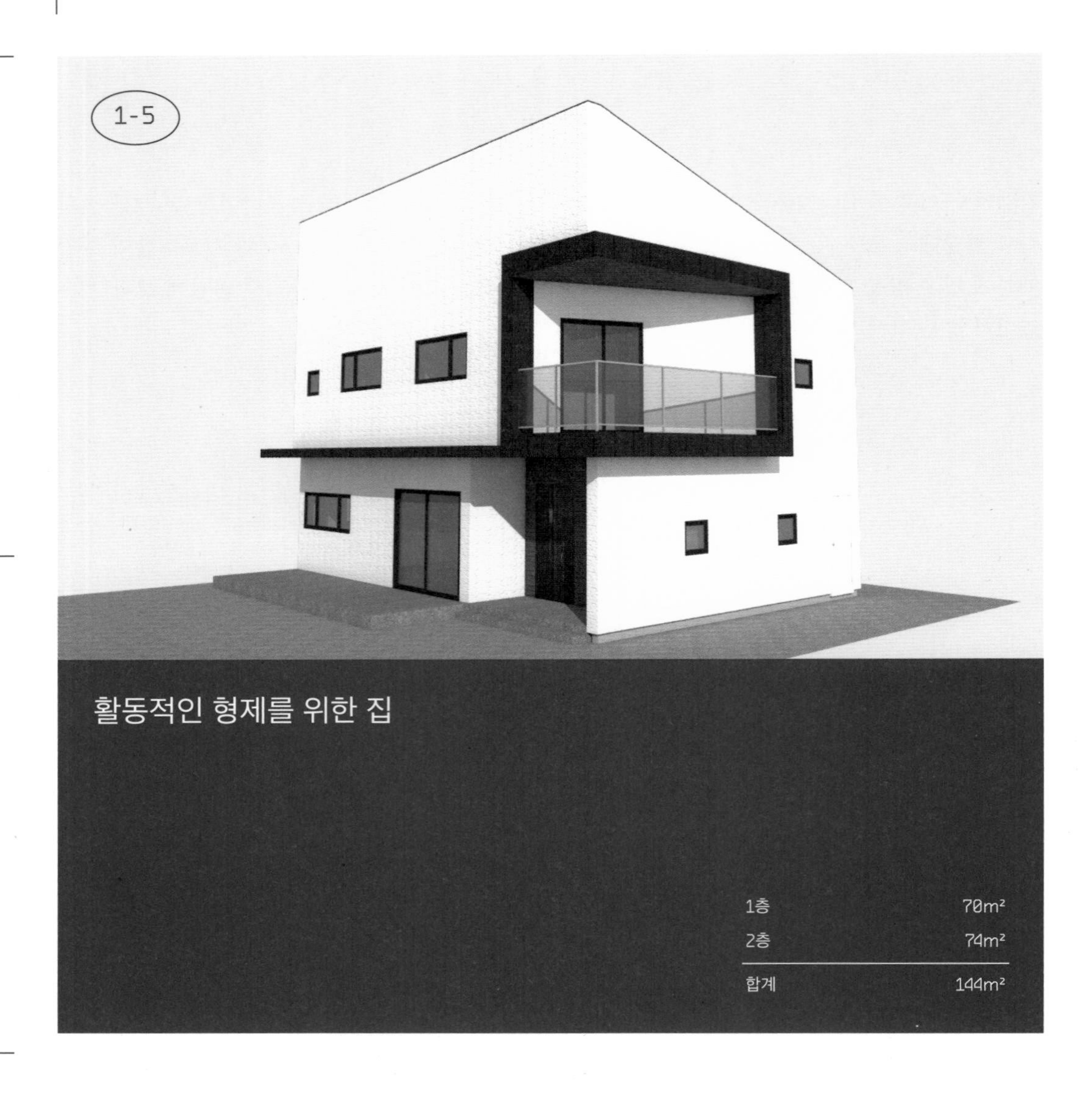

활동적인 형제를 위한 집

1층	70m²
2층	74m²
합계	144m²

Intro.

활동적인 형제를 키우는 부모가 단독주택에서 살고 싶어 하는 가장 큰 이유는 층간소음 때문인 경우가 많다. 아이들이 뛰놀 때마다 아래층이 신경 쓰여 자꾸 아이들을 단속해야 하는데 한참 뛰어다니며 놀 나이의 아이들에게 뛰지 말라고 이야기하는 것도 스트레스지만 마당 있는 집에서 맘껏 뛰놀며 평생 기억할 추억을 만들어주지 못하는 것도 안타깝다.

고민 끝에 단독주택을 지어 이사를 한 젊은 부부들은 아이들에게 잔소리를 덜하게 된다고 말한다. 맘껏 뛰놀 수 있을 뿐만 아니라 부모와 자녀가 대화를 나눌 시간과 기회도 더 많아진다. 그래서 은행에 빚을 지면서까지 단독주택을 짓는 젊은 부부들이 많아지는 것이다.

아이들이 아직 어리다면 부모가 주방에서 일을 하면서도 아이들을 지켜볼 수 있어야 한다. 그래서 주방에서도 거실과 식탁, 공부방까지 시야 확보가 가능하도록 했다. 1층 공용 공간에서 아이들이 무엇을 하든 부모가 다 지켜볼 수 있는 구조다. 네 가족이 자주 만날 수 있도록 공용 공간의 활용도를 높이고 무엇을 하든 서로를 볼 수 있도록 했다. 2층 아이들 방은 남향으로 배치해 채광이 잘되게 하고 베란다를 사선으로 두어 아침이면 남동향의 빛이 들도록 설계했다. 빨랫감이 많을 것을 감안해서 공용 드레스룸을 설치하고 2층에 세탁실을 따로 만들어서 세탁과 건조를 동시에 할 수 있다. 손빨래도 가능하다.

1층

주방에서 거실, 식당, 공부방까지 다 보이는 구조의 집이다. 1층은 주로 가족이 다 함께 사용하는 공용 공간만 배치했고, 현관 앞에 화장실과 세면대를 두어 2층까지 올라가지 않아도 간단하게 손을 씻을 수 있다. 부모가 주방에 있어도 놀이를 하거나 공부를 하는 아이들을 지켜볼 수 있어서 좋다. 물론 일하면서 TV를 시청할 수도 있다.

계단 옆 미끄럼틀

아이가 가장 좋아하는 아이템. 계단으로 올라가서 미끄럼틀로 내려오기도 하고 미끄럼틀로 뛰어올라가며 놀기도 한다. 집 안에 만든 미끄럼틀은 아이가 평생 기억할 좋은 추억이 될 것이다.

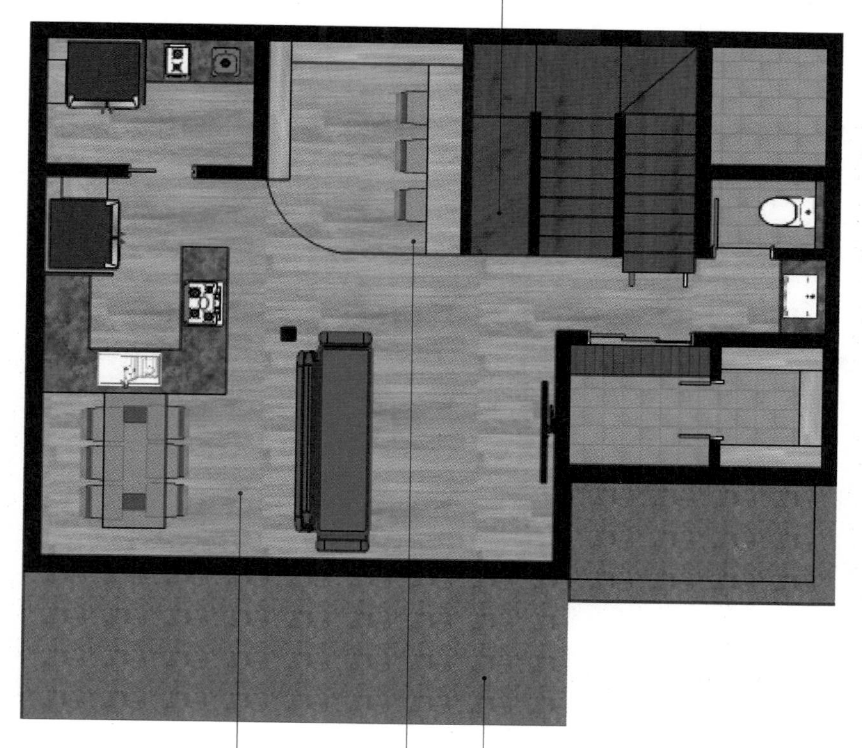

거실과 식당

데크

거실과 연계된 데크는 바비큐장으로 사용할 수도 있고 여름이면 야외 수영장을 설치해 야외 놀이터로 만들 수도 있다.

공부방 or 놀이방

공부방에 단 차이를 주어 거실과 공간을 분리했다. 이렇게 단으로 구분을 해주면 책이나 장난감이 바닥에 널브러져 있어도 단 차이가 턱의 역할을 해서 장난감이 빠져나가지 않아 거실이나 주방이 지저분해지지 않는다. 툇마루처럼 앉아서 책을 읽을 수 있는 공간이 되기도 한다.

2층

방 세 개를 모두 2층에 배치했다. 이 경우 방의 방향을 고민해야 한다. 안방은 주로 잠을 자는 용도로만 사용하는 경우가 많으므로 남향을 고집할 필요는 없다. 아직 아이들이 어리고 방에서 보내는 시간이 많다면 아이들 방을 남향으로 배치하자.

개수대까지 갖춘 세탁실

활동적인 형제를 둔 집이라면 매일 빨랫감이 산더미처럼 쌓이기 일쑤다. 세탁실에 세탁기와 건조기, 간단하게 손빨래를 할 수 있는 개수대까지 설치하면 동선이 짧아져 집안일이 한결 수월해진다.

아이들 드레스룸

안방에는 붙박이장을 설치해 부부 옷은 따로 보관하고 아이들은 드레스룸을 사용한다. 요즘은 남자아이들도 패션에 관심을 갖는 경우가 많으므로 부부와 공용으로 사용하기보다 따로 공간을 마련해주는 것이 좋다.

가벽

두 아이의 방을 나란히 배치할 때는 벽체를 언제든 허물 수 있는 가벽으로 설치하는 게 좋다. 어릴 때는 함께 생활하다 좀 더 크면 가벽으로 방을 분리해 각자의 방을 만들어주는 것도 방법이다.

소방봉

다락 올라가는 곳에 소방봉을 설치하면 아이들에게는 또 다른 재미를 줄 수 있다. 계단으로 올라갔다가 소방봉으로 내려오면 재미도 있지만 운동도 된다. 아빠가 더 자주 사용하게 될지도 모른다.

1-6

2층을 부부만의 독립적인 공간으로 만든 집

1층	67m²
2층	35m²
합계	102m²

Intro.

한 가족이 살기에 딱 좋은 집의 면적은 어느 정도일까. 자녀에게 방을 하나씩 주고 안방에 별도의 욕실과 드레스룸이 있는 형태가 흔히 선호하는 구조의 집이다.

아파트 기준 분양 면적으로 치면 106~109m²(32~33평)형의 집에 해당하는데, 단독주택의 경우 단층이라면 가능하지만, 2층으로 짓는다면 계단실 때문에 적지 않은 면적을 빼앗기므로 이 부분을 감안해야 한다. 2층 단독주택을 지을 때, 안방을 1층에 두고 아이들 방을 2층으로 올리는 경우가 많은데, 이때 아이들이 하교 후 2층으로 후다닥 올라가서 내려오지 않으면 부모와 얼굴을 맞대고 이야기할 시간이 적어진다는 단점이 있다.

이 집은 이러한 단점을 보완하기 위해 통상적인 평면과 달리 1층에 아이들 방을 배치하고 2층을 부부만을 위한 공간으로 배치했다. 부부의 동선은 길어지지만 부부만의 독립적인 공간을 가질 수 있다는 장점이 있다. 추후 아이들이 독립하면 1층의 방은 부부가 각자 사용해도 되고 게스트룸으로 꾸밀 수도 있다. 아이들이 독립한 뒤 부부가 1층을 사용한다면, 결혼한 아이들이 놀러 오면 원룸 형태로 설계한 2층을 내주면 된다. 아이들뿐 아니라 손님이 방문해도 독립된 2층 공간에서 편하게 쉬다 갈 수 있다.

1층

일반적으로 아이방을 2층에 두는 것과 달리, 1층에 두 아이의 방을 두고, 계단 아래 생기는 빈 공간을 활용해 주방을 배치했다. 거실과 식당은 공용 공간으로 사용한다.

계단 아래 배치한 주방

계단 아래 생긴 빈 공간에 주방을 두었다. 거실과 주방은 공용 공간으로 사용한다.

거실

데크

현관

세탁실

계단 아래 공간을 활용한 주방이라 다용도실까지 만들기는 쉽지 않다. 별도의 공간에 세탁기만 넣을 수 있는 작은 세탁실을 구성했다.

2층

부부만을 위한 독립적인 공간으로 만든다. 2층은 부부 이외의 사람들은 올라올 일이 거의 없는 개인적인 공간이다.

오픈 공간

작은 평수의 집일수록 2층에서 1층을 내려다볼 수 있도록 일부 공간을 오픈하면 집이 커 보인다.

베란다

베란다는 집의 외관 디자인에도 중요한 역할을 한다.

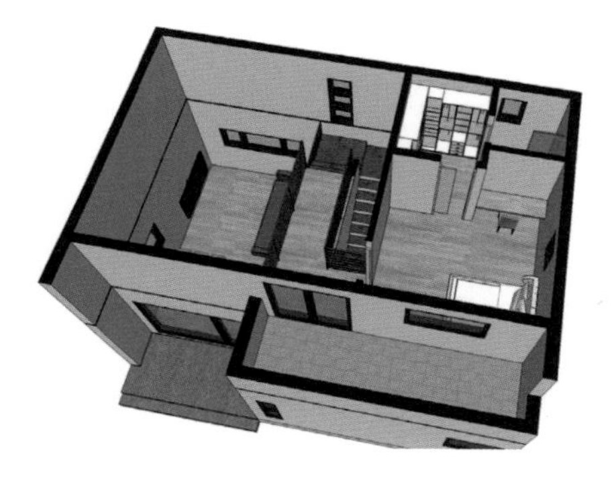

사계절 풍경을 품은 네 식구의 집

FISH153

Intro.

꽃을 사랑하는 아내와 한창 뛰놀고 싶어 하는 두 아들을 위해서 단독주택을 짓기로 결심했다. 실내 주차장도 갖고 싶고 식물을 키울 수 있는 선룸도 갖고 싶었다. 마당에 다양한 꽃을 심어 정원을 예쁘게 꾸미고 싶지만 마당이 너무 좁았다. 그래서 과감하게 잔디를 포기하고 큰 나무 한 그루와 아기자기한 꽃들로 미니 정원을 꾸몄다.

1층에 설계한 선룸은 거실에서 자주 왔다 갔다 할 수 있도록 동선을 연결하고, 주방은 가로로 긴 형태로 배치해 거실이 넓어 보이도록 설계했다. 경사지에 지은 주택이라 주차장 공간을 이용한 1.5층의 복층형 공간을 만들 수 있었다. 1.5층에는 부부 침실과 일체형 부부 욕실을 배치했다.

2층에는 두 아이의 방과 욕실을 두고 세탁실을 크게 만들어 편하게 집안일을 할 수 있도록 했다. 미니 정원이 딸린 마당은 아담하지만 가까운 이웃을 초대해 바비큐 파티도 열고 한가로이 차를 마실 수 있는 소중한 공간이 되었다. 무엇보다 단독주택으로 이사하면서 좋아하는 꽃과 식물을 마당과 선룸에서 원 없이 가꿀 수 있어 행복하다.

1-7

1층	66.2m²
1.5층	24m²
2층	62.80m²
선룸	14.80 m²
실내 주차장	21m²

1층

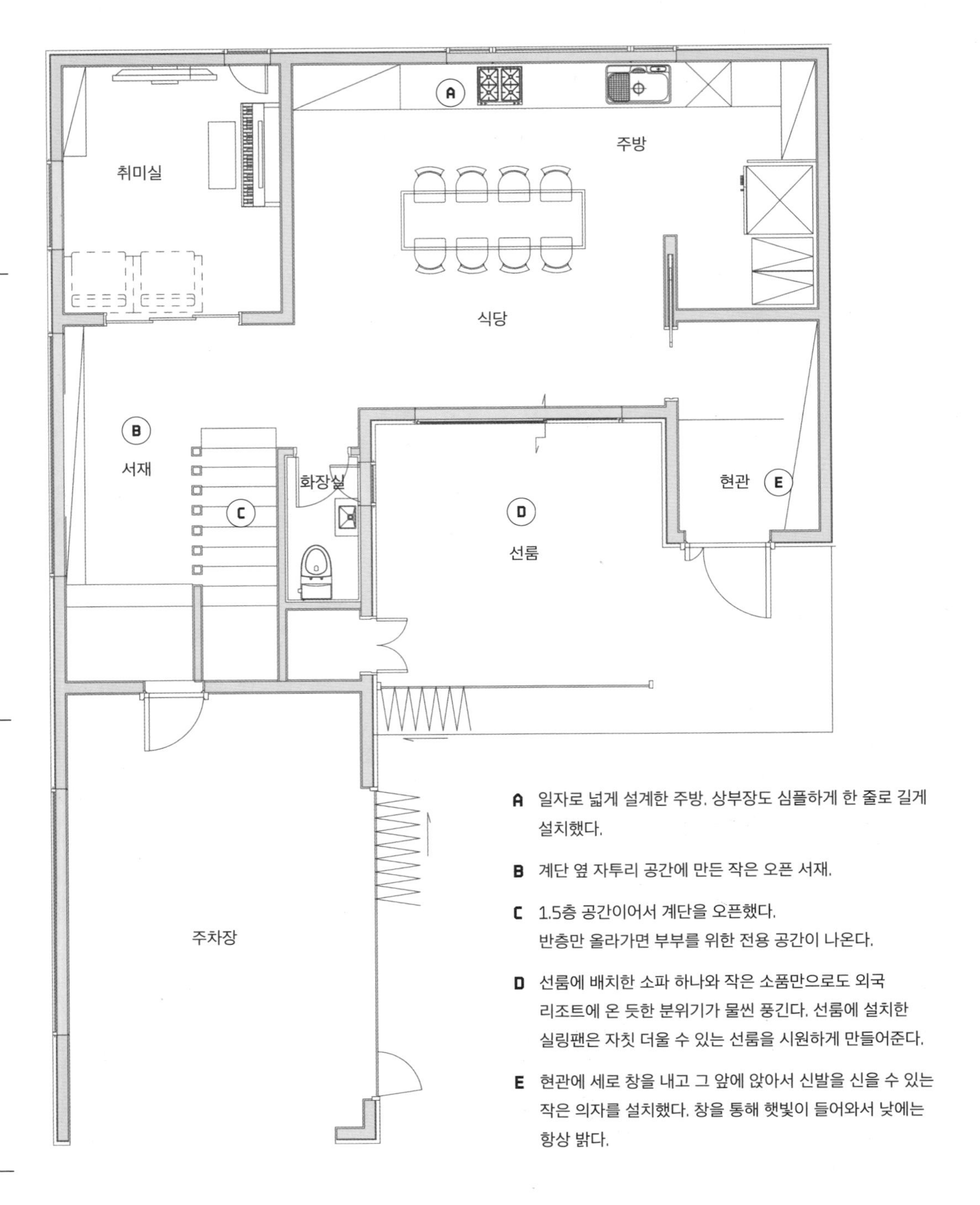

A 일자로 넓게 설계한 주방. 상부장도 심플하게 한 줄로 길게 설치했다.

B 계단 옆 자투리 공간에 만든 작은 오픈 서재.

C 1.5층 공간이어서 계단을 오픈했다.
반층만 올라가면 부부를 위한 전용 공간이 나온다.

D 선룸에 배치한 소파 하나와 작은 소품만으로도 외국 리조트에 온 듯한 분위기가 물씬 풍긴다. 선룸에 설치한 실링팬은 자칫 더울 수 있는 선룸을 시원하게 만들어준다.

E 현관에 세로 창을 내고 그 앞에 앉아서 신발을 신을 수 있는 작은 의자를 설치했다. 창을 통해 햇빛이 들어와서 낮에는 항상 밝다.

A

B

C

D

E

1.5층 & 2층

A 욕실 문을 검정 프레임으로 설치해서 파티션과 문의 역할을 모두 한다.

B 아침이면 등교 준비로 바쁜 아이들을 위해서 세면대를 두 개 설치했다.

C 넓은 세탁실. 창 아래 설치한 선반에서 다림질을 할 수 있다. 창고로도 사용할 수 있다.

D 다시 반층을 올라가면 2층 공간이 나온다.

E 1.5층 공간에 설치한 일체형 부부 욕실, 샤워실만 분리된 형태로 건식으로 사용할 수도 있다.

A

B

C

D

E

1225번지에 세워진

크리스마스 하우스

Intro.

집을 짓기 위해 구매한 부지의 땅 번지가 1225번지였다. 건축주의 작명 센스가 더해져 완공 후 집의 이름은 의미도 좋고 재미도 있는 '크리스마스 하우스'가 되었다.

공부방을 운영하는 엄마를 위해 1층 방 한편에 공부방을 배치하고, 다른 한편에는 거실과 주방을 만들었다. 거실에는 넓은 테이블을 두어 가족이나 손님들이 모여 대화를 나누기에 좋고, 이웃들과 모임 장소로 활용하기도 좋다. 거실에서 이어지는 외부 데크에는 유리 선룸을 만들어서 테라스 같은 분위기를 내고, 창고처럼 사용하기도 한다.

주택의 1층 면적은 69.63 m^2(21평) 정도로 작은 편이지만 부지 자체는 작지 않아서 제법 넓은 마당을 조성할 수 있었다. 마당이 넓어서 나무와 꽃뿐 아니라 보도블록도 깔았고 한쪽에는 아이가 뛰놀 수 있는 공간을 마련했다. 시멘트 블록 중 외단 담장용으로 나오는 제품으로 예쁜 담장도 쌓았다.

2층에는 아이들 방과 안방이 있고 TV 시청이 가능한 가족실이 있다. 아이들 방은 두 계단을 거쳐서 들어가는데 그만큼 1층의 거실 천장이 높아져서 공부방 때문에 좁아진 거실이 넓어 보이는 장점이 있다. 또한 외경사 지붕의 집이어서 굉장히 높은 층고를 가진 다락을 만들 수 있었다. 층고가 높아 어른이 활동하기에도 전혀 불편하지 않다. 퇴근 후 조용히 맥주 한잔 마시고 싶거나 책을 읽고 싶을 때 유용하게 사용할 수 있다.

1-8

1층	69.63m²
2층	73.14m²
발코니	6.24m²
다락	46.50m²

1층

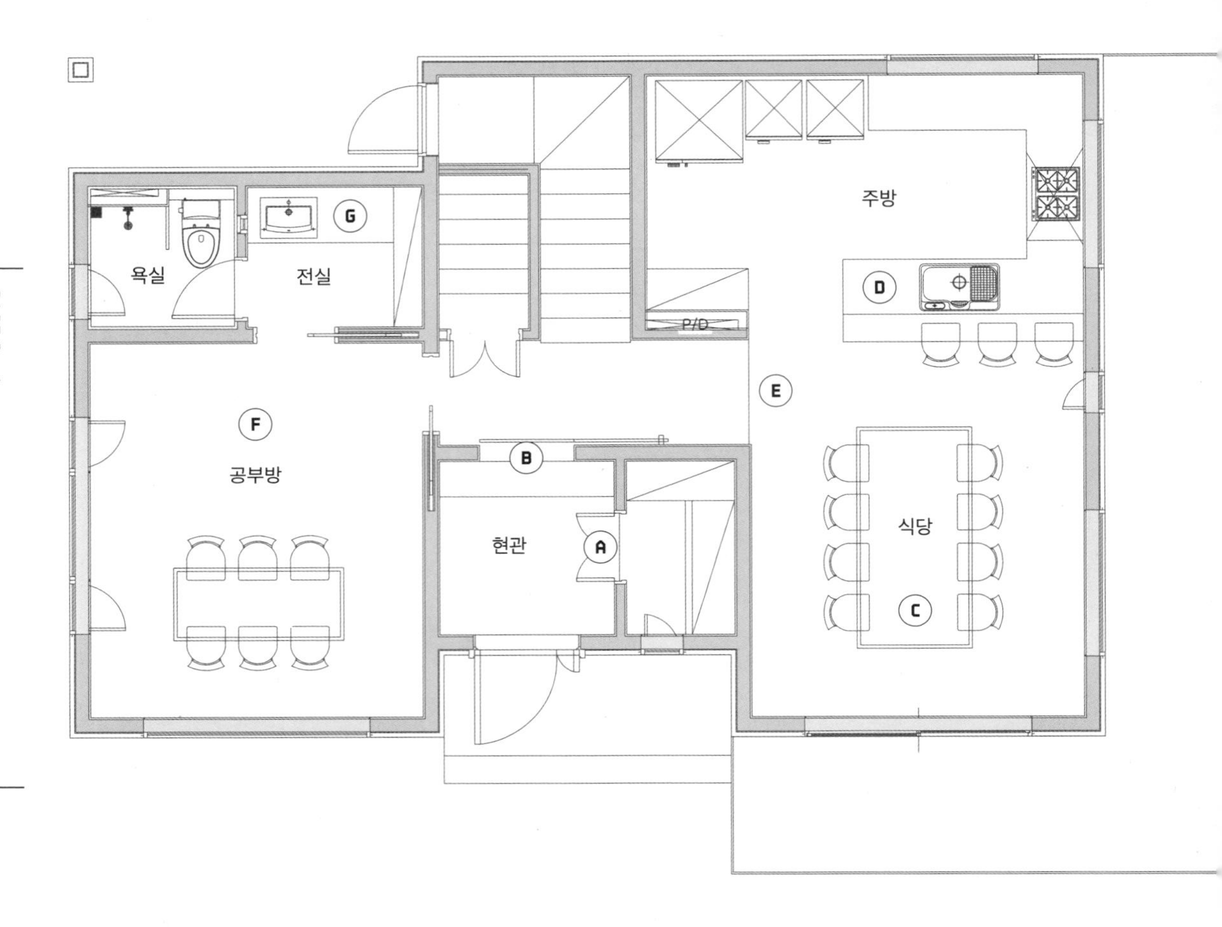

A 현관 전실에는 양쪽으로 열 수 있는 신발장을 설치했다. 평소에는 문을 닫아두기 때문에 전실은 항상 깔끔하다.

B 현관에는 유리로 된 중문을 설치했다.

C 1층 식당은 TV를 보는 공간이 아니라 가족들이 모여 대화하는 공간으로 꾸몄다.

D 주방 모양에 따라서 레일등을 설치하면 보기에도 좋고 요리를 할 때도 편하다.

E 식당은 바닥 면을 한 계단 정도 낮게 만들어 층고를 높여서 개방감을 주었다.

F 공부방에는 고정창을 크게 만들어 채광이 잘되고 다른 쪽 벽면에는 환기창을 설치해 환기가 용이하다.

G 공부방 안에 세면대를 별도로 두어 아이들이 쉽게 손을 씻을 수 있다.

A

B

C

D

E

G

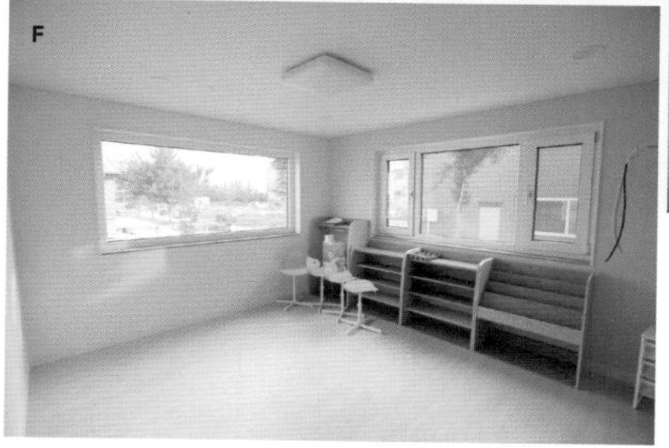
F

2층

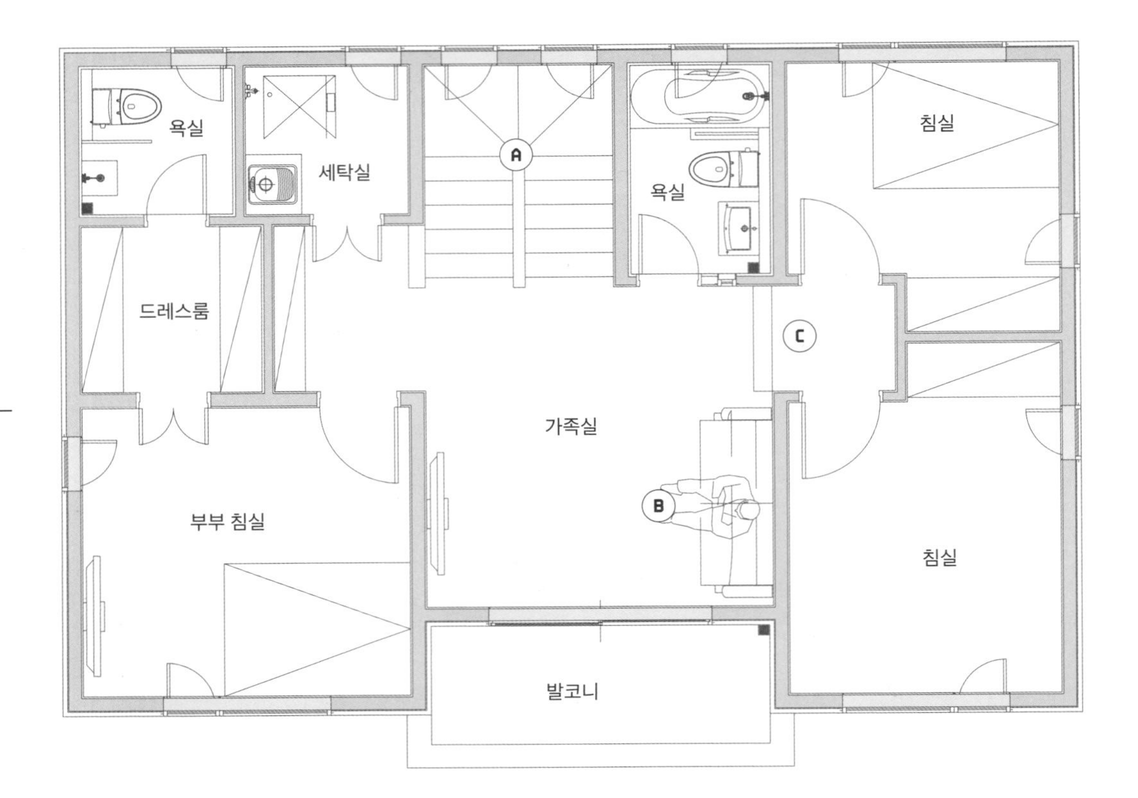

A 계단실을 통해서 2층과 다락까지 바로 이어진다.

B 1층에는 식당만 배치하고 2층에는 TV를 시청할 수 있는 가족실을 만들었다.

C 아이들 방으로 들어가는 입구는 바닥의 단을 높이고 입구에도 인테리어 포인트를 주어 공간을 분리했다.

다락

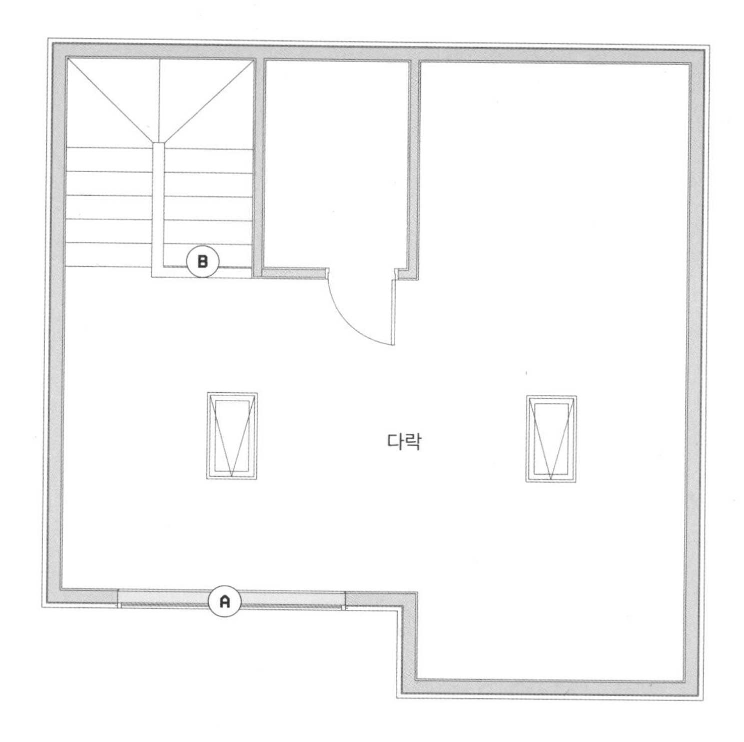

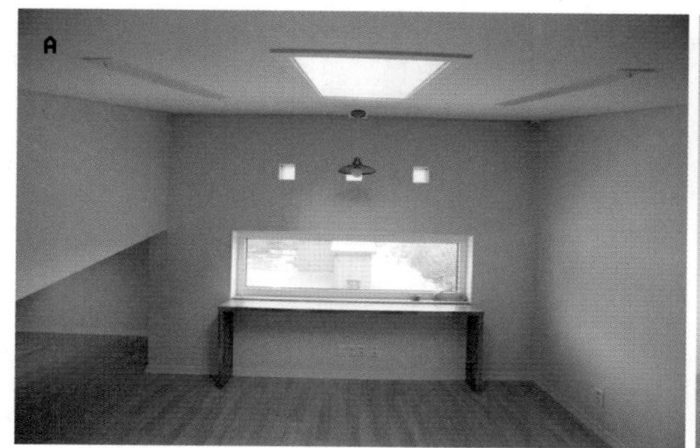

A 가로로 긴 창호에 맞춰서 책상을 제작했다. 앞에 의자 하나만 두면 바깥 풍경을 감상하면서 맥주 한잔 마시거나 책을 읽기에 좋다.

B 아이들의 안전을 위해서 다락의 계단 난간에도 유리 파티션을 설치했다.

아이들이 맘껏 뛰놀기 좋은 집

늘해랑

Intro.

사이 좋은 남매를 키우는 집이다. 아이들이 맘껏 뛰놀 수 있는 집을 짓고 싶어 했던 건축주의 요구에 맞게 외관을 박스 형태의 디자인으로 정하고, 마당을 최대한 확보해 아이들이 놀 수 있는 공간을 마련했다. 마당 일부는 아이들의 놀이터로, 또 일부는 주차장으로 사용할 수 있다.

여름이면 간이 수영장을 설치할 수도 있고 도구를 챙겨 캠핑을 떠나지 않아도 집 앞에서 바로 캠핑을 즐길 수도 있다.

1층에 배치한 거실과 별도로 마련한 오픈 서재에서는 아이들이 자유롭게 놀이를 하고 책을 읽는다. 식당에 설치한 폴딩도어를 열면 마당의 데크와 연결되어 이웃이나 친인척 모임 장소로 활용하기 좋다. 2층 거실은 3층의 다락 일부를 터서 한층 넓어 보이도록 설계했다.

1-9

1층	74.48m²
2층	68.42m²
다락	42.70m²

1층

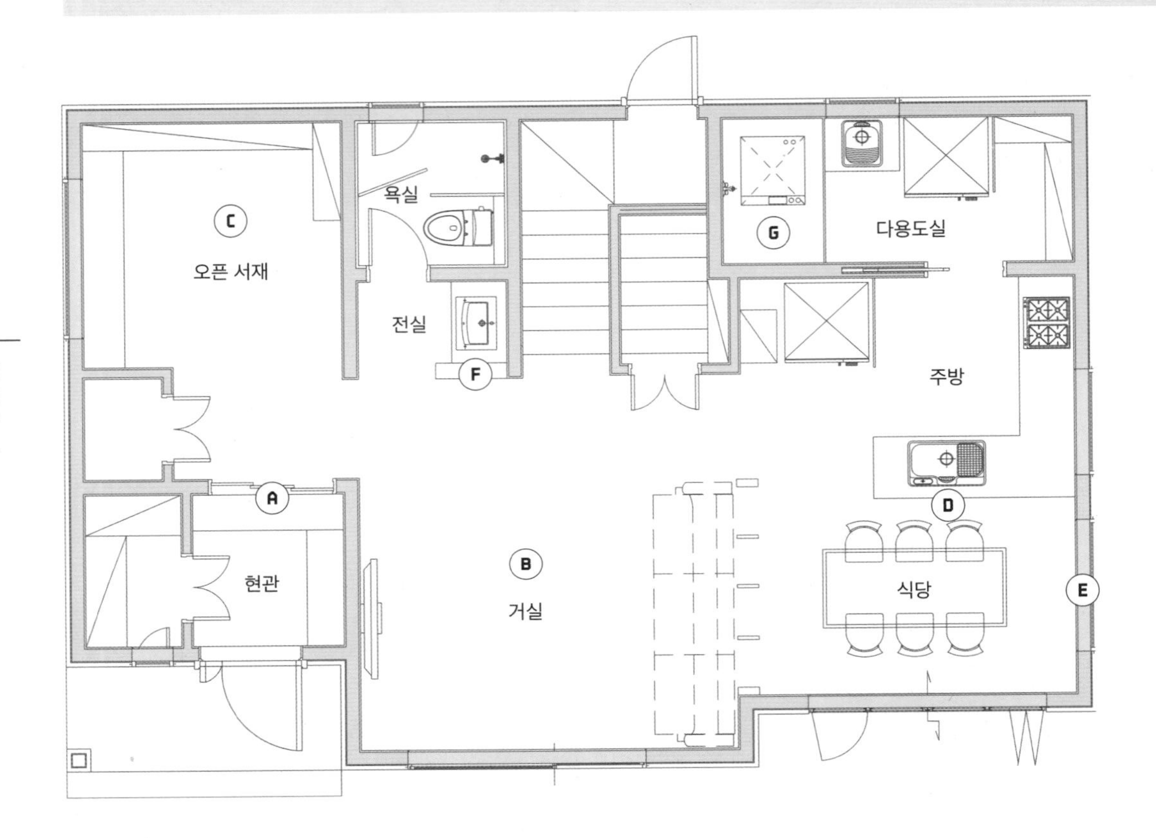

A 현관 중문은 여닫이로 설치했다. 중문은 단열을 위해서도 좋지만, 인테리어 효과도 뛰어나다.

B 거실 층고를 살짝 높여서 실링팬을 설치하면 여름에 시원한 선풍기가 되어준다.

C 오픈 서재는 책을 읽기도 하고, 아이의 놀이방으로도 사용한다. 창문 아래 설치한 윈도우 시트에 앉아 책도 읽고, 두런두런 이야기도 나눌 수 있다.

D 주방과 식당, 외부 테라스까지 바로 이어지는 형태다. 싱크대에 단을 살짝만 올려주면 선반 역할을 하는 것은 물론 싱크대를 가려주는 역할도 한다.

E 식당 벽면에 바깥 풍경을 바라볼 수 있는 액자창을 냈다.

F 칸막이를 해서 공간을 분리해야 할 경우, 전체를 막는 것보다 유리 파티션을 활용하면 공간이 답답해 보이지 않고 개방감도 좋다.

G 다용도실에 선반을 이용해 세탁기를 설치하면 건조기까지 같이 설치할 수 있다.

A

B

C

D

E

F

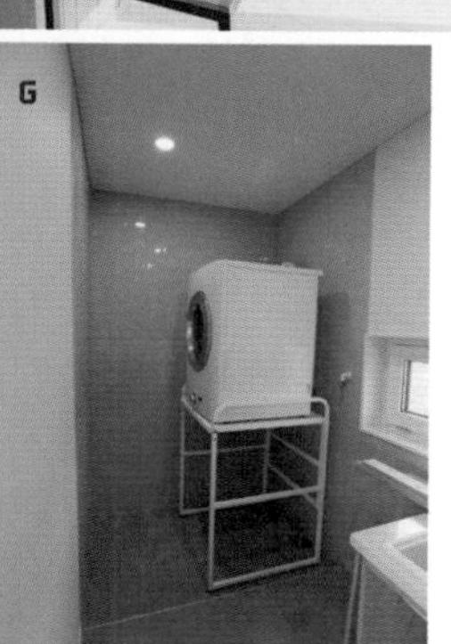
G

2층

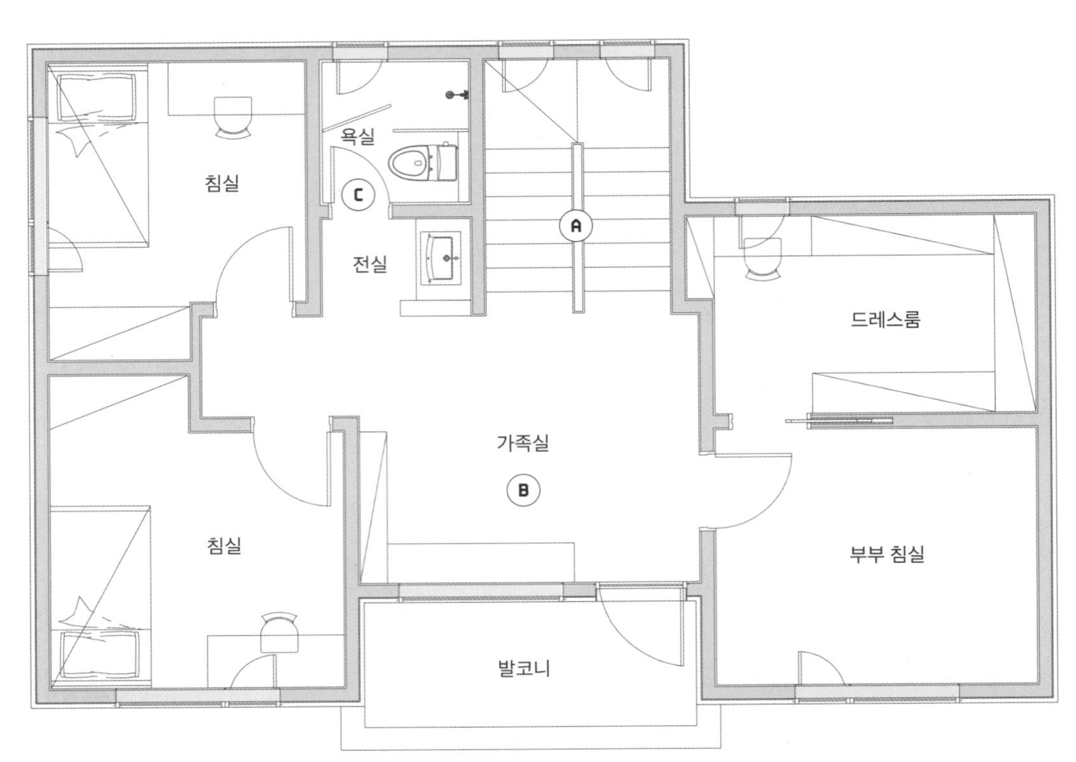

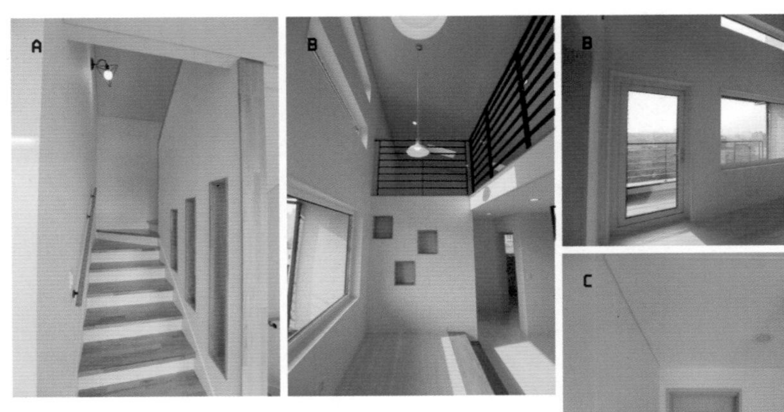

A 다락으로 올라가는 계단의 벽체는 빈 공간이기 때문에 설계 시 반영하면 다양한 크기와 모양의 선반을 만들 수 있다.

B 다락을 터서 2층 거실이 넓어 보이도록 했다. 트지 않았다면 다락을 넓게 쓸 수 있지만 2층 가족실은 답답해 보였을 것이다.

C 욕실 문은 작아도 불편하지 않다. 욕실 문을 크게 달 수 없다면 드나들기 불편하지 않을 정도의 크기로만 제작해서 달아도 충분하다.

다락

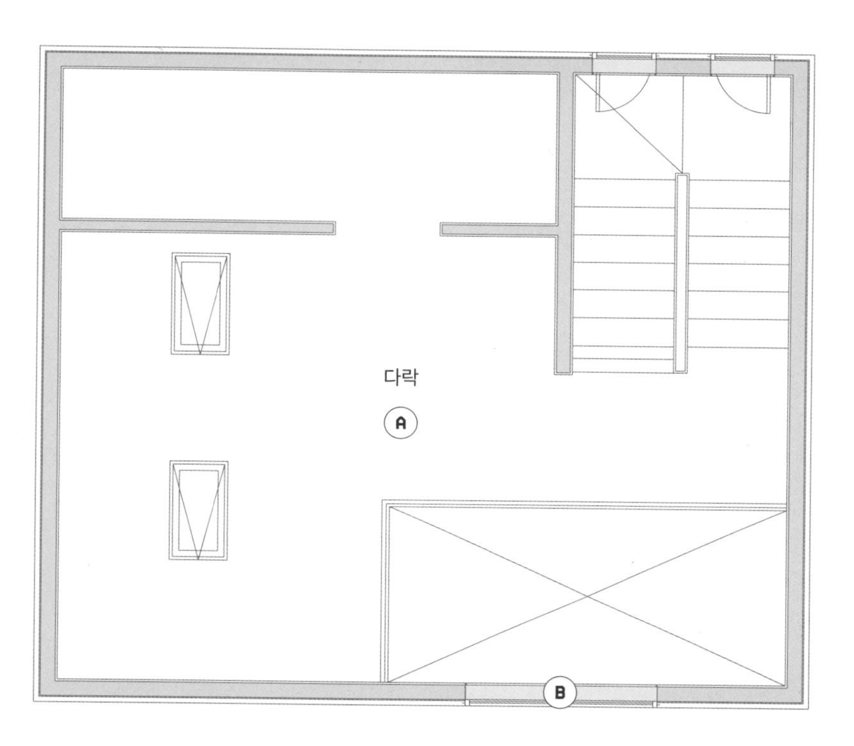

A 다락에서 지붕이 낮은 부분은 창고 등 수납 공간으로 활용하고 층고가 높은 쪽은 아이들의 놀이터로 활용한다.

B 다락을 트면서 벽체에 창호를 설치했다. 덕분에 낮에는 조명을 켜지 않아도 다락이 환하다.

취미 생활 공간을 배치한 집 설계

2-1 집 안에 영화관이! 2.5층에 AV룸을 만든 집

2-2 넓은 취미 공간에서 가족만의 추억을 만드는 집

2-3 남향으로 난 넓은 마당과 별도의 작업실을 가진 ㄱ자형 집

2-4 마당에 수영장을 설치한 집

2-5 루프탑 정원과 넓은 발코니를 품은 집

2-6 집 안에 실내 골프 연습장을 설치한 집

2-7 선룸을 품은 집

완공 사례

2-8 단 차이를 이용해 넓은 주차장과 선룸을 만든 집 '서연지'

2-9 루프탑 테라스 하우스 '가화만사성'

2-10 층고 높은 가족실, 서재 대신 AV룸이 있는 집 '서유재'

2-11 캠핑과 함께하는 삶 '까사플로레스타'

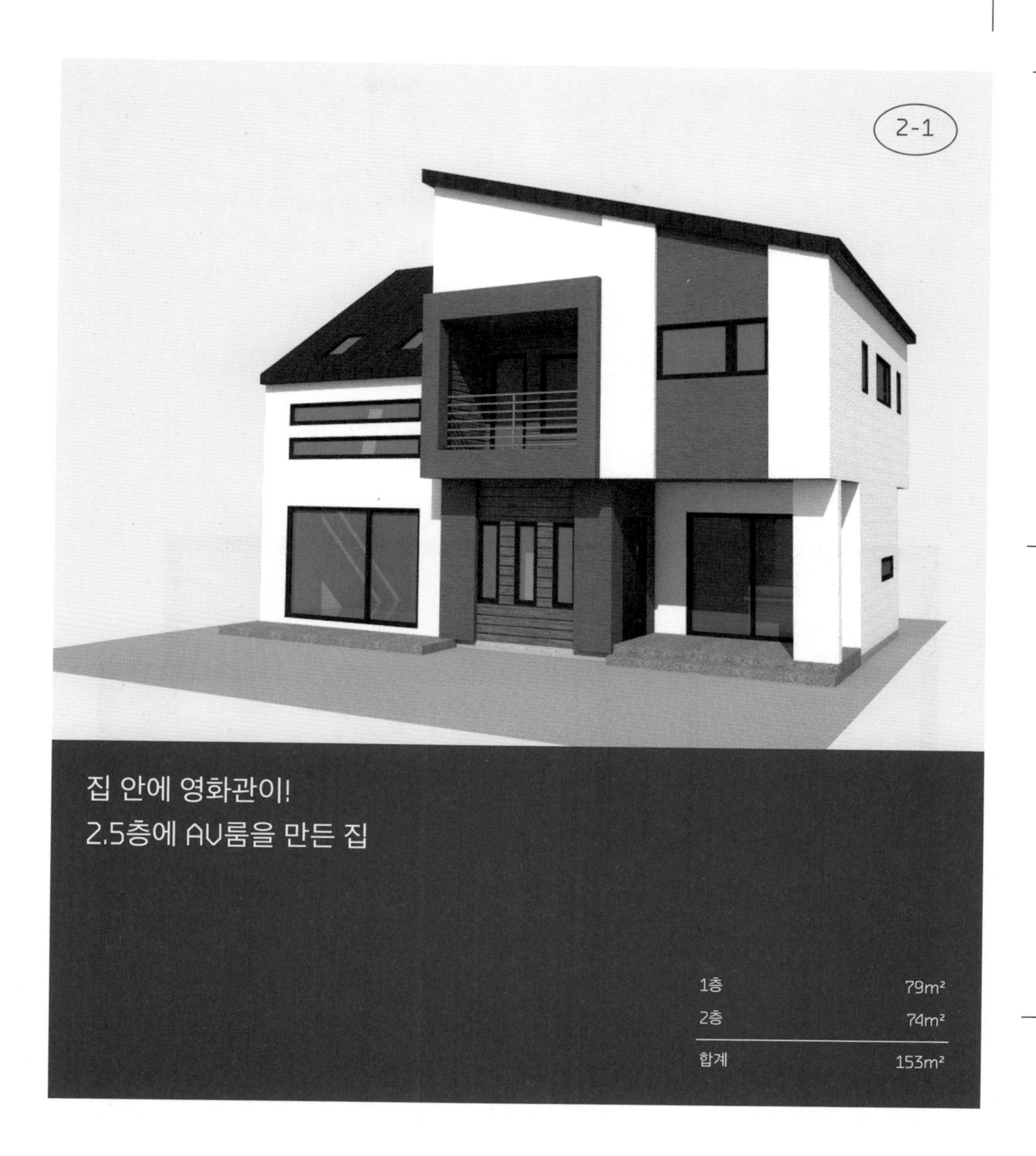

Intro.

아파트가 익숙한 사람들은 거실 층고가 높으면 집이 추울까 봐 걱정을 많이 한다. 예전에는 단열 기술이 부족하고 전문 기술자가 아니라 동네 아는 사람이 집을 시공해주는 형태가 많았기 때문에 체계적이지 못했다. 하지만 지금은 단독주택을 전문적으로 짓는 건설회사도 많고, 단열 기술도 발전했다. 그래서 거실 층고가 높아도 가스비가 (부담스럽지 않을 정도로) 조금 더 나올 뿐 집이 춥지는 않다. 오히려 층고를 높임으로써 집이 넓어 보이고 공간효율성이 좋아져 구석구석 다양하고 재미있는 공간을 구성할 수 있다는 장점이 있다.

1층 거실 층고를 높여서 2층 일부 공간이 더 높아지는 점을 이용, 2.5층에 별도의 공간을 만들고 그곳에 AV룸을 배치해 가족들의 전용 영화관을 만들었다. 물론 TV 시청도 할 수 있다. 별도로 만들어진 공간이어서 주거 공간과 겹치지 않고 침실과 연결되어 있지 않아서 차음과 흡음을 잘해놓으면 늦은 밤이나 새벽에도 자유롭게 영화를 볼 수 있다.

1층

철제 계단을 설치해 1층이 넓어 보이도록 설계했다. 거실과 주방, 상황에 따라 게스트룸이나 작업실 등으로 활용할 수 있는 다용도 공간을 두었다. 요리를 자주 하고, 냄새 나는 생선 요리 등을 즐겨 하는 편이라 보조 주방을 따로 배치했다.

다용도방

다용도방의 포켓도어
다용도로 사용할 수 있는 방에는 포켓도어(문을 열면 벽으로 들어가는 형식)를 설치했다. 열어두면 거실을 확장한 듯한 효과를 볼 수 있다.

보조 주방

주방

철제 계단
오픈 계단을 만들고 유리 난간을 설치하면 공간이 더 넓어 보이는 효과가 있다. 다만, 비용이 많이 들어간다.

2층 & 2.5층

2층에는 안방과 아이방을 배치하고 발코니와 이어지는 공간에 작은 서재를 마련했다. 창호 앞에 윈도우 시트를 두어 잠시 쉬거나 책을 읽는 공간으로 활용하기 좋다. 부부도 아이도 영화를 좋아해 2.5층에 AV룸을 별도로 설계한 것이 이 집의 특징이다.

세탁실 & 드레스룸 & 욕실

세탁실, 드레스룸, 파우더룸, 욕실을 북쪽에 배치해 동선이 이어지도록 설계했다. 효율적인 공간 배치가 가능한 설계 방법 중 하나다.

AV룸

1층 거실의 높이를 높여서 개방감을 주고, 1층 층고가 높아진 공간에 2.5층을 만들어 AV전용룸을 배치했다. 별도의 공간이어서 주거 공간과 겹치지 않는다.

윈도우 시트

발코니로 연결되는 큰 창호 앞에 윈도우 시트를 두어 편하게 책을 읽거나 쉴 수 있도록 했다.

Intro.

이 집의 건축주는 집을 짓는다면 아이들과 함께 뛰놀수 있는 실내 놀이터를 만들고 싶어 했다. 그래서 과감하게 전면 공간에 실내 창고보다 넓은 취미 공간을 만들었다.

여름이면 텐트를 치고 잠을 잘 수 있고 손님이 오면 바비큐장으로 사용할 수도 있고 폴딩도어를 열어 외부와 연계되는 글램핑장으로도 활용할 수 있다. 지금은 아이들과 함께하는 공간으로 사용하지만 나중에 아이들이 독립하면 가구공방으로 사용할 계획이다. 또한 작은 오픈 서재를 만들어 아이들이 컴퓨터나 책을 볼 때도 가족과 함께할 수 있도록 설계했다. 거실에는 소파를 없애고 넓은 테이블을 두어 1층에서 가족이 모여 많은 시간을 함께할 수 있다. 2층에는 드레스룸, 파우더룸, 화장실, 욕실, 세탁기를 한곳에 집중 배치했다. 2층 욕실에는 개구쟁이 형제가 함께, 혹은 아빠와 다 같이 들어가 씻을 수 있는 넓은 욕조를 설치했다. 아들과 함께 목욕탕에 가서 서로의 등을 밀어주는 로망을 가진 아빠라면, 목욕탕이 아닌 집에서 로망을 실현할 수 있다! 아침이면 등교 준비와 출근 준비에 바쁜 형제와 남편 때문에 2층 화장실과 욕실을 사용하지 못하는 엄마를 위해 1층에도 작은 샤워실을 두었다.

1층

오픈 서재에 책상과 컴퓨터를 두어 아이들이 폐쇄적인 방이 아니라 개방된 공간에서 컴퓨터를 할 수 있도록 했다. 1층 한쪽에 넓은 취미 공간을 별도로 구성한 게 이 집의 특징이다. 아이들이 독립하면 공방 등으로 활용할 수 있어 유용하다.

오픈 서재

아이들이 한 공간에서 책도 읽고 컴퓨터도 할 수 있도록 오픈 서재를 배치했다.

팬트리룸

다양한 식재료와 가공식품을 보관할 수 있는 팬트리룸은 전원생활을 하며 마트를 자주 갈 수 없는 건축주에게 꼭 필요한 장소이다.

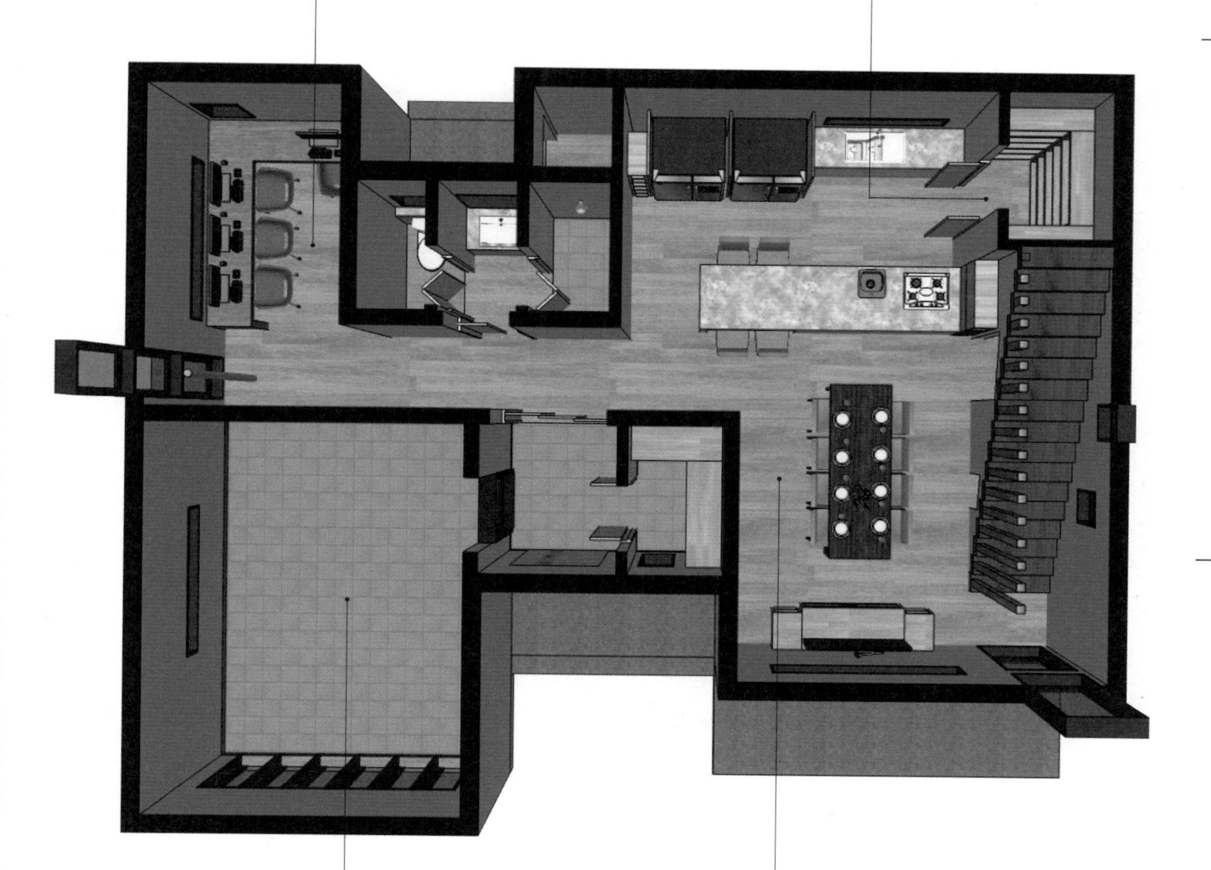

취미 공간

바비큐장, 탁구장, 당구장 등 다양하게 활용 가능한 넓은 취미 공간을 별도로 두었다.

거실 겸 식당

거실에 소파가 아닌 넓은 테이블을 두었다. 소통을 중시하는 가족이라면 일방적으로 TV만 시청하게 되는 형태의 거실보다 함께 대화를 나눌 수 있는 식당 형태의 거실을 선호한다.

2층

활동적인 두 아들을 위해 계단 한쪽에 미끄럼틀을 만들었다. 아이들 방 위로 복층 공간을 두어 놀이방으로 사용할 수 있게 했다. 드레스룸과 욕실을 한곳에 집중 배치해 동선이 짧고 공간 활용이 좋은 집을 지을 수 있었다.

드레스룸 & 파우더룸 & 욕실 & 세탁실
한곳에 집중 배치해 공간 활용도를 높였다. 욕실에는 대형 욕조를 두어 형제가 함께, 혹은 아빠와 셋이 목욕을 할 수도 있다.

대형 욕조
부부의 휴식 공간이자 여름이면 아이들의 수영장이 되어주는 아이템이다.

놀이방
아이들 방 위쪽에 있는 로프트 공간은 놀이방으로 사용한다.

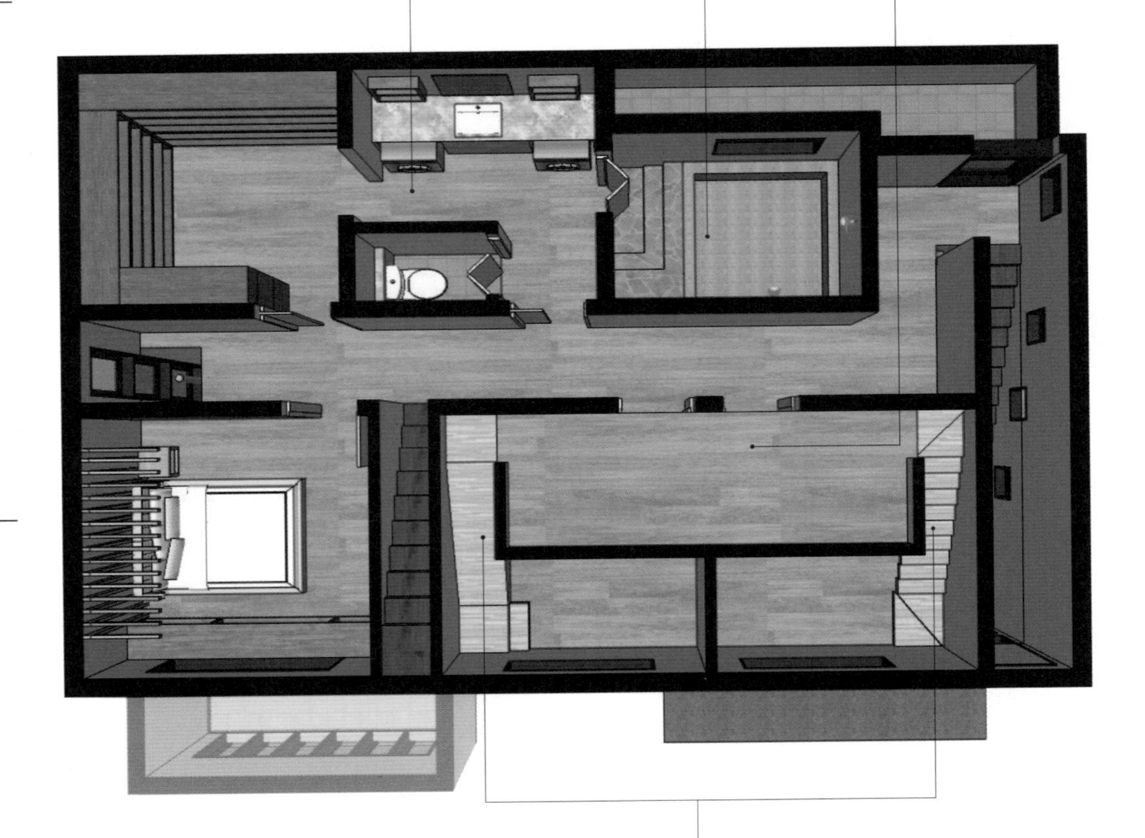

계단과 미끄럼틀
한쪽은 계단으로, 다른 한쪽은 미끄럼틀로 만들었다. 활동적인 두 아들을 위한 특별 공간으로, 아이들이 크면 계단으로 변경 가능하다.

2-3

남향으로 난 넓은 마당과 별도의 작업실을 가진 ㄱ자형 집

1층	$98m^2$
2층	$67m^2$
합계	$165m^2$

Intro.

모든 택지는 도로에 접하게 된다. 도로에 접한 부분을 기준으로 ㄱ자 형태의 집을 지어 마당 공간을 확보하면 건물로 둘러싸인 마당을 가질 수 있다. 도로에서 마당을 볼 수 없어서 가족만의 프라이빗한 마당을 가질 수 있다.

마당이 도로에 접해 있는 개방된 공간이면 아무래도 주변의 시선으로부터 자유로울 수 없다. 그러므로 처음부터 집 건물을 도로쪽에 최대한 붙여서 지으면, 아이들이 사고 걱정 없이 뛰놀기도 좋고, 가족끼리, 혹은 가까운 지인과 모여 파티를 열기에도 좋은 사적인 마당을 가질 수 있다. 또한 마당 한편에 남자들의 로망인 별도의 창고를 지으면 친구들과 편하게 술을 한잔할 수도 있고 취미 생활도 즐길 수 있다.

물론 이 또한 비용이 발생하는 일이므로 가족의 합의가 필요하다. 나중에 돈을 더 모아서 짓겠다고 포기하면 안타깝게도 10명 중 9명은 그 꿈을 실현하지 못한다. 평소 작업실로 사용할 수 있는 별도의 창고를 갖고 싶었다면, 비용이 조금 들더라도 집을 지을 때 반영하는 것이 좋다.

1층

남향으로 자리 잡은 넓은 마당을 둔 집으로 ㄱ자형으로 설계했다. 거실과 주방은 일체형으로 배치해 개방감을 주었고 서재 겸 게스트룸, 화장실을 1층에 배치했다.

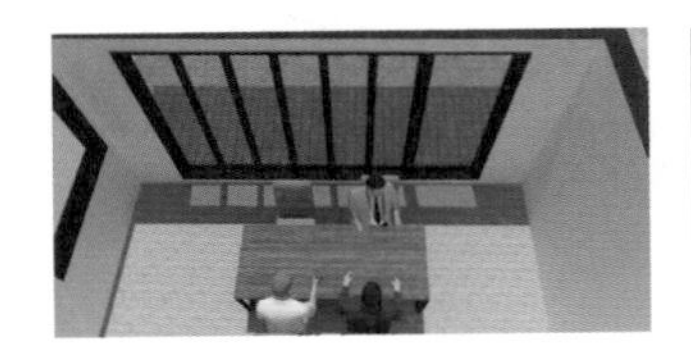

외부 작업실

남자의 로망인 창고, 가구나 도자기를 만드는 등의 취미 생활을 마음껏 할 수 있다.

거실

거실만 바닥 높이를 낮추면 거실이 넓어 보이는 효과가 있다.

서재 겸 게스트룸

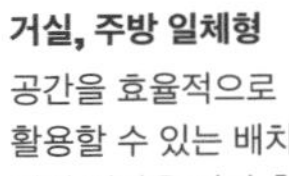

거실, 주방 일체형

공간을 효율적으로 활용할 수 있는 배치다. 거실 천장을 터서 층고를 더 높여주면 훨씬 넓어 보인다.

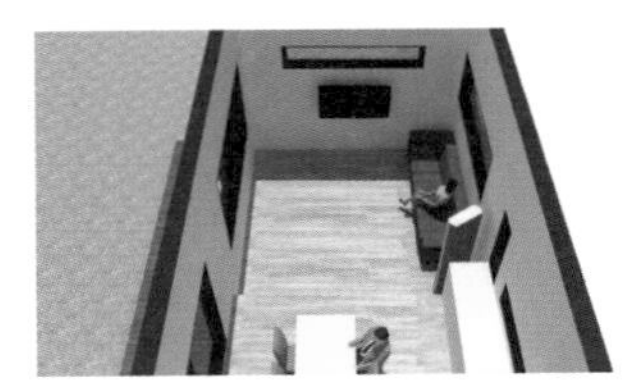

프라이빗한 마당

집을 ㄱ자로 만들어서 남향의 넓은 마당을 최대한 확보하고 도로에서 시선을 차단한다.

2층

2층은 안방과 아이방, 공용 드레스룸과 욕실, 세탁실, 오픈 서재 등을 배치했다. 서재와 연결된 베란다는 가족 모두에게 휴식 공간이 되어준다.

베란다

서재와 이어지는 베란다는 공부를 하거나 집에서 업무를 하다가 잠시 휴식을 취하는 공간이 되어준다.

공용 드레스룸

동선을 줄이기 위해서 드레스룸, 욕실, 세탁실을 모두 한자리에 모았다.

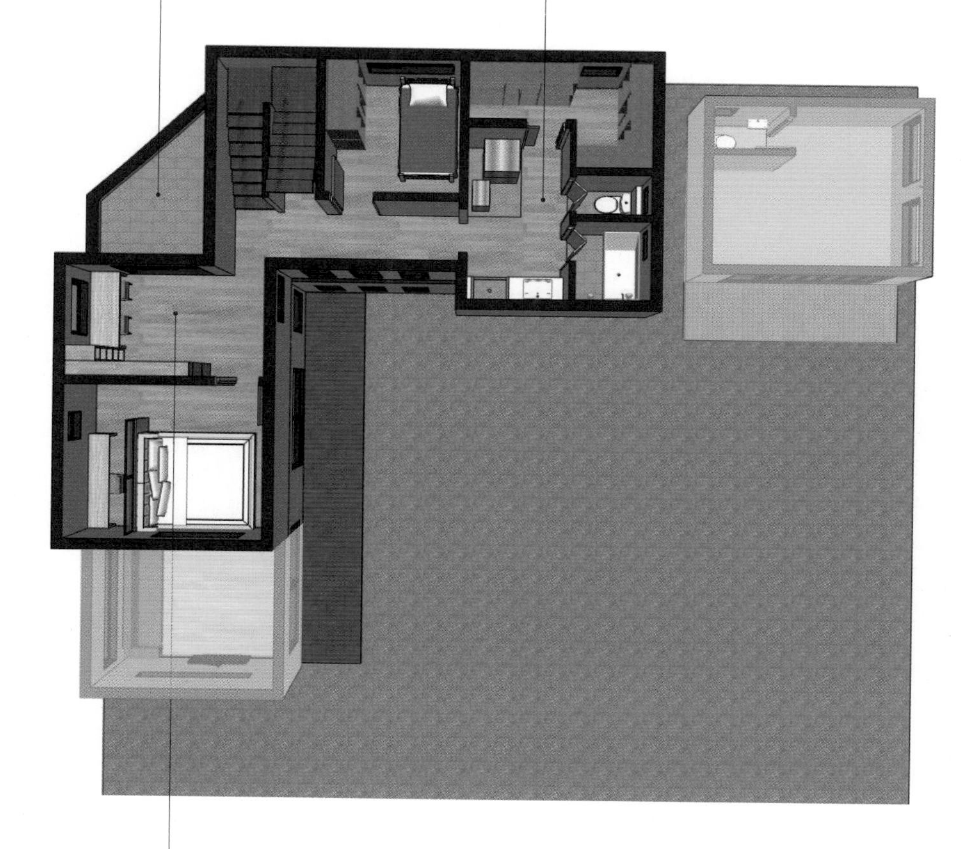

오픈 서재

오픈 서재는 별도의 문을 달지 않고 누구나 편하게 오갈 수 있도록 만든 공간이다. 지나다니면서 자주 보이는 곳에 서재를 배치하는 것이 좋다.

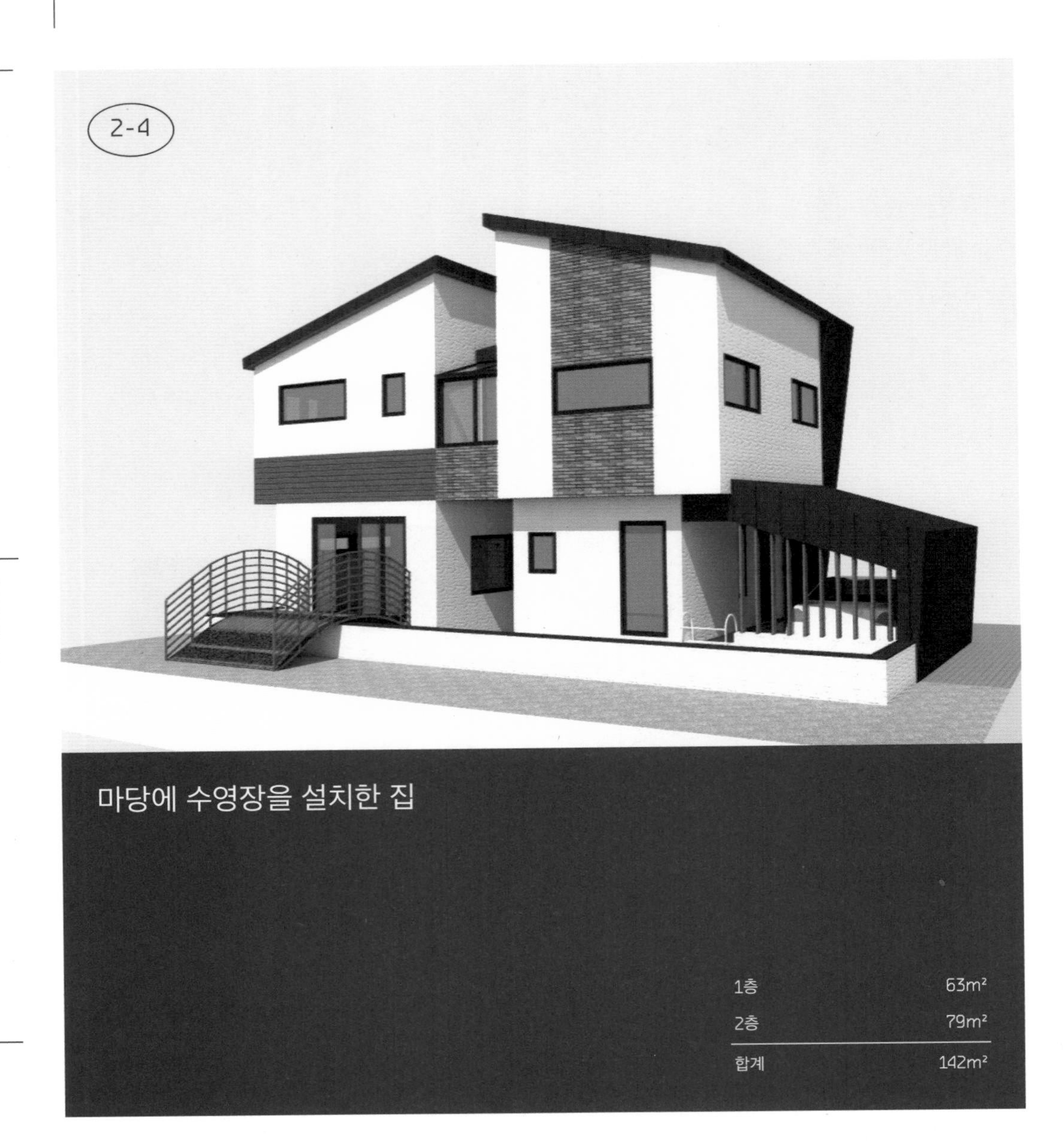

마당에 수영장을 설치한 집

1층	63m²
2층	79m²
합계	142m²

Intro.

외국은 마당에 수영장이 딸린 집이 많다. 우리나라는 땅값이 비싸서 큰 수영장이 있는 주택은 정말 고급 주택이라고 생각하기 쉽다. 실제 수영장이 특정 크기 이상이면 고급 주택으로 분류되어 세금도 더 많이 나온다. 하지만 물놀이 수준의 수영장을 원한다면 마당에 간이 수영장을 설치하면 된다.

집의 가로 길이를 그대로 활용해서 거실 앞에 수영장을 만들었다. 기초 공사를 할 때 같이 작업하면 충분히 가능하다. 구름다리로 거실과 마당을 연결하고 1층 욕실을 수영장과 연결해서 수영 후 바로 샤워를 할 수 있도록 설계했다. 수영장의 길이를 살짝 늘려 늘어난 만큼의 공간에 카포트를 설치하면 실내 주차장도 만들 수 있다. 수영장의 깊이는 시공 시 조절할 수 있지만 아이들이 안전하게 수영을 즐길 수 있는 깊이로 만들고 그에 따른 안전 조치도 충분히 고려해야 한다.

이 설계는 오픈된 야외 수영장이지만 집 디자인에 따라 투명렉산 같은 자재를 활용하면 실내 수영장으로 변신할 수 있다.

1층

집의 가로 길이 크기의 수영장이 특징인 집. 수영장을 만든 대신 거실과 마당은 구름다리를 만들어 연결했다. 한쪽에는 카포트를 설치해 주차장을 만들었고, 집 안에는 거실과 주방, 수영 후 바로 샤워가 가능한 욕실만 배치했다.

주차장
현관에 카포트를 만들면 비가 올 때 비를 맞지 않고 집에 들어갈 수 있다.

욕실
수영 후 집 안에 들어가지 않고 바로 샤워할 수 있는 욕실을 만들었다.

구름다리
거실에서 구름다리를 통해서 마당으로 나갈 수 있다.

수영장
물놀이뿐 아니라 수영도 할 수 있는 13m 길이의 수영장이다. 수영장 깊이는 집 기초 공사 시 조정하면 된다. 세로로 난 안쪽 수영장은 2층 건물 덕분에 그늘이 지기 때문에 시원하게 물놀이를 할 수 있다.

2층

2층에는 안방과 아이방을 배치하고 두 방 사이에 드레스룸과 세탁실, 선룸을 두었다. 별도의 놀이방이나 다용도 공간이 없다면 아이방을 크게 만들어 침실 이외에 취미 공간이나 놀이 공간으로 활용할 수 있도록 배려하는 것도 방법이다.

건식 화장실

같은 크기의 욕실을 분리해서 일부는 건식으로 사용할 수 있도록 했다. 슬리퍼 없이 화장실을 사용할 수 있다.

아이방

안방이 더 커야 하는 법은 없다. 자녀가 넓은 방에서 자기의 공간을 맘대로 배치하고 생활할 수 있도록 배려하기도 한다.

오픈 서재

세탁실

선룸

세탁실에서 세탁한 빨래는 선룸에서 말린다. 겨울에도 온도가 높기 때문에 빨래가 잘 마른다.

드레스룸

Intro.

단독주택지는 단독주택들이 모여 있는 곳이다. 대략 231~264m²(70~80평) 정도의 면적으로 분양되기 때문에 집을 짓고 나면 넓은 마당을 갖기는 힘들다.
바로 도로와 연결되어서 프라이빗한 마당을 가질 수도 없다. 서울 평창동처럼 높은 담장이 있는 형식이 아니기 때문이다. 또한 규정상 투시형 담장만 허용되기 때문에 높은 담장을 설치할 수도 없다. 그래서 보통 마당의 대안으로 베란다나 발코니 공간을 설계한다. 2층 발코니 또는 옥상 베란다는 아주 개인적인 공간으로 마당처럼 사용할 수 있다.

간이 수영장을 설치해서 수영장으로 사용할 수 있고 옥상 정원이나 텃밭을 가꿀 수도 있다. 이 또한 지역마다 다르지만 대부분의 택지지구가 규정상 지붕의 1/3에 해당하는 면적만 사용해야 한다는 점을 유의하자. 규정에 맞게 면적을 확보한다면 1층에 넓은 마당을 갖지 못하는 아쉬움을 발코니를 통해 달랠 수 있다.

1층

차 두 대를 주차할 수 있는 필로티 주차장을 설치했다. 1층에는 11자형으로 주방을 배치하고 게스트룸과 화장실, 큰 소파를 둘 수 있는 크기의 거실만 배치했다.

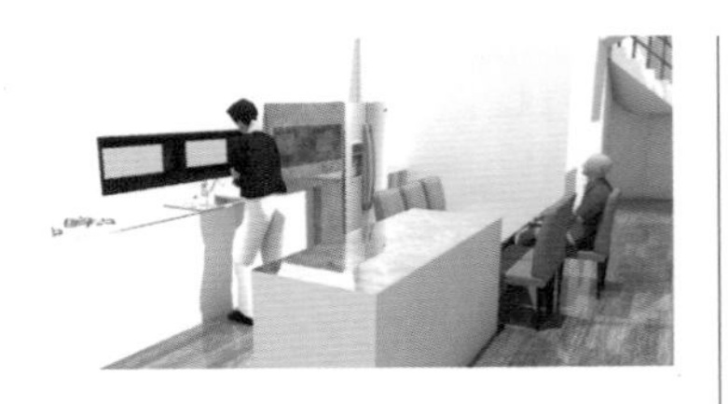

11자형 주방

11자형 주방은 공간을 넓게 사용할 수 있다는 장점이 있지만 항상 깨끗하게 정리해두어야 한다는 단점도 있다.

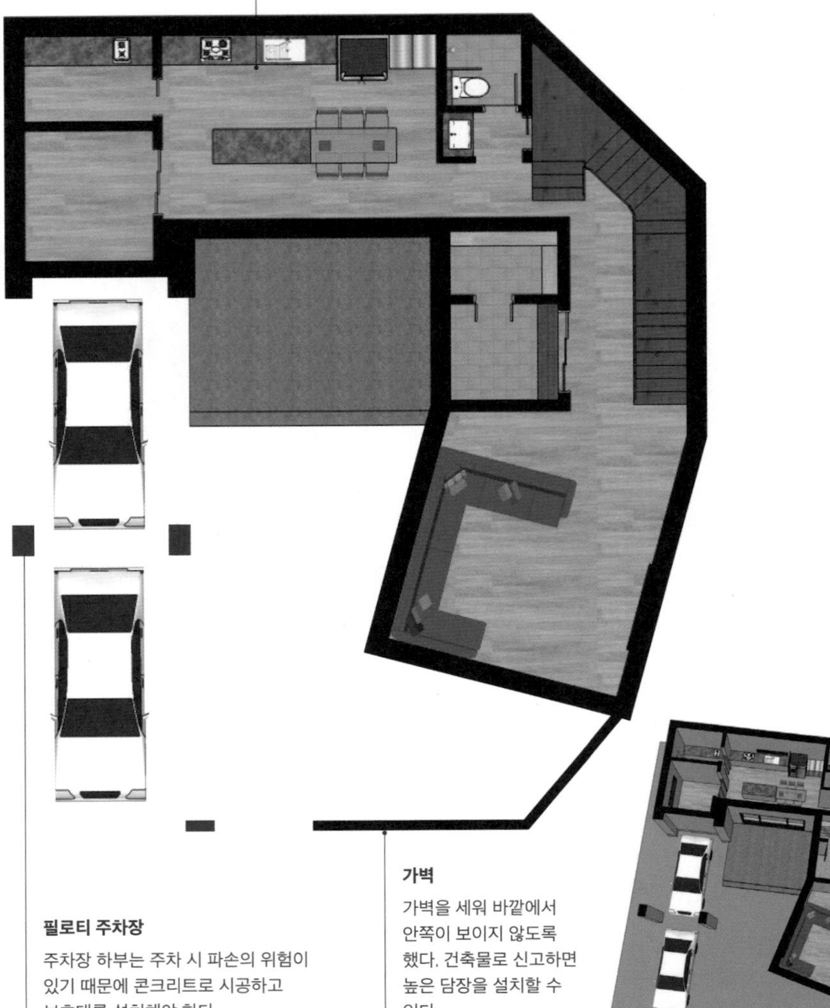

필로티 주차장

주차장 하부는 주차 시 파손의 위험이 있기 때문에 콘크리트로 시공하고 보호대를 설치해야 한다.

가벽

가벽을 세워 바깥에서 안쪽이 보이지 않도록 했다. 건축물로 신고하면 높은 담장을 설치할 수 있다.

2층

두 아이의 방과 드레스룸이 딸린 안방을 2층에 배치했다. 마당 대신 2층에 넓은 발코니를 만들어 수영장 등으로 활용할 수 있도록 했고 발코니 앞에는 세탁실을 두었다.

세탁실

넓은 발코니 앞에 세탁실을 만들었다. 문을 달면 안이 보이지 않는다. 세탁실은 항상 깨끗하게 유지하기 힘들기 때문에 문을 닫아두면 신경이 덜 쓰인다.

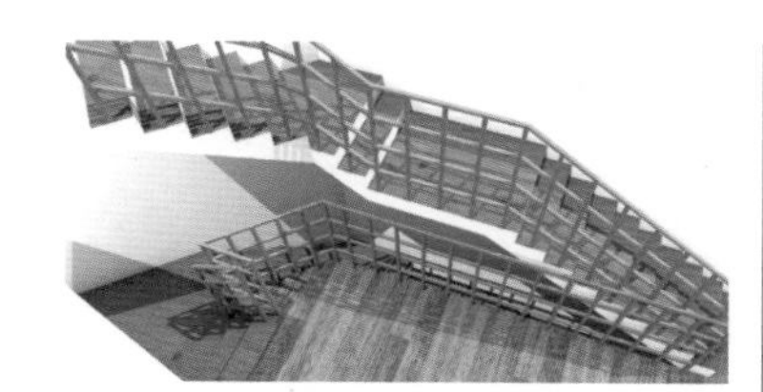

계단

땅 모양대로 만들어진 계단이다.

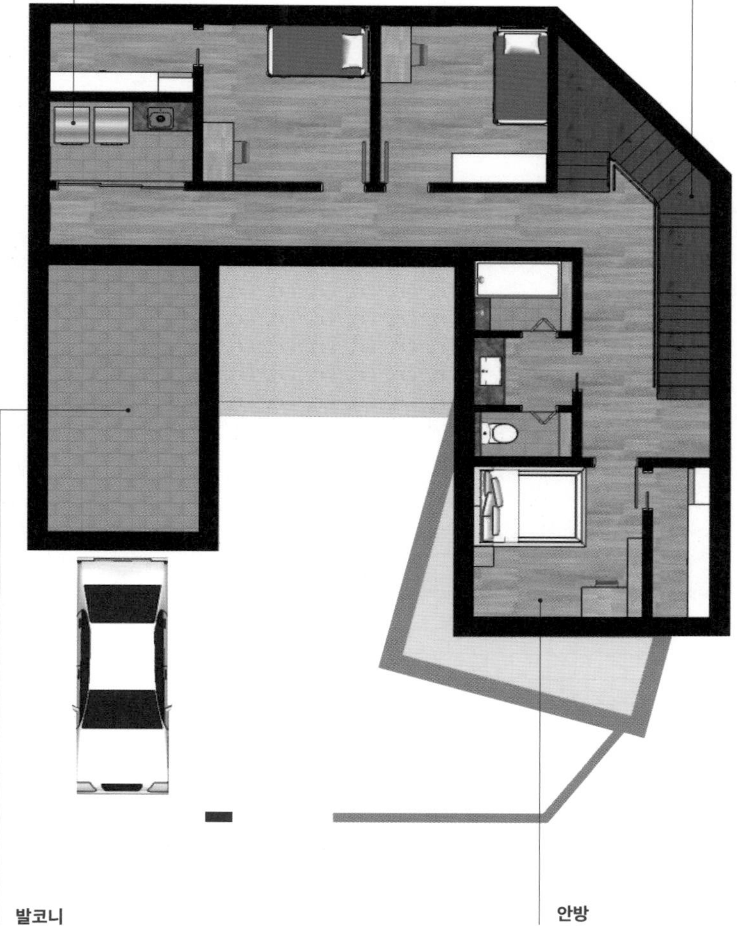

발코니

2층에 넓은 발코니를 만들었다. 여름이면 아이들 수영장으로 변신한다.

안방

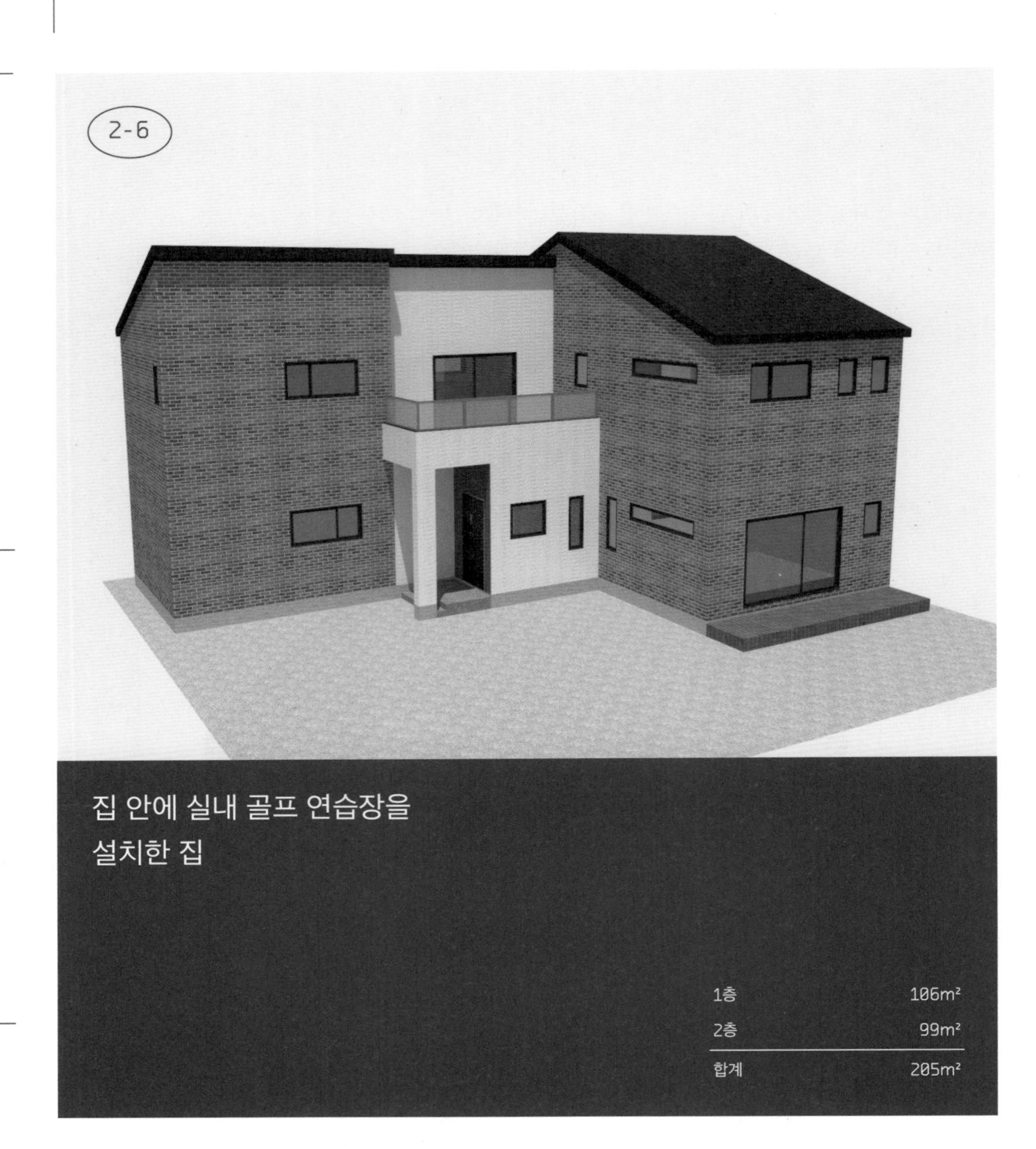

2-6

집 안에 실내 골프 연습장을 설치한 집

1층	106m²
2층	99m²
합계	205m²

Intro.

집을 지을 때 남자들이 갖고 싶어 하는 공간이 몇 가지 있다. 그중 하나가 실내 차고고, 다른 하나는 취미를 즐길 수 있는 창고나 골프 연습장 같은 공간이다. 하지만 실제 설계를 하다 보면 가장 먼저 포기하게 되는 것이 아빠들의 놀이터다. 취미 공간은 고사하고 나만의 서재를 갖고 싶은 소박한 꿈조차도 제일 먼저 포기하게 되는 것이 현실이다. 예산이 들기 때문이다.

예산이 가능하다면, 혹은 무리가 되더라도 집을 좀 더 키워서 아빠만의 공간을 설계하는 경우도 있다. 이 집은 골프 연습장을 만들었다. 이 골프 연습장은 골프도 치지만 영화관으로도 변신이 가능하고 아이들의 놀이터로도 사용할 수 있어 활용도가 높다. 스펀지공으로 야구를 할 수도 있고 프로그램만 있다면 축구도 가능하다. 가장이 행복하고 부부가 행복해야 아이들도 행복하다는 사실을 잊지 말자! 골프 연습장을 배치해 좁아진 1층 공간은 활용도를 높이기 위해 주방은 오픈형으로, 계단은 일자 계단으로 설치했다.

1층

주방과 식당, 거실을 한 공간에 두어 실내 골프 연습장으로 좁아진 나머지 공간의 활용도를 극대화했다. 한 공간에 모든 공용 공간을 배치하면 부모가 주방에서 일을 하면서도 식당이나 거실에서 노는 아이들을 지켜볼 수 있다는 장점이 있다.

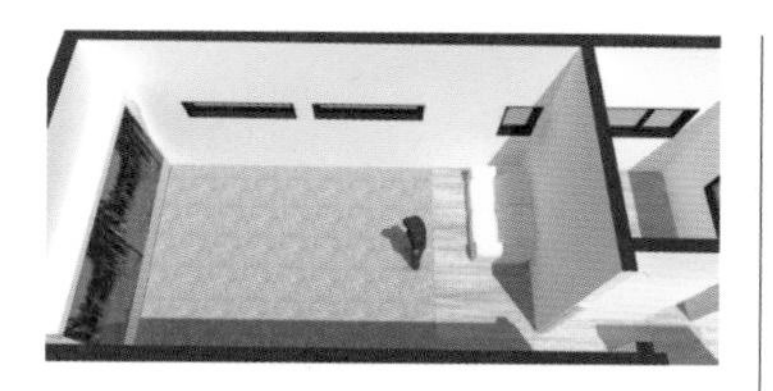

실내 골프 연습장

골프 연습장 이외에 아이들 놀이방, 영화관 등 다양하게 사용할 수 있다.

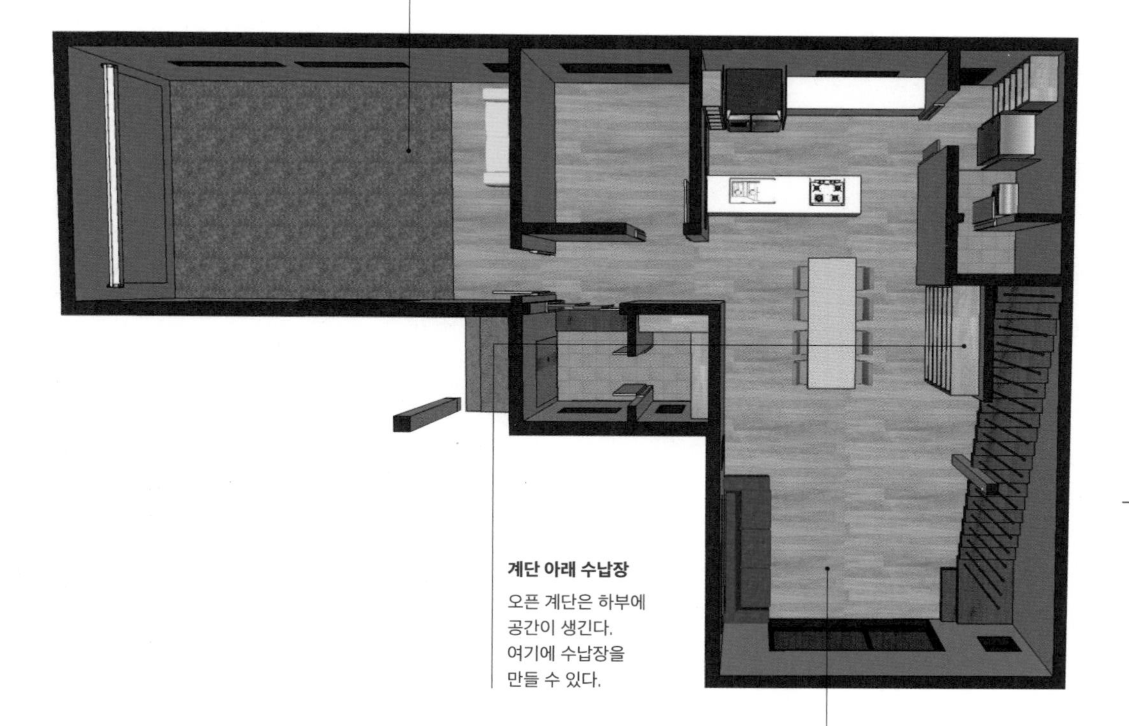

계단 아래 수납장

오픈 계단은 하부에 공간이 생긴다. 여기에 수납장을 만들 수 있다.

개방형 거실

오픈 계단을 이용해서 개방형의 거실을 만들었다.

2층

화장실이 딸린 안방과 두 아이의 방, 작은 가족실과 드레스룸, 베란다를 배치했다. 베란다 앞에 세탁실을 만들어 빨래를 널 때 편리하다. 드레스룸도 욕실 앞에 배치해 동선을 줄였다.

독립형 세탁실
가사 노동을 좀 더 편하게 해준다.

가족실
2층에 배치한 작은 가족실은 TV 시청은 물론 오픈 서재, 놀이방 등 다용도로 사용이 가능하다.

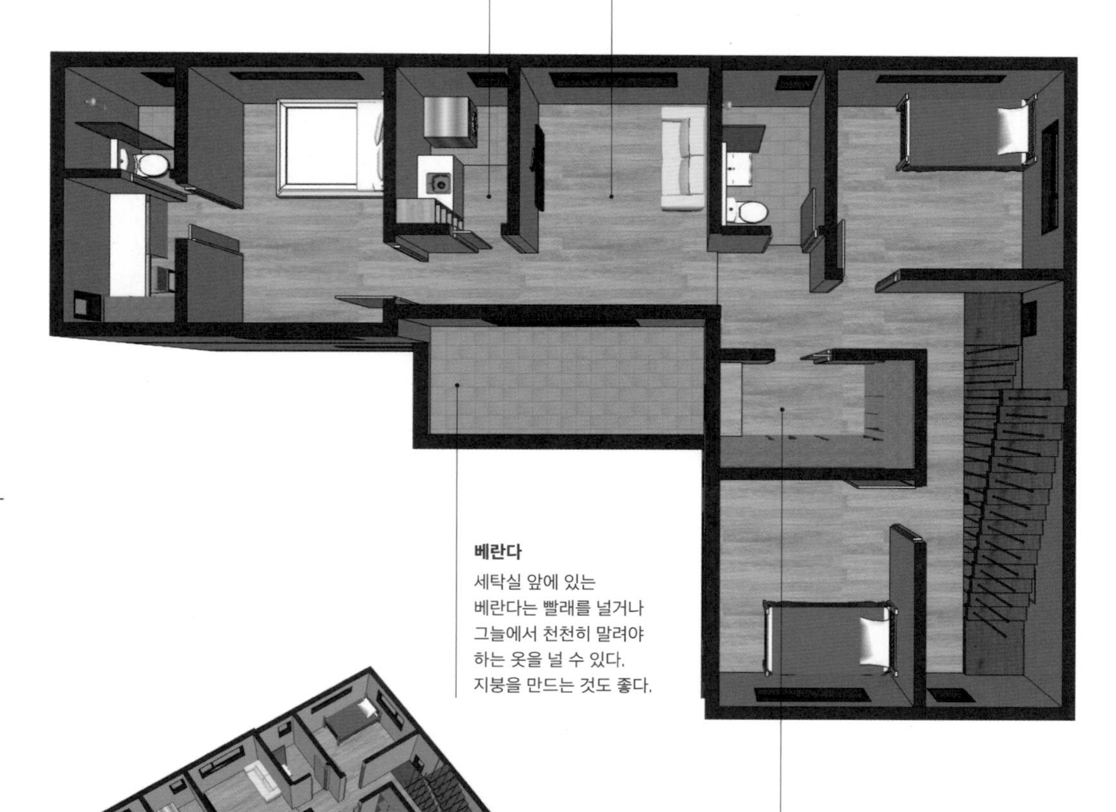

베란다
세탁실 앞에 있는 베란다는 빨래를 널거나 그늘에서 천천히 말려야 하는 옷을 널 수 있다. 지붕을 만드는 것도 좋다.

공용 드레스룸
욕실 앞에 배치된 공용 드레스룸. 씻고 나와 바로 옷을 갈아입기에 효과적인 동선이다.

Intro.

선룸은 비닐하우스와 비슷해서 채광을 받아서 온도를 보관한다. 여름에는 숨이 턱턱 막힐 정도로 덥기도 하고 한겨울에도 여름 온도를 유지하기도 한다. 그래서 선룸은 반드시 환기가 가능한 작은 창호를 추가로 설치하는 것이 좋다. 그렇지 않으면 사막에 온 듯한 느낌을 받을 수 있다. 잘 활용하면 겨울철 거실 단열에 큰 도움이 되고 여름에는 수영장을 설치해서 수영을 즐길 수 있고, 사계절 내내 식물을 키울 수도 있다.

어떻게 시공하느냐에 따라서 달라지지만 대략 500~1000만 원 정도 소요되므로, 어느 정도 크기로 어떻게 배치할지 신중히 고민하고 설치하는 것이 좋다.

집에 놀러 오는 사람들이 많다면 선룸을 유용하게 사용할 수 있다. 특히 거실과 연결되는 선룸은 또 하나의 거실로 활용할 수 있다. 선룸에서 티타임을 가질 수도 있고 고급 풀빌라의 외부 테라스처럼 꾸며 사용할 수도 있다.

1층

11자형의 통합형 주방과 거실, 게스트룸을 1층에 두고 거실과 이어지는 공간에 선룸과 작은 중정을 배치했다. 11자형의 주방에는 긴 테이블을 두어 많은 손님이 방문해도 이 테이블에서 다 같이 식사를 할 수 있다. 11자형 주방은 멋있는 인테리어 연출이 가능하다.

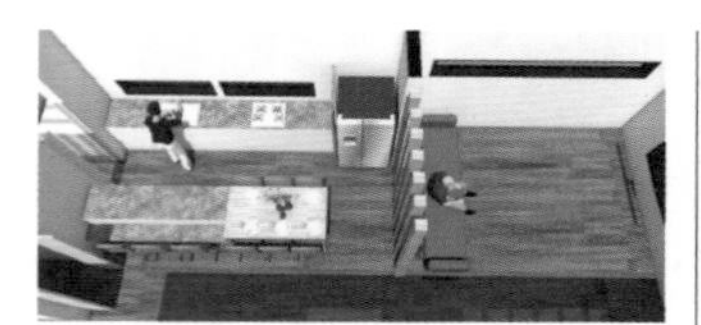

다용도실 & 세탁실

세탁실까지 함께 배치한 다용도실, 보조 주방의 역할도 하고 세탁실도 된다.

주방과 거실을 분리하는 인테리어 기둥

인테리어 기둥을 이용해서 주방과 거실 공간을 분리했다.

중정

이 공간에 나무를 심으면 주방과 선룸에서 바라볼 수 있는 작은 중정이 된다.

선룸

거실과 연계된 선룸은 또 하나의 거실이다. 겨울에도 온도를 유지할 수 있어서 거실 난방에도 도움이 된다.

게스트룸

손님이 많이 오는 집이어서 공간을 따로 마련했다.

선룸과 연결된 야외 테라스

거실, 선룸, 그리고 데크로 이어지는 야외 테라스. 전부 개방하면 상당히 넓다.

2층

가족의 개인 공간은 전부 2층에 배치했다. 안방 바닥면을 계단 세 개 높이만큼 높이면 1층 거실의 높이가 대략 60cm 정도 올라가서 1층 거실이 훨씬 넓어 보인다. 공용 드레스룸을 만들고 분리형 욕실을 배치해서 이곳에서 모든 것을 해결할 수 있도록 한다.

공용 드레스룸 & 샤워실 & 화장실 & 화장대

모두 분리하여 한 공간에 배치했다.

안방 앞 계단

안방에 계단을 만들어주면 그만큼 1층 거실의 층고가 높아져 좀 더 넓은 거실을 가질 수 있다.

방을 분리해주는 붙박이장

아이방은 붙박이장으로만 벽체를 분리하고, 문을 달았다. 아이들이 독립하면 하나의 큰 방으로 사용할 수 있다.

단 차이를 이용해 넓은 주차장과 선룸을 만든 집

서연지

Intro.

도로에 경사가 있다면 당연히 대지도 경사지기 마련. 단 차이가 크다면 지하 주차장을 지을 수도 있지만 그 정도의 높이가 아니라면 설계 시에 고민을 해야 한다. 높은 쪽을 기준으로 전체 마당 높이를 맞추든가, 낮은 쪽에 주차장을 배치해서 주차장과 마당의 높이를 다르게 하든가 둘 중에 결정해야 한다.

서연지는 지대가 낮은 쪽에 주차장을 짓기로 결정했다. 마당이 주차하는 공간과 잔디를 깐 공간 등 2단으로 나뉘면서 더 재미있는 공간이 되었다. 주차 공간에서 아이가 공놀이를 하기도 하고, 여름에는 간이 수영장을 설치해서 수영장으로 사용하기도 한다. 잔디 위에 수영장을 설치하면 잔디가 시들어버리는데, 주차 공간은 그럴 염려가 없다. 식당에서 이어지는 선룸 테라스는 또 하나의 거실로 활용할 수 있고, 야외에서 할 수 있는 여러 가지 취미 생활을 이곳에서 즐길 수 있다.

2-8

1층	79.20m²
2층	75.12m²
다락	55.68m²
발코니	9.75m²
선룸	10.80m²

1층

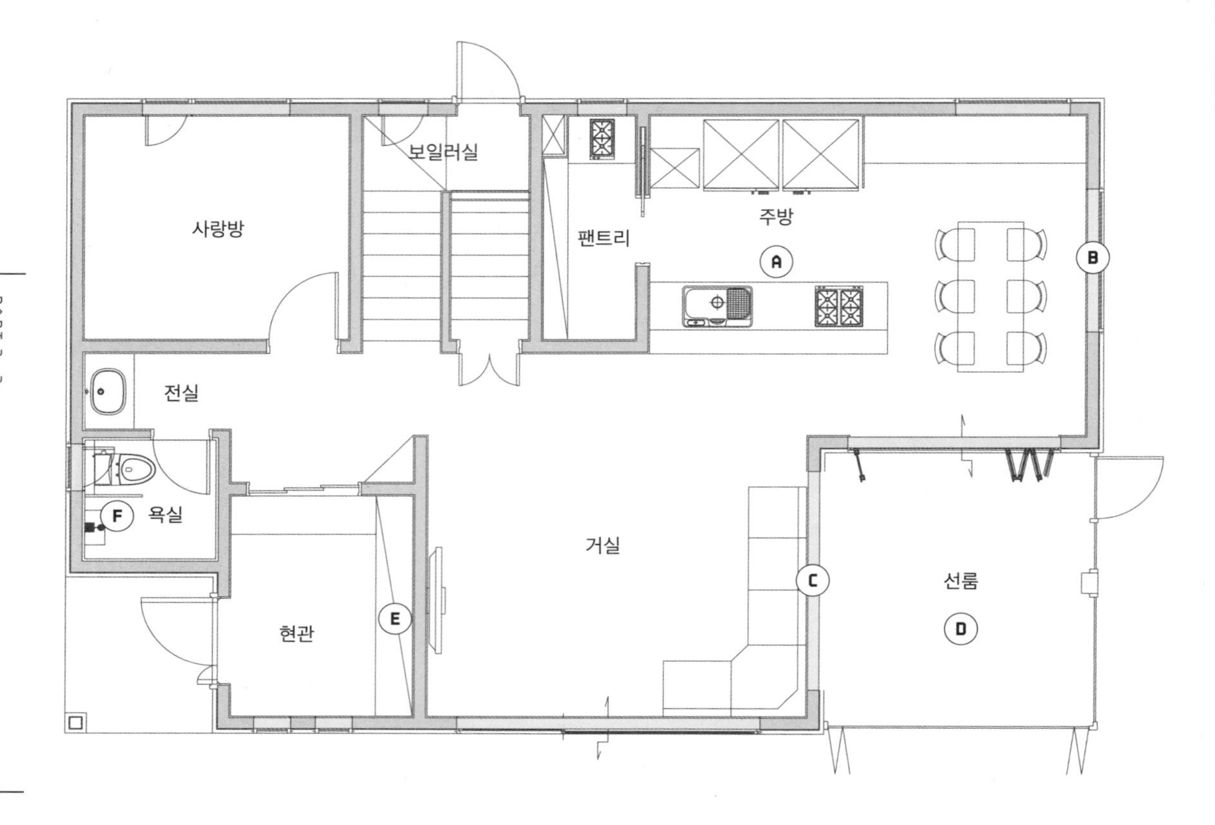

A 주방을 11자형으로 만들면 요리를 하면서도 거실과 선룸에서 노는 아이들을 보살필 수 있다. 아일랜드 주방에서 수납 공간은 필수다.

B 식당의 가로로 긴 창은 채광도 되지만 디자인이 되기도 한다.

C 거실은 일부를 터서 개방감을 주고 거실과 선룸을 잇는 벽체에 큰 창을 설치했다.

D 선룸은 또 하나의 거실이 되기도 하고, 캠핑장이 되기도 한다. 폴딩도어를 설치하면 확장성을 극대화할 수 있다.

E 손이 닿지 않는 곳까지 신발장을 올려 설치하면 평소 잘 안 신는 신발이나 버리지 못하는 신발을 보관하기 좋다.

F 욕실에 세면대를 설치할 공간이 부족하다면, 샤워기와 세면대 일체형 제품을 사용하면 좋다.

A

B

C

D
D

E

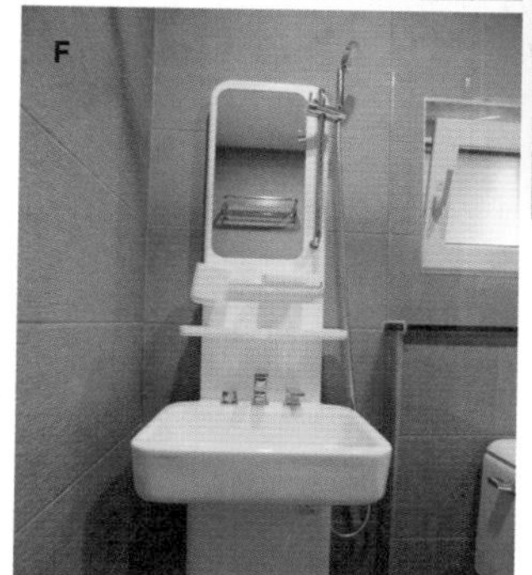
F

2층

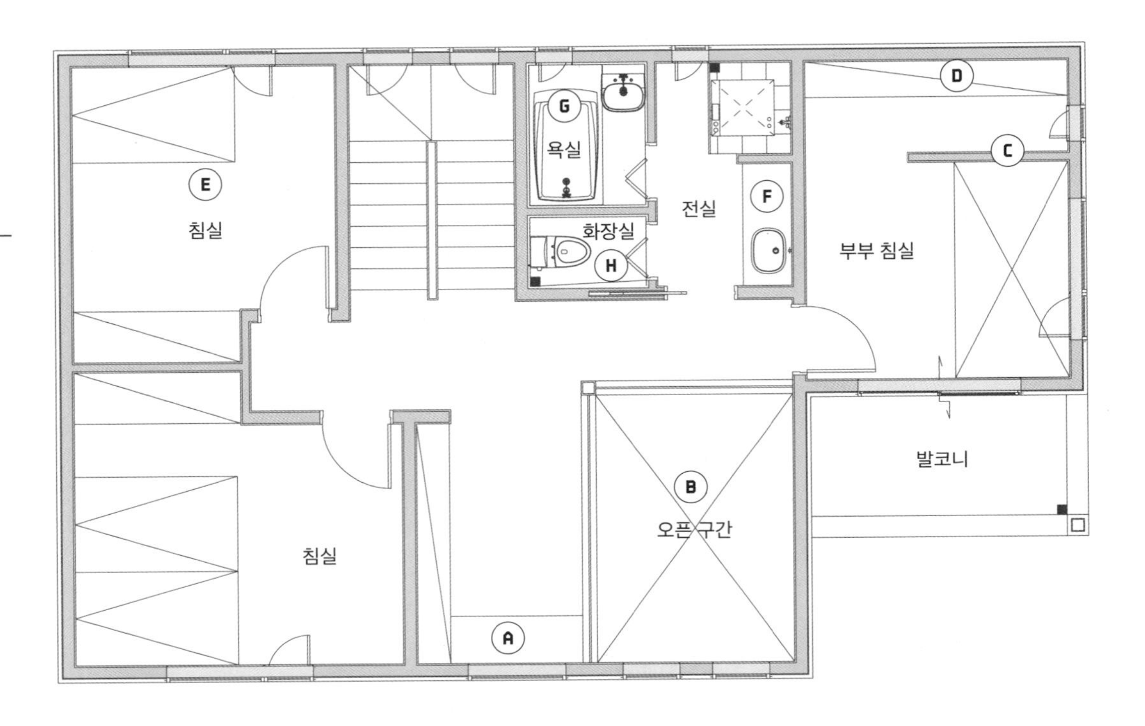

A 2층 오픈 구간 옆 창호 앞에 윈도우 시트를 만들었다. 바깥 풍경도 감상하고 앉아서 책을 읽기에도 딱이다.

B 2층 오픈 구간에서 1층을 내려다보면 1층 거실의 소파가 보이는 구조다.

C 드레스룸을 따로 만들지 않고, 칸막이로 공간을 분리한 뒤 옷을 수납할 수 있는 공간을 두면 좁은 공간을 효율적으로 사용할 수 있다.

D 부부 침실 뒤쪽에는 시스템 행거를 설치했다.

E 지붕 모양대로 마감했다. 층고가 높다면 천장에 실링팬을 설치해도 좋다. 실링팬이 선풍기 역할을 해주어 공기 순환이 된다.

F 전실의 세면대는 화장대를 겸한다.

G 일반 욕조보다 큰 욕조를 설치했다.

H 욕실과 분리해 변기만 설치할 때는 굳이 화장실을 전체 타일로 시공할 필요가 없다.

A

B

C

D

E
F

G

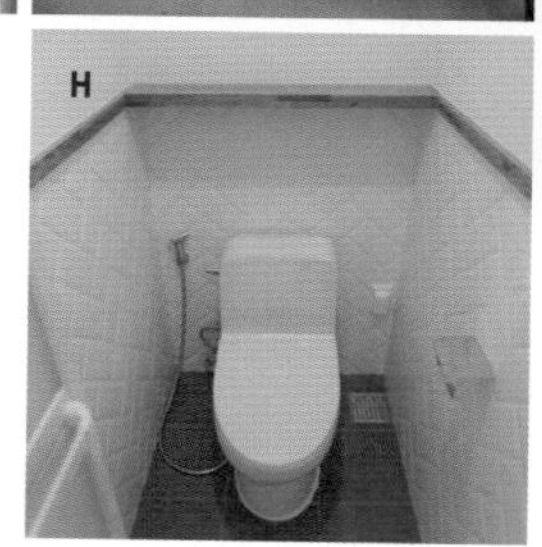
H

다락

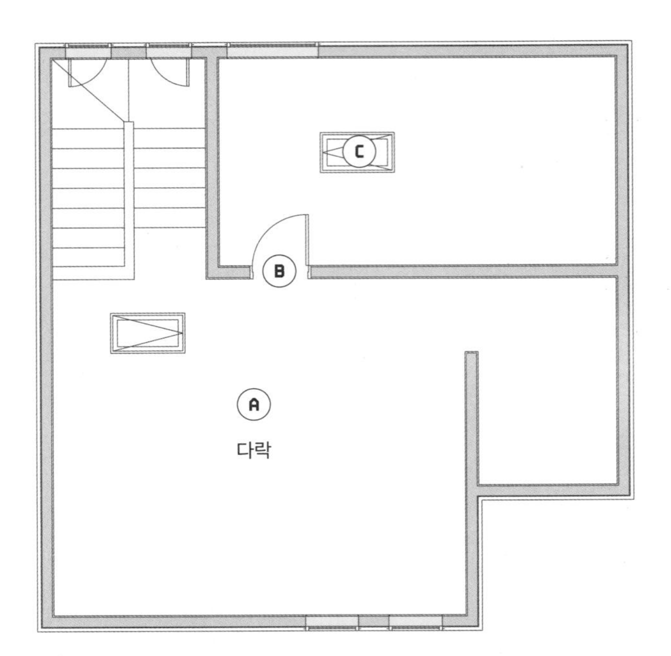

A 박공지붕 형태는 비교적 전체 공간을 활용할 수 있는 다락이 나온다.

B 다락의 일부 공간은 별도의 방으로 만들 수도 있다.

C 벽체에도 창이 있고 천장에도 창이 있어서 환기도 잘되고 방으로써의 활용도도 좋다. 아빠의 작업실이나 아이들 공부방으로 활용할 수 있다.

루프탑 테라스 하우스

가화만사성

2-9

1층	78.98m²
2층	87.02m²
다락	36.85m²
주차장	20.74m²
발코니	57.46m²

Intro.

요즘에 유행하는 테라스 하우스의 특징을 모두 갖고 있는 집이다.

1층에는 실내 주차장과 주차장과 연결되어 있는 넓은 창고가 있고 2층에는 발코니, 다락과 연결되어 있는 베란다까지 두루 갖추고 있다. 주택을 지을 때 누구나 한번쯤 욕심 내는 아이템들이 한 집에 다 있는 셈이다. 특히 다락과 연결되어 있는 베란다는 루프탑 카페처럼 예쁘게 꾸며두면 가족들이 담소를 나누는 즐거운 공간도 되고, 동네 지인들과 카페를 찾기 위해 멀리 나갈 필요 없이 상쾌한 공기를 마시며 차 한잔 나눌 수 있는 특별한 공간이 된다.

1층

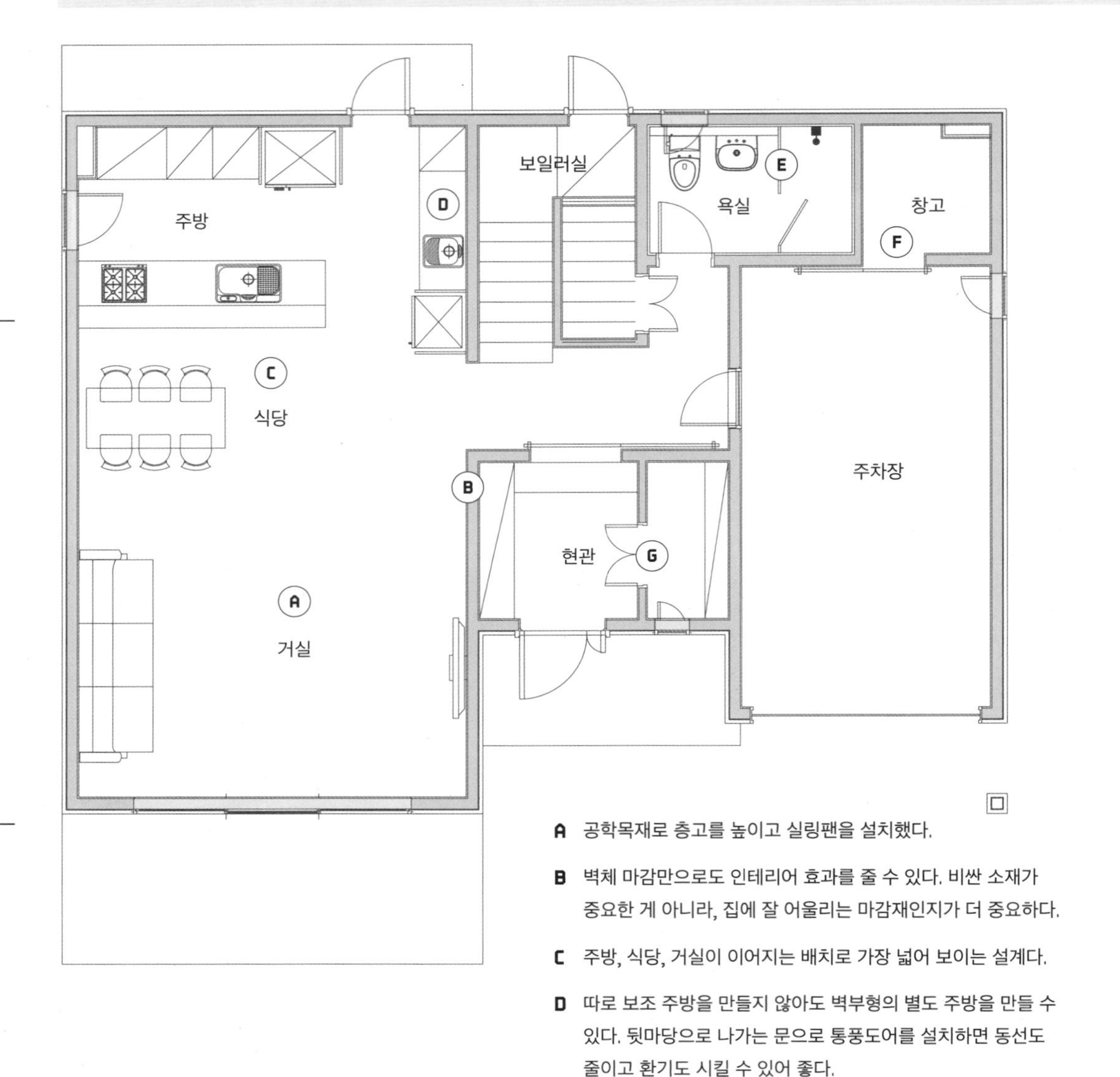

A 공학목재로 층고를 높이고 실링팬을 설치했다.

B 벽체 마감만으로도 인테리어 효과를 줄 수 있다. 비싼 소재가 중요한 게 아니라, 집에 잘 어울리는 마감재인지가 더 중요하다.

C 주방, 식당, 거실이 이어지는 배치로 가장 넓어 보이는 설계다.

D 따로 보조 주방을 만들지 않아도 벽부형의 별도 주방을 만들 수 있다. 뒷마당으로 나가는 문으로 통풍도어를 설치하면 동선도 줄이고 환기도 시킬 수 있어 좋다.

E 검정색 유리 파티션을 설치하면 고급스러운 욕실을 만들 수 있다.

F 주차장 한편에 마련한 창고에는 캠핑장비를 보관한다.

G 아파트에는 대부분 신발장 뒤에 전기함이 있다. 단독주택은 처음부터 설계에 반영하면 전기함 없이 신발장만 설치할 수 있다.

A

B

C

D

E

F

G

2층

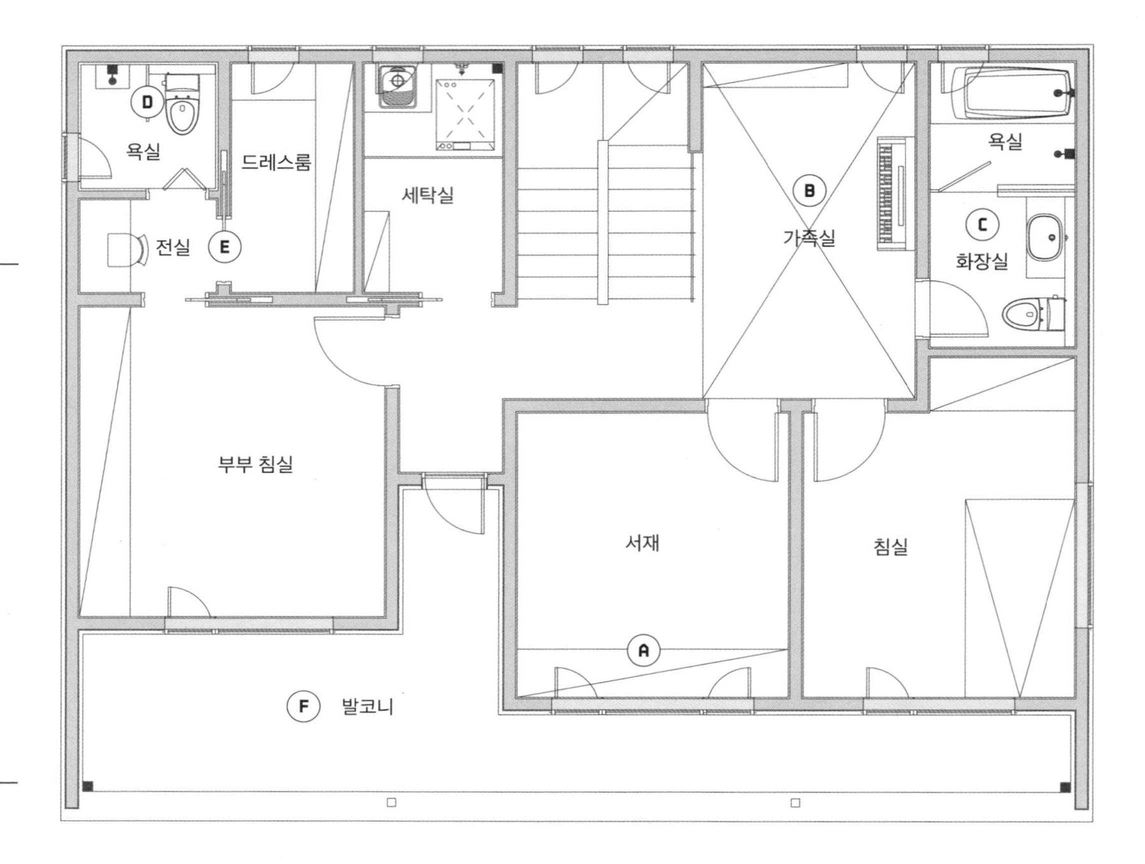

A 창호 주변으로 책장을 짜 넣었다. 설계 시 반영하면 예쁜 서재를 만들 수 있다.

B 가족실은 지붕까지 오픈한 형태로 설계했다. 실링팬을 달아 에어컨을 틀지 않아도 시원하다.

C 세면대와 변기는 건식으로 만들었다. 샤워실만 분리한 형태다.

D 세면대와 샤워기를 함께 사용할 수 있는 일체형 기구를 달아 공간을 넓게 사용한다.

E 욕실 바로 옆에 드레스룸을 두어 동선을 줄였다.

F 2층에도 제법 넓은 발코니를 배치했다.

A

B

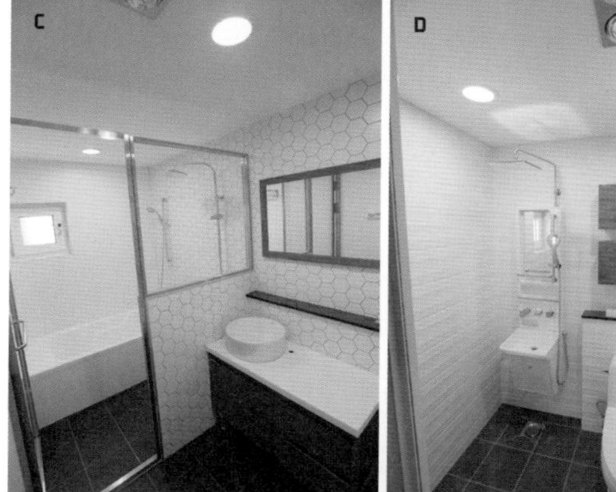
C
D

E

F

다락 & 루프탑 테라스

A 사람이 설 수 있는 높이의 다락. 루프탑 테라스와 연결된 부분은 지붕의 경사각을 활용해 성인이 서서 나갈 수 있도록 설계했다.

B 층고가 낮은 공간은 수납 공간으로 활용한다.

C 다락에 설치한 루프탑 테라스.

층고 높은 가족실, 서재 대신 AV룸이 있는 집

서유재

2-10

1층	77.60m²
2층	77.60m²
다락	27.60m²

Intro.

단독주택을 짓는다는 것은 모든 가족들의 합의가 필요한 일이다. 무엇보다도 이 집에서 생활하는 가족 구성원들이 모두 즐거워야 한다.

1층에는 서재 대신 AV룸을 만들었다. 빔과 오디오를 설치하고 스크린을 다는 모든 과정들이 즐겁다. 집 안에 가족들만의 작은 영화관이 생기는 일이니 어찌 설레지 않겠는가. 2층 아이들 방은 층고를 높여 아이들이 좋아하는 분위기를 만들고, 안방은 아파트에 살 때보다는 조금 작아졌지만 잠만 자는 용도로 사용할 방이라 작아도 크게 불편하지 않다. 가족실은 윗부분을 다락까지 터서 개방감을 극대화했다. 가족실 한편에 아주 큰 윈도우 시트를 만들었다. 윈도우 시트는 아이들 놀이터가 되기도 하고 책을 보는 공간도 된다. 가족들이 다 같이 모여 대화를 나누는, 오직 네 가족만을 위한 공간이다. 세탁실은 2층에 별도로 만들어서 빨래에 관한 모든 일은 2층에서 다할 수 있도록 했다.

담장 공사는 시간이 날 때마다 건축주가 직접 블록을 하나씩 쌓아 완성했다. 요즘 나오는 자재는 건축주가 직접 시공할 수 있도록 생산되기 때문에 시간만 허락한다면 직접 쌓아도 된다. 실제 완성된 담장은 기술자가 한 것 못지않게 잘 마무리되었다. 마당 역시 건축주가 멋지게 조성했다.

1층

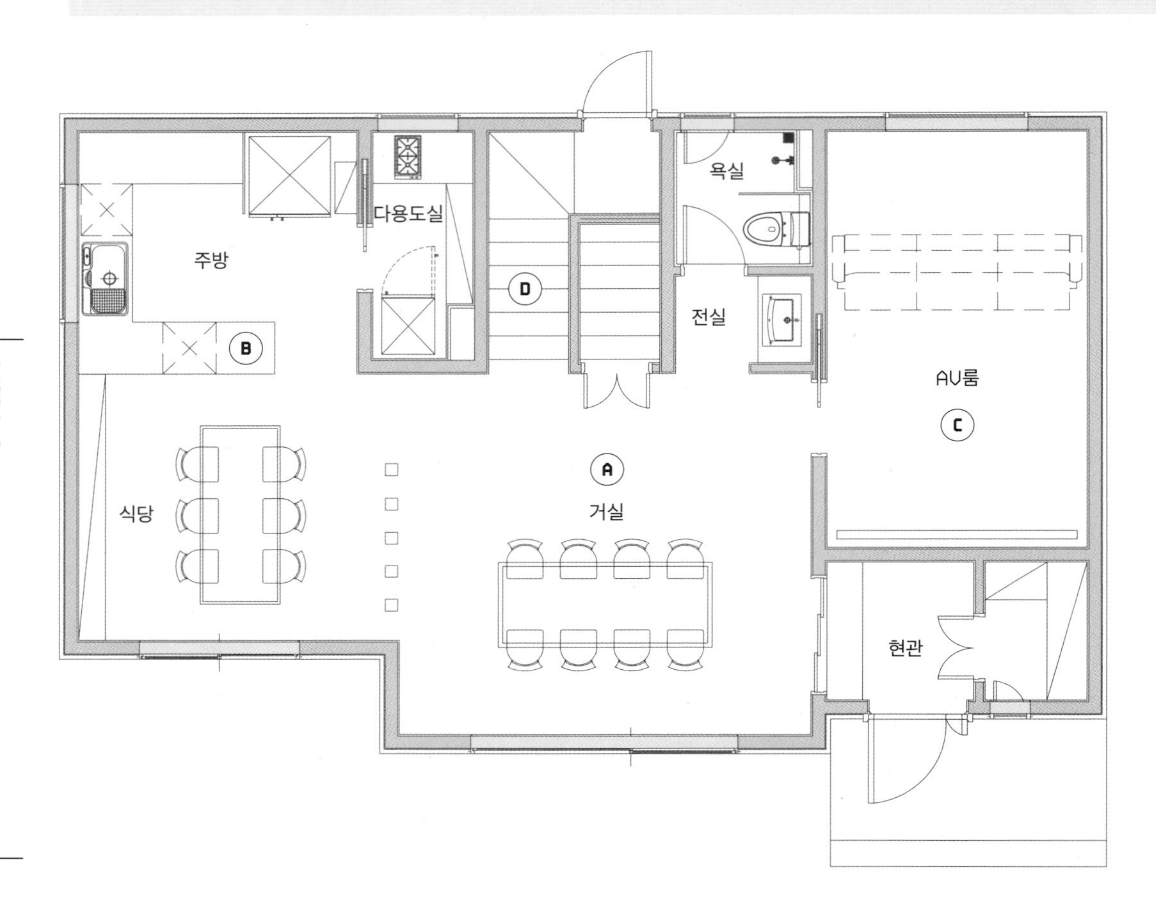

A 거실에 실링팬을 설치해서 여름에도 에어컨 없이 보낼 수 있다.

B 동선을 최소화하는 일체형 주방.

C 영화 보는 걸 좋아하는 가족들을 위해 거실 대신 가족만의 전용 영화관을 배치했다.

D 계단실 매립 선반은 설계 단계부터 반영하면 쉽게 만들 수 있다.

A

B

C

D

2층

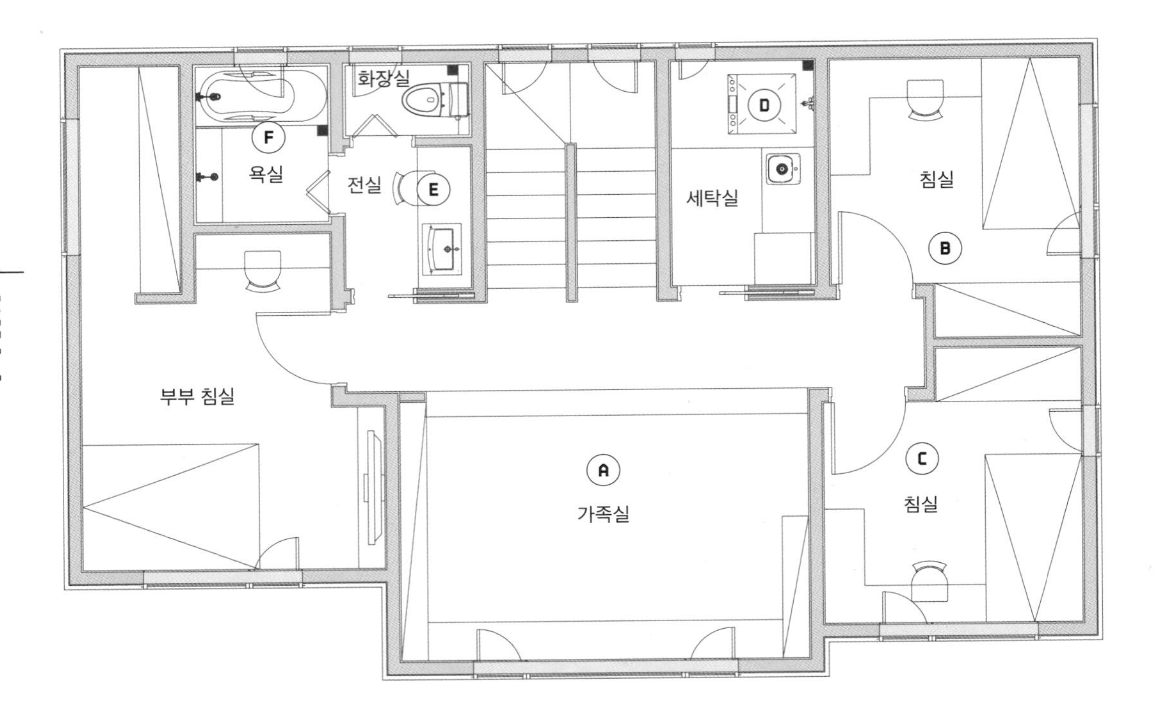

A 가족실은 다락까지 터서 지붕 모양에 따라서 마감했다. 면적은 넓지 않지만 천장을 터서 넓어 보이는 효과가 있다. 창호 앞으로 큰 윈도우 시트를 설치해 다용도로 사용할 수 있다.

B 지붕 모양대로 천장을 마감하면 개성 있는 방 인테리어가 완성된다.

C 아이방도 천장을 높여 개방감을 주었다.

D 공간이 좁은 점을 감안해 건조기와 세탁기를 세로로 설치했다.

E 전실은 세면대와 함께 화장대를 설치해서 파우더룸으로 사용 가능하다.

F 공용 샤워실에는 샤워기 두 개를 설치했다.

A

A

B

C

E

F

D

다락

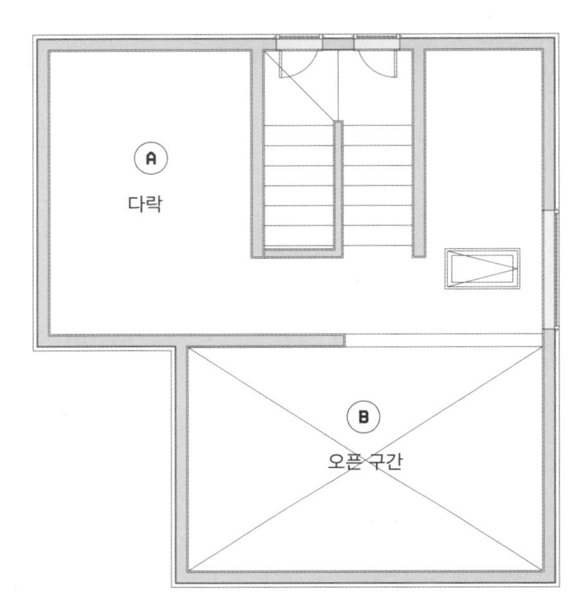

A 다락 중 지붕이 낮은 쪽은 창고로 활용한다.

B 2층 가족실에 해당하는 면적을 터서 오픈 구간으로 개방했기 때문에 다락이 답답하지 않다.

캠핑과 함께하는 삶

까사플로레스타

2-11

1층	84.16m²
2층	25.70m²
테라스	11.07m²

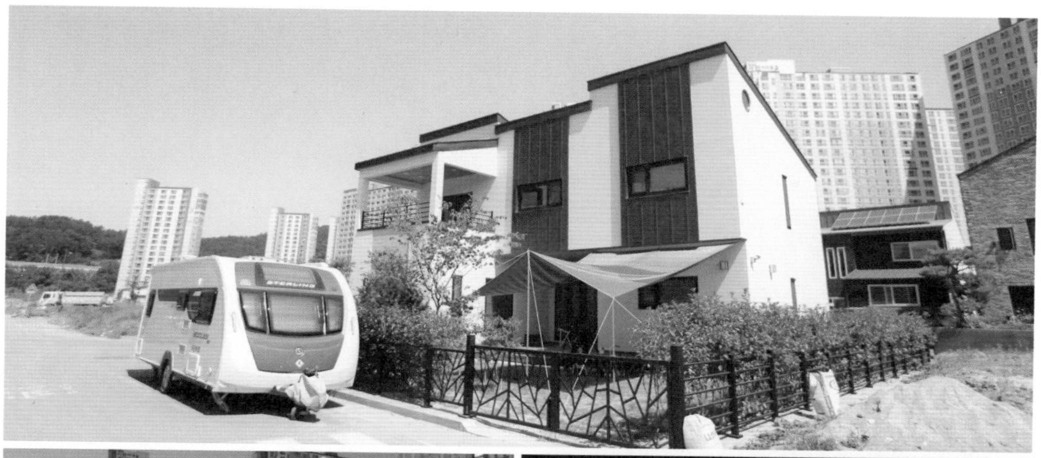

Intro.

아이들과 함께 캠핑 다니는 것을 좋아해 결국 카라반까지 사서 시간이 될 때마다 아이들과 전국을 여행 다니곤 했다. 하지만 시간이 날 때만이 아니라 인생을 매일, 캠핑하는 것처럼 살 순 없을까 하는 아쉬움이 있었다. 다시는 오지 않을 이 시간을 아이들과 더 행복하게 살 순 없을까 고민하다 조금 무리를 해서라도 집을 짓기로 결정했다.

남쪽 따뜻한 땅에, 카라반도 세울 수 있는 마당을 갖춘 곳에, 아이들과 고기를 구워먹고 캠프를 해도 부담 없는 곳을 찾아서 땅을 구매하고 집을 지었다. 거실과 바로 연결되는 테라스는 폴딩도어를 설치해 열어두면 확장된 거실 역할을 한다. 마당에는 꽃과 나무를 가득 심어서 아늑하게 꾸몄다. 직장 생활을 하면서 시간이 날 때마다 조금씩 심은 나무들이 이제 마당에 빼곡하다. 밤에 조명을 켜면 테라스는 외국 풀빌라 같은 느낌을 주고 여름에 간이 수영장을 설치하면 동네 친구들까지 전부 모여서 노는 워터 파크가 된다. 무리해서 지은 집이지만, 아이들이 이 집에서 즐거워하고 행복해하는 모습을 보면 잘 지었다는 생각이 앞선다.

1층

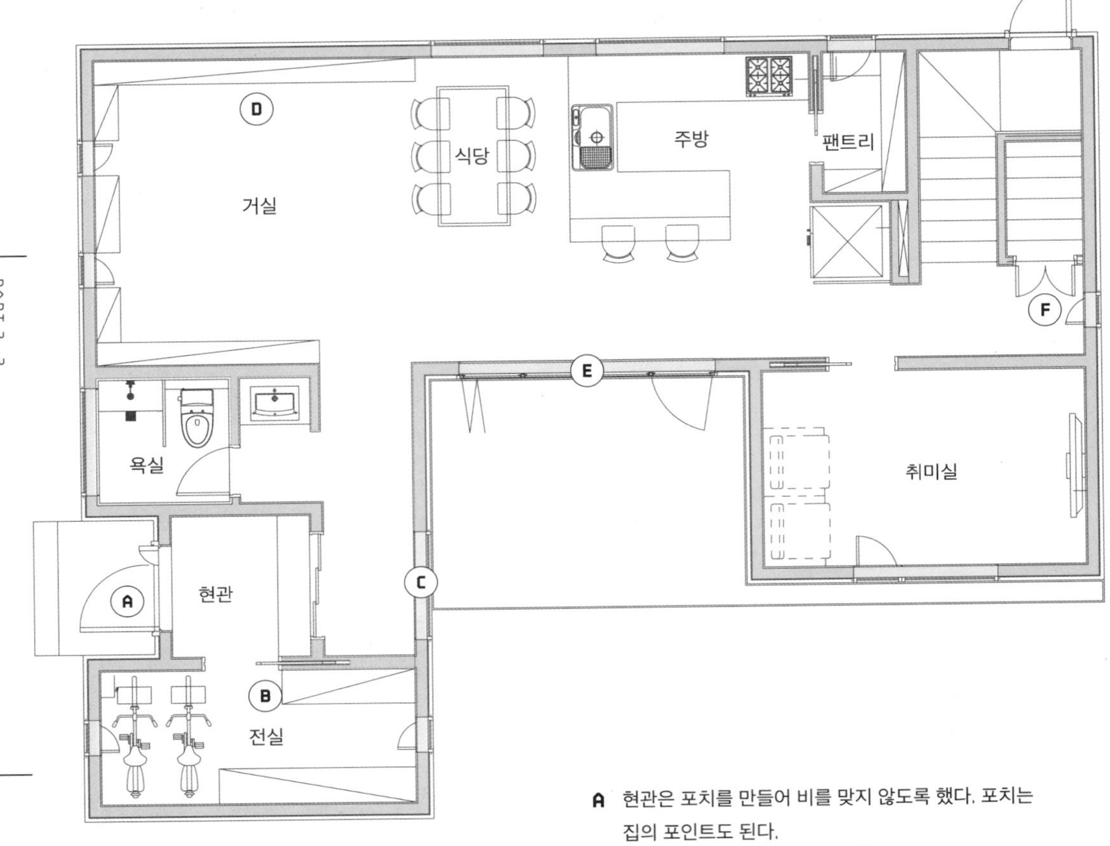

A 현관은 포치를 만들어 비를 맞지 않도록 했다. 포치는 집의 포인트도 된다.

B 현관 전실은 넓게 설계했다. 신발장은 물론 자전거 보관도 가능하다. 환기를 위해서 창도 설치했다.

C 현관을 열자마자 액자창을 통해 마당이 한눈에 들어온다. 들어오자마자 시원한 마당 풍경을 감상할 수 있어 좋다.

D 넓은 거실은 오픈 서재로 설계했다. 책장 아래에는 수납장을 설치해 의자로 사용하기도 한다.

E 폴딩도어를 열면 지붕이 있는 데크로 이어진다. 식당이 확장된 듯한 효과가 있다.

F 복도 끝에 낸 세로 창은 환기에도 좋지만 조명 역할도 한다.

A
B
C
D

E

F

2층 & 다락

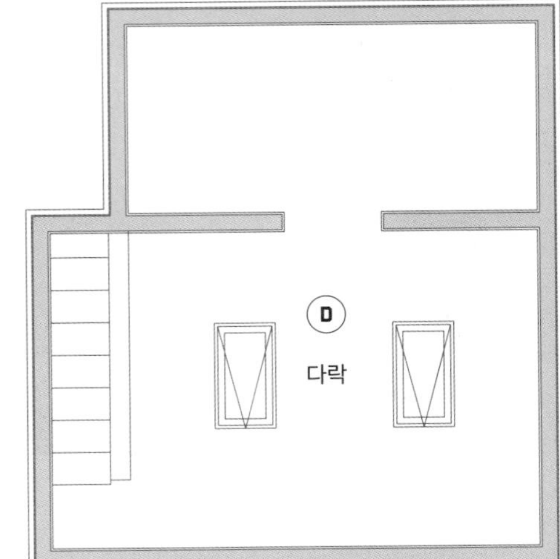

A 조명을 켜면 카페 같은 모습이 연출된다.

B 다락으로 올라가는 계단 아래에는 책장을 제작해 넣었다.

C 다락으로 올라가는 계단은 폭은 좁지만 깊게 제작해서 계단 안쪽으로 책을 꽂을 수 있다.

D 층고가 낮은 다락은 아늑한 공간이 되어준다.

A

B

C

D

가족 구성원, 라이프스타일을 반영한 집 설계

3-1 거실 전체가 아이들 공부방인 집

3-2 활동적인 형제를 위해 복층형 방을 배치한 집

3-3 5인 가족이 살기 좋은 공사비 절감 박스 하우스

3-4 세 자녀 이상, 다자녀를 둔 집

3-5 1층에 안방을 완전히 독립시킨 집

3-6 중·고등학생 자녀를 둔 집

3-7 예술가 부모의 넓은 작업실을 배치한 집

3-8 지인들과 함께하는 여유로운 다이닝룸 하우스

완공 사례

3-9 로프트, 미끄럼틀, 다락 등 아이들의 상상력을 자극하는 집 '산돌 하우스'

3-10 삼 형제의 놀이터 '꿀잼하우스'

3-11 새로운 곳에서의 새로운 시작 '허니하우스'

3-1

거실 전체가 아이들 공부방인 집

1층	95m²
2층	80m²
합계	175m²

Intro.

공부방을 운영한 경험이 있는 엄마는 아이들에게 넓은 공부방을 만들어주고 싶었다. 아이들과 같이 공부도 하고 나중에는 동네 아이들을 대상으로 공부방도 운영하고 싶다고 했다.

자연히 거실 대신 넓은 공부방을 만들면서 다른 공간과 확실하게 분리를 해주었다. 하교 후 아이들이 부모와 간식을 먹으면서 대화도 나누고 때로는 취미 생활을 공유하는 가족만의 공간으로 사용한다. 엄마의 경력을 살려 추후 동네 아이들의 공부방으로 활용한다면 집에서 부수입을 버는 것도 가능하다. 2층 아이들 방에는 벽체를 설치하지 않았다. 책장과 옷장을 배치해서 분리할 수도 있고 터서 넓은 방을 나누어 사용할 수도 있다. 이런 가변형의 넓은 공간은 활용도가 매우 좋다.

1층

거실 대신 넓은 공부방을 배치하고 다용도로 사용 가능한 방을 하나 더 두었다. 선룸은 거실과 이어지는 곳에 배치해 사계절 내내 작은 정원을 가꿀 수 있다.

ㄷ자 주방
부엌일의 동선을
최대한 줄여주는
구조의 주방이다.

다용도 공간
개방된 공용 공간이 되기도 하고
문을 닫으면 방으로도 활용할 수
있다.

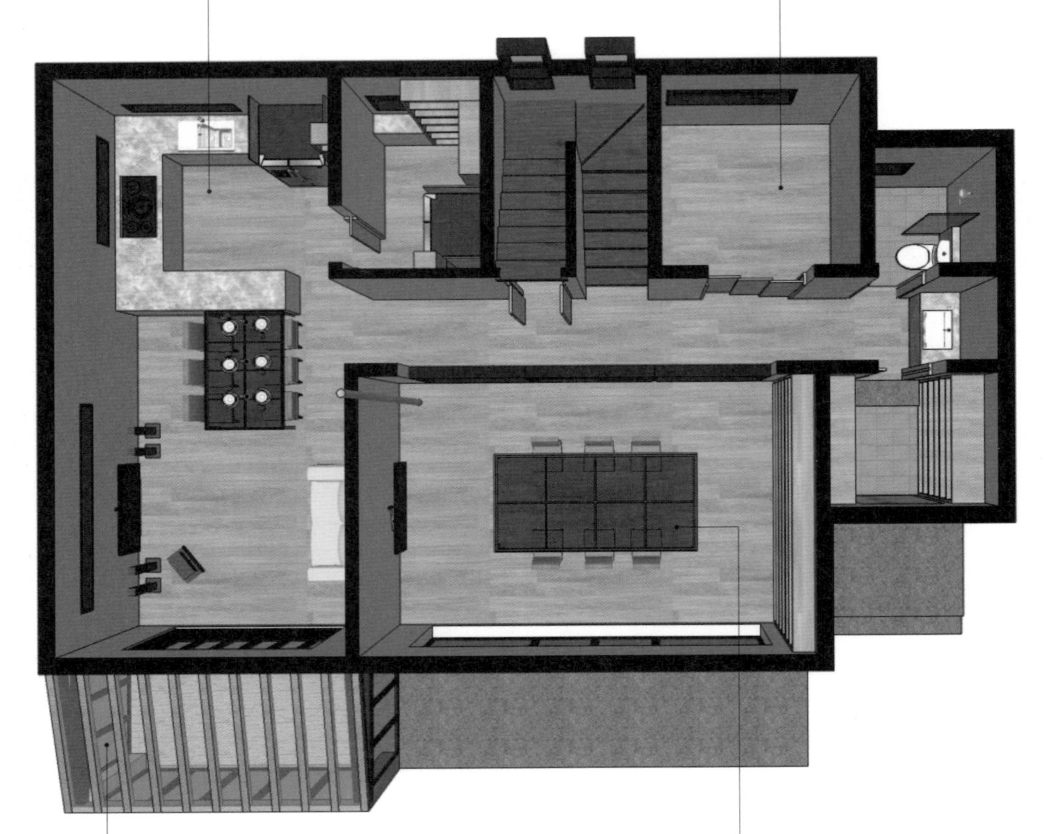

선룸
거실과 이어지는 선룸은
작은 정원으로 조성하면
거실에서 항상 예쁜
식물을 볼 수 있다.

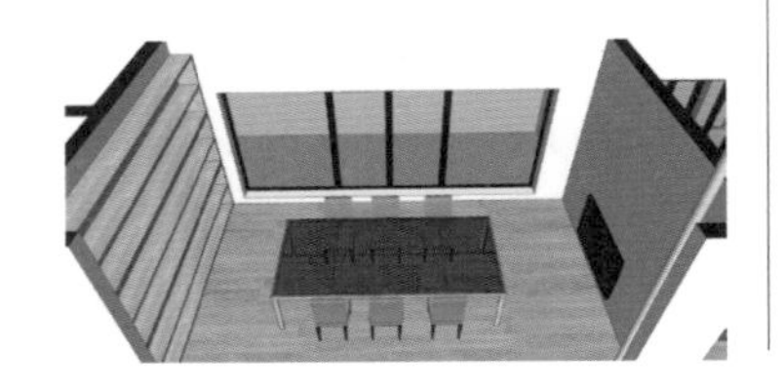

공부방
요즘 많이 설치하는 거실 테이블이다.
아이들이 공부하고 책을 읽는 홈스쿨링
공간이자 부모의 취미 생활 공간으로
사용할 수도 있어 유용하다.

2층

2층에는 드레스룸이 딸린 안방을 두고, 벽체 없이 가구로만 분리한 두 아이의 방을 배치했다. 소방봉을 두어 계단을 이용하지 않고도 1층으로 내려갈 수 있다. 아이들에게는 놀이터 같은 재미있는 요소 중 하나다. 아이들이 주로 사용하는 욕실은 화장실과 욕조를 분리해 배치하고 그 앞에 세탁기를 두어 샤워 후 바로 빨랫감을 넣을 수 있도록 했다.

소방봉

소방봉을 이용해 2층에서
1층 오픈 서재로 바로
내려갈 수 있다.

욕실 앞 세탁기

아이들이 사용하는 욕실
앞에 세탁기를 두어 샤워 후
바로 빨랫감을 넣을 수 있다.

윈도우 시트

햇빛을 마음껏 받으면서
책을 읽을 수 있는
공간이다.

창고

베란다

2층 거실 위의 베란다는 빨래를 널 수도 있고
외부 테이블에서 차 한잔의 여유를 즐길
수도 있다.

가구로 공간 분리

가구로 공간을 분리하는 형식이다.
가구 배치에 따라서 자유롭게 분리가
가능하다.

Intro.

두 명의 아들을 포함, 네 가족이 사는 집이다. 어디에 있든 아이들을 먼저 보살펴야 하기 때문에 주방은 식당과 일체형으로 배치, 요리를 하면서 아이들도 지켜볼 수 있도록 설계했다.

현관 수납장에 보관할 물건이 많아 보통의 현관보다 더 크게 만들었고 1층에는 코골이 아빠를 위한 간이 침대를 두었다. 아빠뿐 아니라 손님이 오셨을 때도 사용할 수 있다. 간이 침대를 둔 방 한편에는 오픈 서재와 책상을 두어 학습지 선생님 방문 시 활용할 수 있다.

활동적인 두 아들을 배려해 각자의 방에 복층을 만들었고, 이 복층 공간을 통해 형제가 방을 공유한다. 나중에 아이들이 독립하면 복층에 칸막이 공사를 해서 방을 두 개로 분리할 수 있다. 아이들의 옷이 자주 더러워질 것이 뻔하기 때문에
2층에 세탁실을 만들어서 공용 드레스룸에서 벗은 옷은 바로 빨 수 있도록 했다. 건조기에 돌리지 못하는 빨래는 연결되어 있는 베란다에서 말릴 수 있다. 욕실은 공간을 분리해서 효율적으로 사용하고 세면대도 두 개 설치해서 등교 준비에 바쁜 아이들의 동선이 겹치지 않게 했다.

요즘은 남자아이들도 외모에 관심이 많다. 등교 준비에만 30분씩 걸리는 경우도 있다고 한다. 만약 우리 집 아이들이 그렇다면 형제끼리 싸움이 일어날 일이 없도록 두 개의 세면대와 대형 거울을 설치해주면 유용하다.

1층

수납할 물건이 많아 넓은 현관 전실을 별도로 설계했다. 거실과 식당에 설치한 창호를 열면 데크와 연결된다. 또한 술을 마시고 늦게 들어온 날 아빠가 사용할 수 있는 간이 침대를 1층에 두었다. 가족이 캠핑을 좋아해서 캠핑도구를 보관할 수 있는 창고도 별도로 두었다.

외부 창고
캠핑을 좋아하는 가족에게 필요한 외부 창고.

간이 침대
술을 마시면 코를 심하게 고는 아빠가 회식 후 늦게 들어오는 날 주로 사용하는 침대다.

현관 전실
외출 시 자주 쓰는 물건을 수납할 수 있는 공간이다.

오픈 서재
학습지 선생님이 방문하는 날에 주로 사용하는 공간이다.

식당과 연결된 데크

2층

이 집의 가장 큰 특징 중 하나인 복층형 아이방을 2층에 배치했다. 각자의 방은 분리하고, 복층 공간은 하나의 공간으로 형제가 같이 사용한다. 등교 준비 때마다 전쟁을 치르는 아이들을 배려해 두 개의 세면대를 설치하고, 베란다도 배치해 빨래를 말리거나 휴식 공간으로 사용한다.

아이방

복층형으로 만든 아이들 방

아이들 방을 복층으로 만들어서 다락방처럼 아이들의 전용 놀이터로 사용할 수 있다.

세면대

세면대를 두 개 설치했다. 아침이면 등교 준비로 바쁜 아이들이 기다리는 일 없이 바로 사용할 수 있다.

세탁실

두 아들을 키우는 집이라 빨랫감도 많다. 별도의 세탁실을 만들어 세탁기와 건조대를 설치했다.

아이방

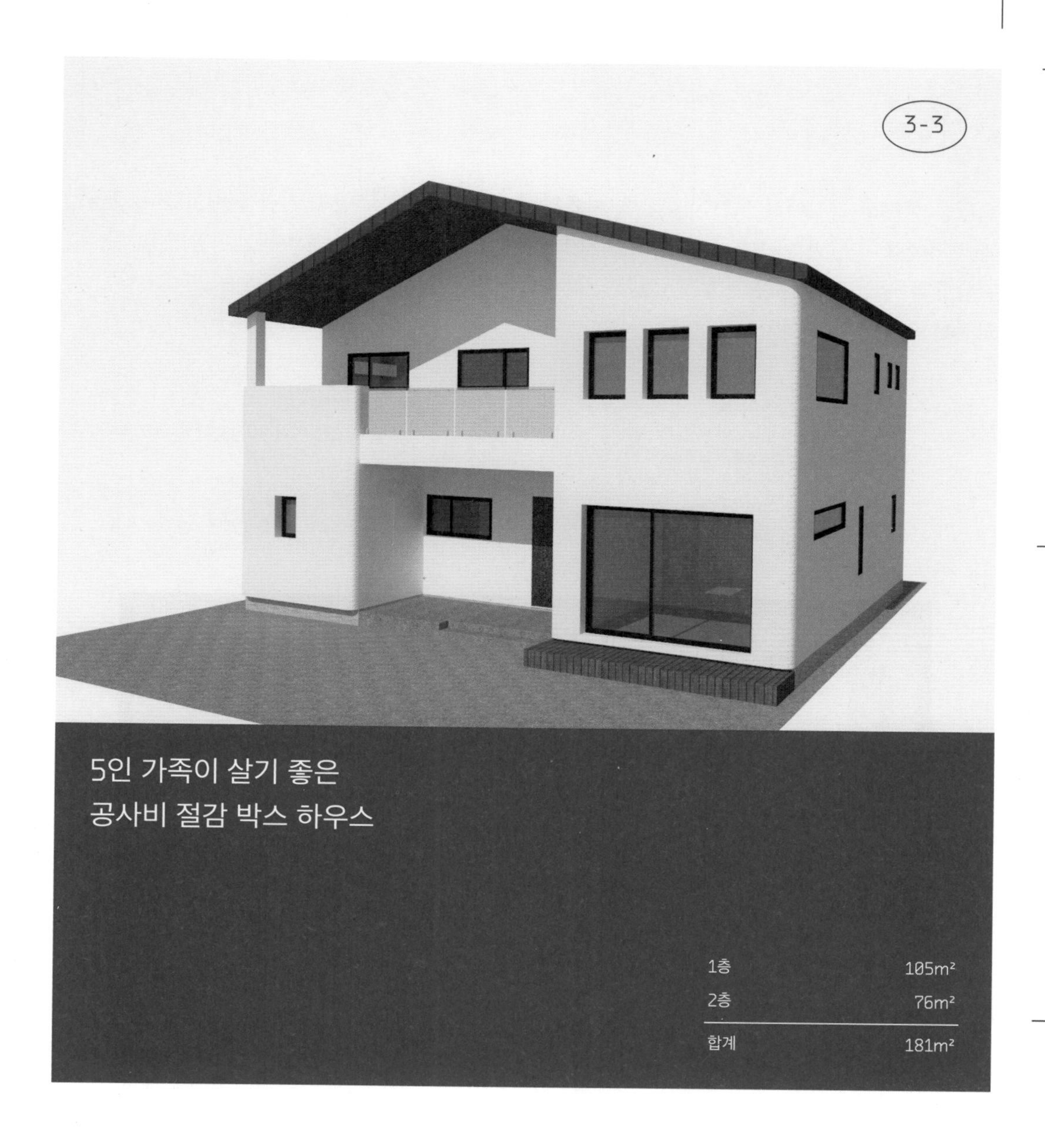

3-3

5인 가족이 살기 좋은 공사비 절감 박스 하우스

1층	105m²
2층	76m²
합계	181m²

Intro.

5인 가족이 살기에 부족함 없는 크기의 집이어야 하지만, 가지고 있는 예산에서 벗어나지 않은 집을 짓고 싶다. 공사비를 최대한 절감하기 위해 사각 박스 형태의 외관을 유지하면서 실내 공간을 분리하기로 했다.

1층에 안방을 두고 2층에는 아이들 방을 배치한다. 안방에 욕실이 있는 집에서 살았기 때문에 안방에 욕실을 배치하고 실 분리를 한다. 주방과 다용도실을 연결해서 이곳에서 모든 집안일을 처리할 수 있도록 세탁기, 건조기 등을 비치한다. 공용 드레스룸을 크게 설계해 세 아들이 같이 사용하도록 하고, 붙박이장은 따로 설치하지 않는다. 세탁물은 리넨슈트를 통해서 1층 세탁실로 바로 연결된다. 빨래가 많은 집은 그때그때 옮기기보다 리넨슈트를 설치해 1층 세탁실로 빨래가 모이게 하면 집안일 동선이 한결 짧아진다.

아직 어린아이들이 집 안에서도 재미있게 놀 수 있도록 계단 옆에 작은 미끄럼틀을 만들어준다.

1층

요리를 하면서 거실에서 노는 아이들을 지켜볼 수 있는 구조로 주방과 거실을 배치했다. 화장실과 드레스룸이 딸린 안방을 1층에 두고, 게스트룸을 따로 배치했다. 외부에 캠핑장비 및 물건을 수납할 수 있는 창고를 두고 보조 주방과 세탁기, 건조기를 배치한 다용도실에는 2층 리넨슈트와 연결된 수납 공간도 설치했다.

게스트룸
부모님이 오시거나 손님이 오셨을 때를 대비한 게스트룸. 서재로 변신할 수도 있다.

계단 옆 미끄럼틀
계단 옆 미끄럼틀은 아이들의 실내 놀이터가 되어준다.

세탁실 수납 공간
2층에서 빨래를 던지면 바로 세탁기 쪽 수납 공간으로 떨어진다.

안방 드레스룸
동선이 길긴 하지만 합리적 예산을 위해서 별도로 드레스룸을 두지 않고 안방에 긴 드레스룸을 배치한다.

외부 창고
캠핑을 좋아하는 가족인 점을 감안, 쉽게 캠핑장비를 옮길 수 있도록 외부에 창고를 만든다.

현관 수납장
외부에 창고가 있기 때문에 현관 창고 대신 수납장을 양쪽으로 넓게 만든다.

2층

2층은 철저히 세 아들을 위한 공간으로 배치한다. 세 개의 방과 세 개의 수납장을 설치한 드레스룸, 화장실, 샤워실, 세면대를 모두 분리한 욕실, 아이들이 용도를 스스로 정할 수 있도록 한 공용 발코니까지. 2층은 세 아이들만을 위한 공간이다!

리넨슈트
뚜껑을 열고 빨래를 넣으면 1층 세탁실 수납 공간으로 떨어진다.

세면대
등교 전쟁이 벌어지는 일이 없도록 욕실은 샤워실, 화장실, 세면대를 모두 분리한다. 세면대는 두 개를 설치한다.

방 가벽
가운데 벽은 가벽으로 쉽게 변경이 가능하다.

공용 발코니
아이들이 어떤 공간으로 사용할지 스스로 정하게 한다.

드레스룸
각자 자기 옷을 보관할 수 있도록 세 개의 수납장으로 분리해서 설치한다.

세 자녀 이상,
다자녀를 둔 집

지하	89m²
1층	85m²
2층	102m²
합계	276m²

Intro.

다자녀가 있는 집은 경사지를 구매해서 지하를 활용하면 좋다. 1층에 주차장을 지으면 아무래도 마당이 작아진다. 어린아이가 있으면 마당 있는 집을 갖기 위해 집을 짓는 경우도 많은데, 주차장을 지으려고 마당을 작게 설계하면 마당에 대한 만족도가 떨어진다. 경사지를 구매하면 지하에 주차장을 두고, 자녀가 많으면 짐도 많아지므로 캠핑장비나 자전거, 유모차 등 부피 있는 물건들을 보관할 수 있는 용도로 유용하게 사용할 수 있다. 부모나 자녀가 악기를 연주한다면 피아노 같은 음악 활동을 하는 공간으로도 사용할 수 있다.

자녀가 다섯 명이라고 방이 꼭 다섯 개가 있어야 하는 것은 아니다. 형제끼리 묶고 자매끼리 묶는 방식으로 방 개수를 줄여야 한다. 고등학생이 되는 형이 독방을 가지면 동생들이 다른 방을 사용하는 등 유동적이어야 한다. 아니면 침실과 공부방을 분리하는 것도 좋다. 한 아이당 방을 하나씩 주려면 집도 커지지만 아이들이 독립한 뒤에는 방의 활용도가 많이 떨어진다. 거실과 주방을 최대한 확보해서 1층은 주로 가족이 모여 소통하는 공간으로 사용하자. 주방을 마당 쪽으로 배치하면 마당에서 뛰노는 아이들을 보기 좋다. 경사지의 마당은 도로와 접하지 않는다. 도로의 차량으로부터 안전하기 때문에 마당에서 노는 아이들이 위험하지 않을까 걱정하지 않아도 된다.

지하

경사지를 활용해 지하 주차장을 만들고 주차장 한쪽에는 소음 차단이 필요한 취미 공간을 배치한다. 자녀가 많아 보관해야 할 물건도 많다. 지하 창고를 두면 매우 유용하다.

자전거 보관대

경사지 일부를 도로와 같게 만들면 자전거 등을 보관할 수 있는 공간을 확보할 수 있다.

지하 주차장

주차장 들어가는 문은 오버헤드도어 말고 따로 있으면 동선이 더 편해진다.

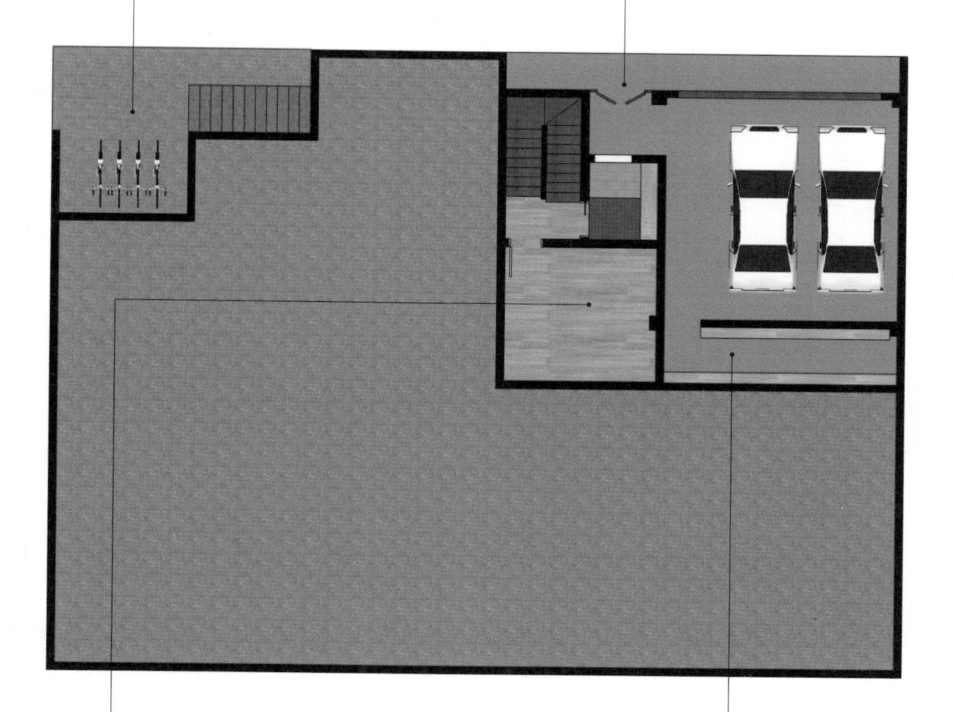

지하 취미 공간

지하에 만든 작은 방은 음악실이 되기도 하고 AV룸이 되기도 한다. 지하라서 소음 차단 효과가 뛰어나다.

지하 창고

자녀가 많은 집은 주차장 한편에 넓은 창고를 만들면 여러 물품들을 보관하기도 좋고 바로 차에 실을 수도 있어 편하다.

1층

식구가 많은 집이므로 주방 활용도가 높다. 주방 한쪽에 배치한 다용도실에는 주방용품이나 식재료 등을 보관한다. 주방, 식당, 거실은 일자형으로 배치해 넓게 사용하고 아이들 놀이방 바깥에 툇마루를 설치하면 아이들만의 공간을 만들어줄 수 있다.

다용도실 수납장

주방에 별도의 상부장이 없으므로 다용도실에 넓은 수납장을 만들어준다.

툇마루

아이들 놀이방이나 공부방 바깥쪽에 작은 툇마루를 만들면 아이들만의 뒷마당을 만들 수 있다. 테이블을 놓으면 야외 식당이 된다.

주방

집안일을 하면서도 고개만 돌리면 거실에서 노는 아이들을 볼 수 있는 구조여야 한다. 그래서 시야 확보가 가능한 개방형 구조로 주방을 배치했다. 주방에 큰 창을 내면 집안일을 하면서 마당에서 뛰노는 아이들을 수시로 확인할 수 있다.

식당

다자녀 가구의 경우 넓은 테이블과 윈도우 시트를 한 공간에 배치하는 것도 방법이다.

2층

동성의 형제들은 한 방을 사용하도록 설계하고, 이성의 여동생만 혼자 방을 사용하도록 설계했다. 다자녀 가구의 경우, 아이당 방 하나씩 주면 집이 너무 커진다. 동성 자녀는 한 방을 사용해야 효율적인 공간 설계가 가능하다.

드레스룸 옆 세탁실

어마어마한 빨래를 감당하기 위해 드레스룸과 세탁실을 함께 둔다. 건조기에 돌린 옷은 바로 드레스룸에 정리해서 넣는다.

샤워기

번잡하지 않은 등교 준비를 위해 샤워기 두 개 설치는 필수, 따님은 급하면 안방을 사용한다.

1층 거실의 층고를 높이려면 2층 일부 공간의 바닥 부분을 계단으로 올리면 된다.

형제방

추후 실 분리 또는 합칠 수 있게 가변형으로 설계한다.

공용 드레스룸

욕실과 드레스룸이 딸린 안방

다자녀를 둔 부모도 사생활이 필요하다. 집 크기를 조금 키워서라도 분리된 욕실과 드레스룸을 배치하는 것이 좋다.

다용도 공간

집 안의 중정 같은 공간은 아이들이 여러 용도로 사용할 수 있다. 막으면 방으로도 활용 가능하다.

1층에 안방을 완전히 독립시킨 집

1층	108m²
2층	73m²
합계	181m²

Intro.

답답한 아파트가 아닌 마당이 있고 마음껏 뛰놀 수 있는 집에서 아이가 자라길 바라는 마음에 도심지에 땅을 사 주택을 지었다. 머지않아 독립할 것도 염두에 두고 1층에서 부부의 모든 생활이 가능하도록 설계했다. 부부만의 사적인 공간을 위해 거실과 완전히 분리된 곳에 안방을 배치했다. 아이들은 물론 외부에서 손님이 와도 안방에는 갈 일이 없는 동선이다.

형제만의 놀이터인 미끄럼틀을 설치하고, 세탁물은 리넨슈트를 통해 바로바로 처리할 수 있도록 했다. 욕실도 분리형으로 배치해서 바쁜 아침 시간에 기다릴 필요가 없다.

1층

아이들이 독립하면 1층에서 부부의 모든 생활이 이루어질 수 있도록 설계했다. 집에 들어오자마자 바로 계단으로 올라가는 구조로 설계해 안방은 부부만의 사적인 공간으로 사용할 수 있다.

리넨슈트

2층 드레스룸에서 리넨슈트를 통해서 세탁물을 보내면 바로 1층 세탁실로 내려온다.

가림막

그림과 같은 형태로 거실과 주방을 분리할 수도 있다.

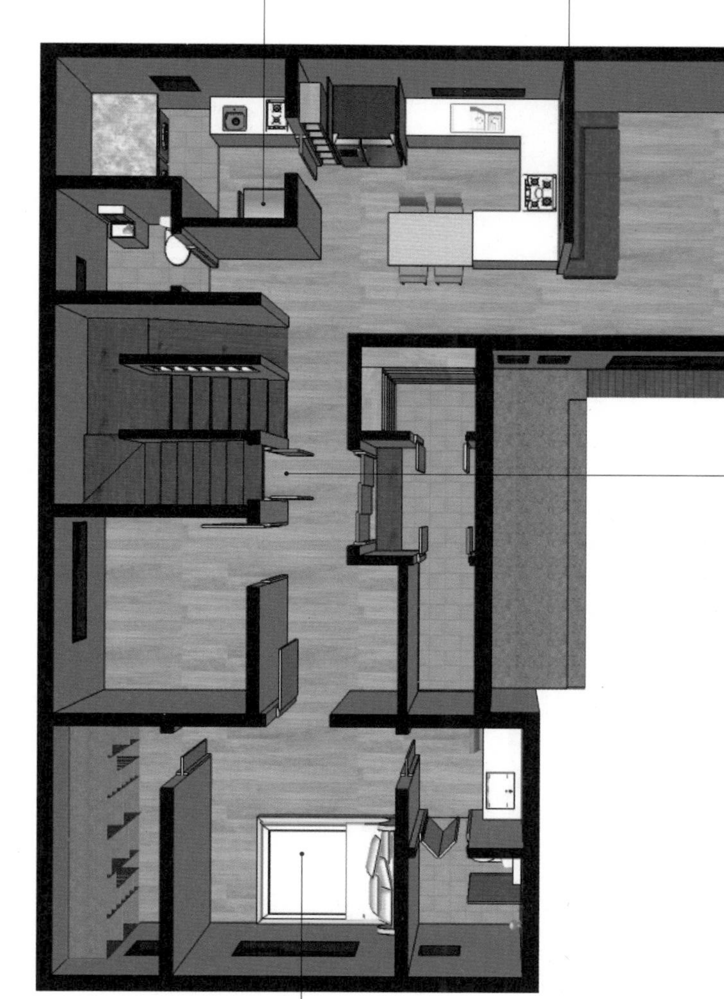

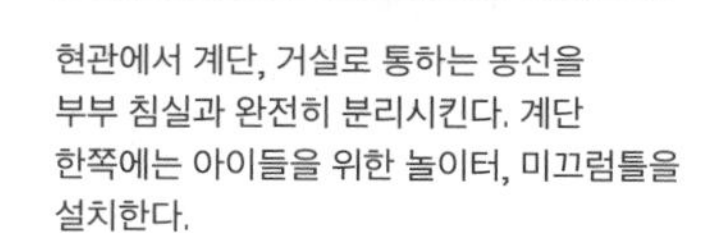

현관에서 계단, 거실로 통하는 동선을 부부 침실과 완전히 분리시킨다. 계단 한쪽에는 아이들을 위한 놀이터, 미끄럼틀을 설치한다.

독립적인 안방

아파트처럼 안방에 욕실과 드레스룸을 배치하고, 다른 공간과 철저히 분리해준다.

2층

1층은 부부만의 독립적인 침실로 구성하고 2층은 게스트룸을 제외하곤 아이들이 사용하는 공간 위주로 배치했다. 1층의 거실 천장 부분을 터서 개방감을 주었다.

드레스룸

아이들의 드레스룸을 하나로 통일해서 집안일 동선을 줄였다. 빨랫감은 리넨슈트를 통해서 바로 내려간다.

오픈 구간

거실만 천장을 텄다. 이 정도로도 집이 훨씬 시원해 보인다.

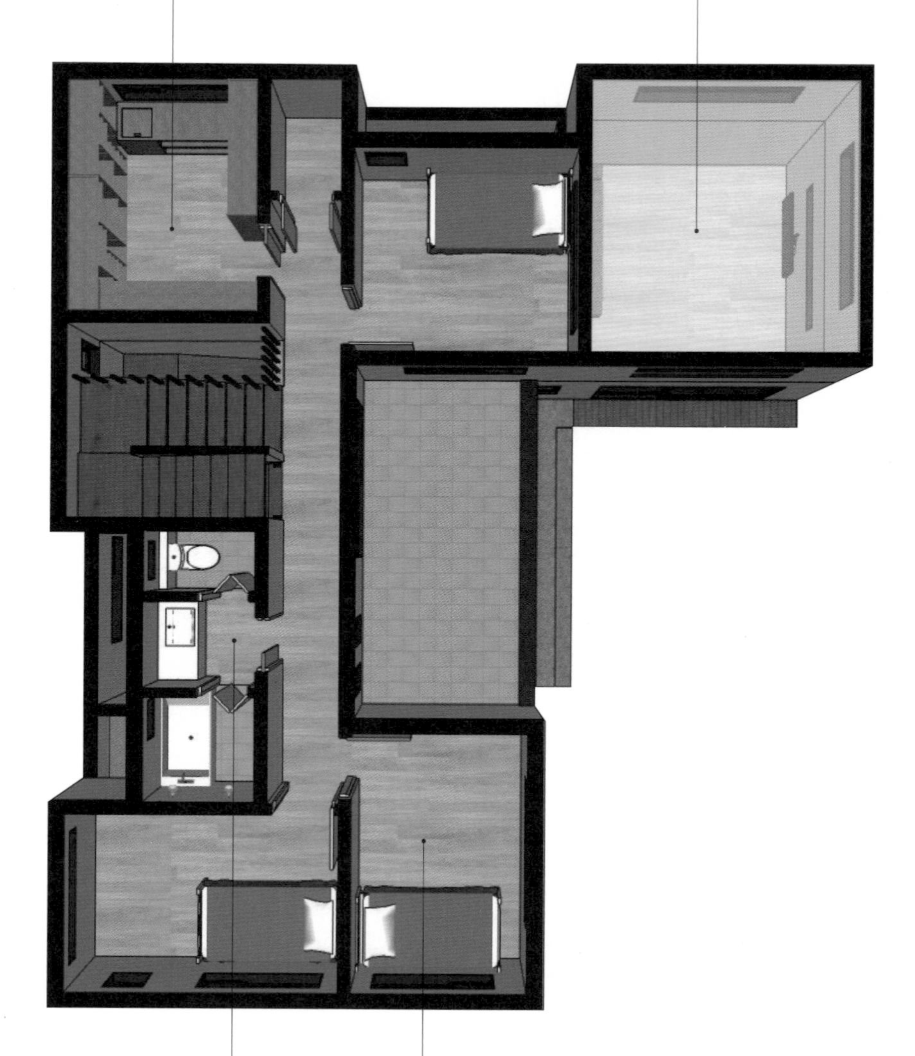

분리형 욕실

게스트룸

아빠가 술 마시고 들어와 코를 심하게 골 때 종종 사용하는 방이다. 또는 게스트룸으로도 사용한다.

3-6

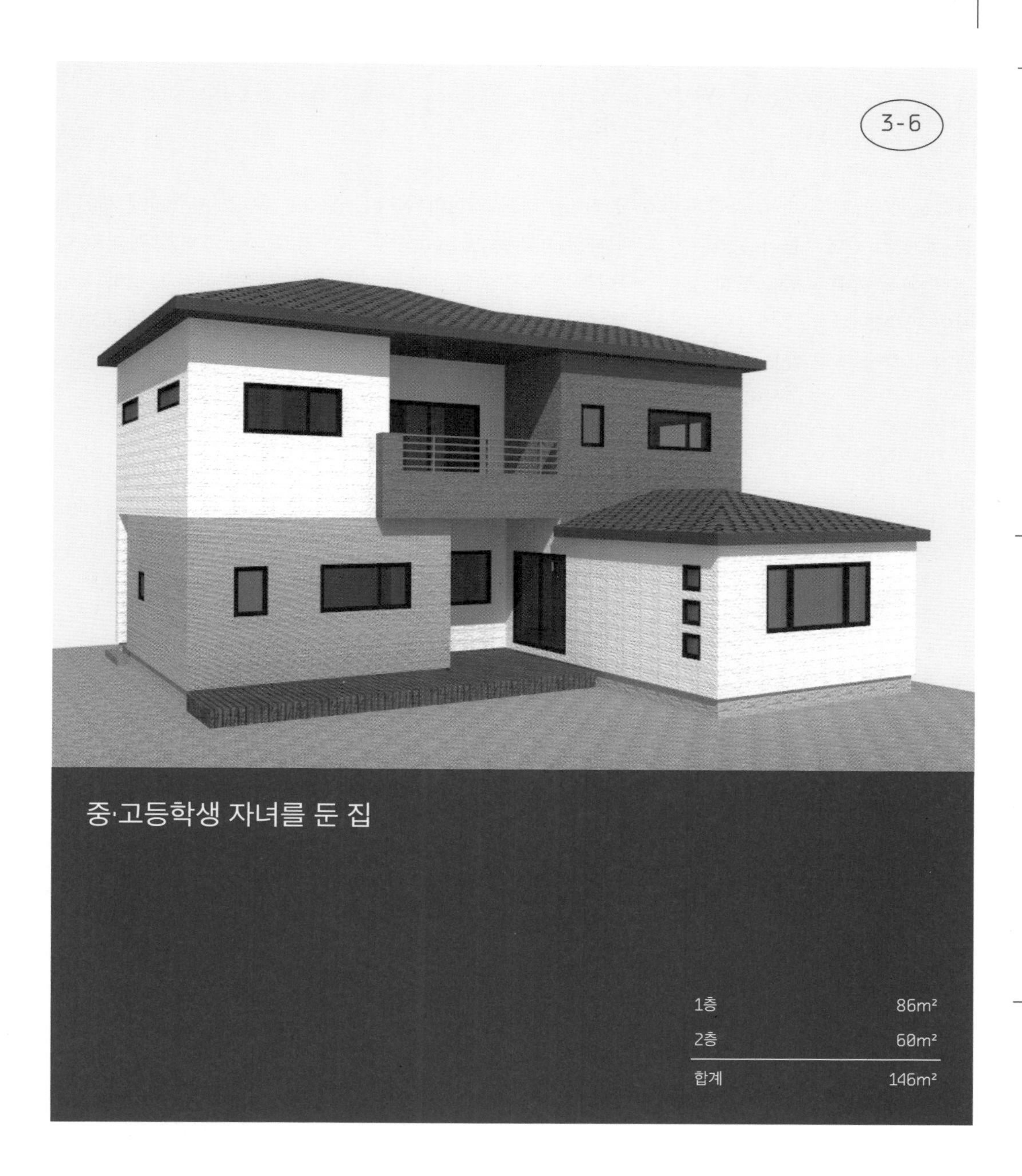

중·고등학생 자녀를 둔 집

1층	86m²
2층	60m²
합계	146m²

Intro.

아이들이 아주 어리다면 공용 공간과 주거 공간을 함께 두는 것이 좋지만 아이들이 이미 중학생이나 고등학생이라면 자기만의 사적인 공간을 원하는 경우가 많다. 그렇다면 방을 분리해주어야 한다. 하교 후 2층으로 올라가기 위해서는 계단을 이용해야 하는 점을 염두에 두고, 아이가 자기 방에 올라가기 전에 거실과 주방에서나마 자주 마주칠 수 있도록 동선을 잡는 것도 좋다.

이때 부부 욕실은 따로 배치하고 계단 아래 및 수납 공간을 창고가 아닌 작은 화장실로 만들면 손님이 와도 화장실을 사용하기 편하다. 곧 아이들이 독립할 상황에 대비해 1층에서 주로 생활할 수 있도록 공간을 구성하고 나중에 자녀가 결혼해서 가족을 데리고 오더라도 편히 쉴 수 있도록 2층에 작은 거실을 만들어두면 좋다.

1층

아이들이 하교 후 바로 자기 방으로 올라가더라도 거실과 식당을 둘러볼 수 있는 위치에 계단실을 설계했다. 아이들이 사춘기가 되면 대화 시간을 만들기 쉽지 않으므로 자연스럽게 아이와 마주칠 수 있도록 동선을 짰다. 1층은 아이들이 독립한 뒤 부부가 생활하기에 불편하지 않도록 독립적인 안방과 거실, 주방 등을 배치하고 주방 옆에 중정 테라스를 두어 부부가 휴식을 취하고 마당 풍경을 감상할 수 있도록 했다.

독립된 안방

거실과 안방은 완전 분리되어 있다. 현관을 들어와서 오른쪽은 안방이고 왼쪽은 공용 공간인 거실이다.

손님용 화장실

욕실을 안방에 배치했기 때문에 손님이 화장실을 사용하기 불편할 수 있다. 계단 아래 숨은 공간에 화장실을 만들면 편하게 사용할 수 있다.

중정 테라스

주방은 중정처럼 움푹 들어간 데크와 이어진다. 거실과도 연결된다.

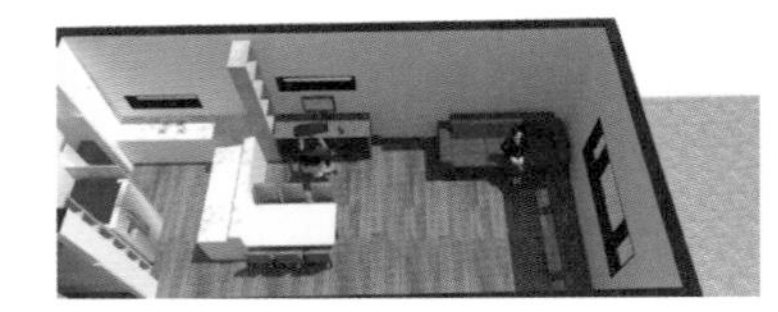

컴퓨터 책상

거의 1층에서 모든 생활이 이루어지므로 주방 테이블, 거실이 한군데 모여 있다. 자주 사용하는 컴퓨터도 공간을 마련해 거실에 설치한다.

2층

사춘기의 두 자녀를 배려해 방은 철저히 분리된 공간이 될 수 있도록 배치하고 아이들 방 반대편에 게스트룸을 두어 때로는 취미 공간으로, 때로는 확장된 거실로 사용한다.

아이들 방

중학생, 고등학생인 아이들을 배려해 방은 분리한다. 추후 아이들이 독립해도 방은 그대로 두고 아이들이 오래오래 자기 방을 기억할 수 있도록 한다.

게스트룸

게스트룸이자 취미 공간이다. 슬라이딩 3중도어를 설치해서 열면 개방된 2층 거실이 되고 닫으면 방으로 활용할 수 있다.

예술가 부모의 넓은 작업실을 배치한 집

1층	91m²
2층	107m²
합계	198m²

Intro.

예술가인 아빠 엄마는 작업실만 집에 있다면 모든 것을 집에서 해결할 수 있다. 그래서 아파트에서는 생활이 불편했다. 물도 자주 써야 하고 주변이 지저분해질 수 있어서 바닥이 타일이거나 에폭시 코팅이어야 하는데 아파트는 그런 공간을 만들기가 어렵다.

단독주택을 짓기로 결심한 뒤 1층 전체는 작업실로, 2층은 아파트 형태의 주거 공간을 배치하기로 했다. 작업실 바닥은 집처럼 바닥 난방을 하기 때문에 난로나 온풍기를 틀어야 하는 번거로움이 없고, 바로 작업실까지 차가 들어와서 작품을 싣기 위해 엘리베이터 등을 이용할 필요도 없다. 필로티 공간을 이용해서 주차장을 만들면 바로 작업실까지 차가 들어올 수 있다.

2층은 아파트 평면을 거의 그대로 가지고 왔다. 가족이 살기에는 딱 좋은 평면이다. 수많은 전문가들이 다양한 사람들의 의견을 반영해서 만든 평면이기 때문이다. 4베이라고 해서 거실과 방이 전부 남향에 배치되고 거실과 주방을 하나로 묶는 형태다. 사람들이 가장 좋아하는 평면이다.

1층

넓은 작업 공간이 필요한 예술가 부부의 요청대로 1층은 작업 공간으로 배치했다. 바닥은 타일 마감을 해서 물 작업을 해도 전혀 문제 없다.

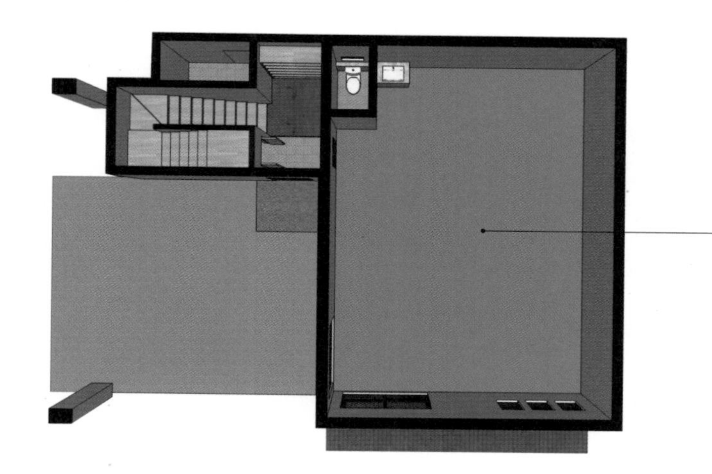

2층

아파트 평면에서 흔히 볼 수 있는 구조다. 대중적인 만큼 많은 사람들이 좋아하는 설계다. 아이가 자기만의 베란다 공간을 갖고 싶어 해 거실과 분리된 베란다를 따로 설계했다.

침대가 두 개인 안방

따로 또 같이 하는 침대 배치다. 실제로 따로 자는 부부가 많아지는 추세다.

아이방 앞 베란다

베란다를 분리해서 자녀가 이용하는 베란다를 따로 만들어주었다. 자기만의 공간을 원하는 아이들이 점점 더 많아지고 있다.

거실, 안방과 연결된 넓은 베란다

지인들과 함께하는 여유로운 다이닝룸 하우스

1층	106m²
2층	85m²
합계	191m²

Intro.

주택을 짓고 입주를 하면 한동안은 집들이를 하느라 시간이 어떻게 흐르는지 모를 정도로 바쁘다. 아직은 단독주택보다 아파트에 사는 사람들이 훨씬 많기 때문에 아파트를 떠나 나만의 개성 있는 집을 짓는 사람들은 부러움의 대상이 되기도 한다. 돈이 없어서라기보다는 여전히 투자 수단으로 인식되는 아파트를 쉽게 팔 수 없기 때문이다. 주식이 더 오를까 봐 팔지 못하는 것과 비슷하다고나 할까.

평소에도 손님이 오는 것을 좋아하고 바비큐 파티 여는 것을 좋아하는 가족이라면 별도의 다이닝룸을 설계하면 편하다. 마당과 이어지는 공간이어서 신발을 신고 다닐 수도 있고 청소나 정리도 훨씬 편하다. 낮에는 친구들과 차 한잔하는 카페가 되고 밤에는 지인들과 술 한잔 마시는 공간으로 변신한다. 별도로 분리되어 있기 때문에 밤늦게까지 술자리가 이어져도 아이들의 밤잠을 방해하지 않는다. 1층에 손님들을 위한 게스트룸도 만들어두면 유용할 것이다.

1층

마당 한편에 별도의 다이닝룸을 배치한 게 이 집의 특징이다. 손님이 자주 오는 집은 이처럼 공간을 별도로 배치하면 유용하다. 마당과도 연결되어 날씨가 좋을 때는 다이닝룸의 문을 개방해 캠핑을 온 것 같은 분위기를 만끽할 수 있다. 1층에 게스트룸도 배치한다. 마당 라인을 따라 가벽을 설치하면 외부의 시선으로부터 자유로운 가족만의 사적인 마당을 가질 수 있다.

2층

2층에는 안방과 아이방을 두고, 안방은 욕실, 드레스룸, 작업실을 한 공간에 둔 독립적인 공간으로 구성한다. 1층 거실의 천장 부분을 오픈해서 2층에서 1층을 내려다볼 수 있다.

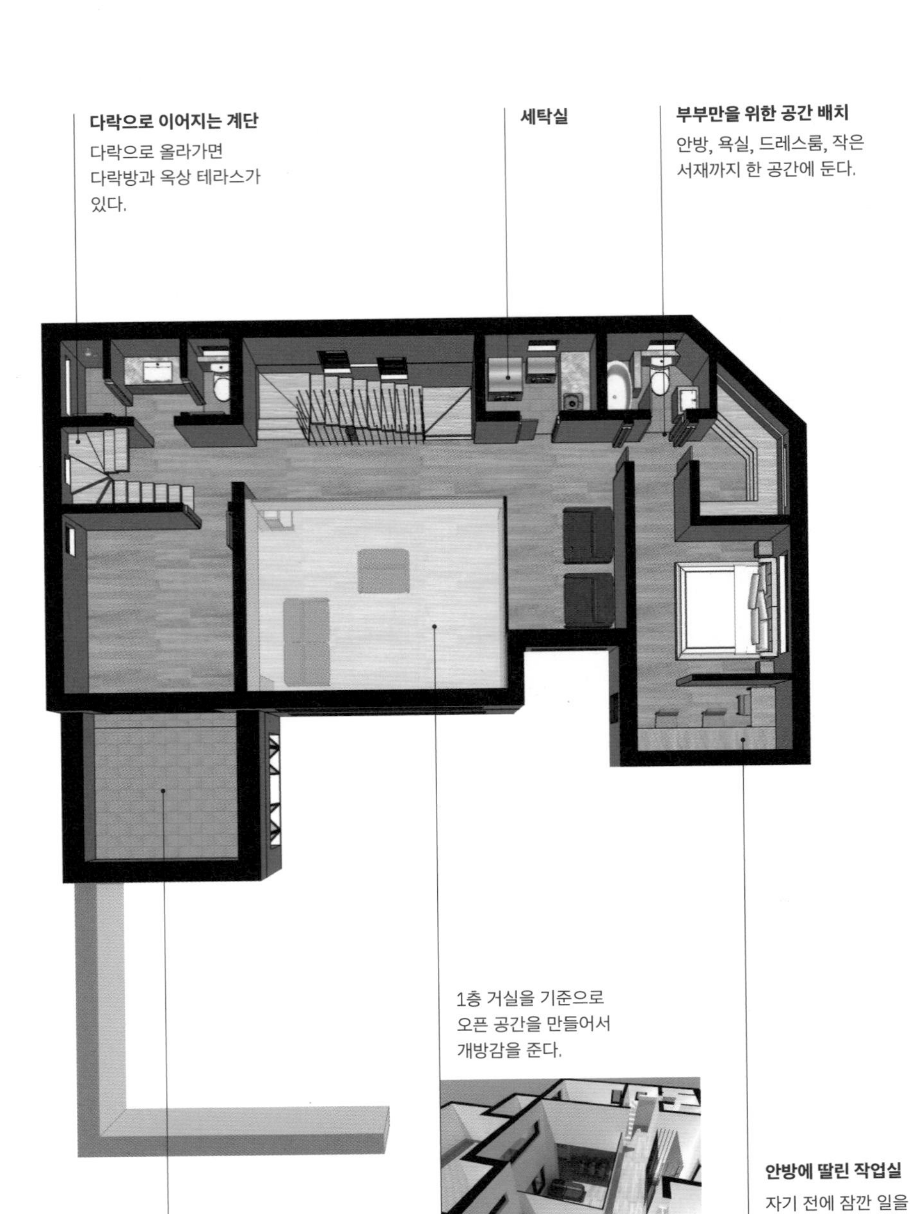

다락으로 이어지는 계단
다락으로 올라가면 다락방과 옥상 테라스가 있다.

세탁실

부부만을 위한 공간 배치
안방, 욕실, 드레스룸, 작은 서재까지 한 공간에 둔다.

1층 거실을 기준으로 오픈 공간을 만들어서 개방감을 준다.

안방에 딸린 작업실
자기 전에 잠깐 일을 하거나 개인적인 작업을 할 수 있는 공간이다.

다이닝룸 위 베란다

로프트, 미끄럼틀, 다락 등 아이들의 상상력을 자극하는 집

산돌 하우스

3-9

1층	115.35m²
2층	74.96m²
거실 오픈	30.09m²
다락, 로프트	44.52m²

Intro.

세 명의 아이들이 행복하게 뛰어놀 수 있는 집이다. 1층을 넓게 만들고 거실 오픈 공간을 이용해서 2층에서 1층으로 내려오는 미끄럼틀을 만들었다. 계단으로 올라가서 미끄럼틀로 내려오는 것만으로 아이들에게는 운동이 된다. 오픈 공간이 6m가 넘기 때문에 농구 등 다양한 활동을 할 수 있다. 거실은 아이들의 놀이터로 만들어주고 아이들 방은 복층으로 만들었다. 아이들 방에는 각각 로프트 공간이 있고 그 로프트 공간은 바로 다락방으로 이어진다.

아이들은 각자의 방에서 로프트의 작은 문을 통해 다락방으로 들어갈 수 있고 다락방은 형제들의 공용 공간이다. 친척들이 모여도 충분히 수용할 수 있는 크기의 거실은 제사나 모임을 하기에도 전혀 부족함이 없다.

1층

A 2층 공간까지 튼 오픈 거실. 개방된 형태지만 막아 놓아서 아이들이 2층에서 떨어지거나 물건이 떨어지는 일이 없도록 했다.

B 개방하면 외부 데크와 연결되고 여름에 간이 수영장을 설치하면 아이들의 놀이터가 된다.

C 미끄럼틀을 이용해 2층에서 1층으로 내려올 수 있다.

D 미끄럼틀 하부에는 책상을 설치했다.

E 계단 아래 공간에 청소기나 기타 용품을 보관할 수 있는 창고를 만들었다.

F 가벽을 세워서 넓은 수납장을 만든다. 주방에 상부장을 설치하지 않았다면 보조 주방에 수납 공간을 만들어주는 것이 좋다.

G 현관 전실 창고는 자전거 보관도 가능하도록 크게 만들었다.

A
B
C
D
E
F
G

2층

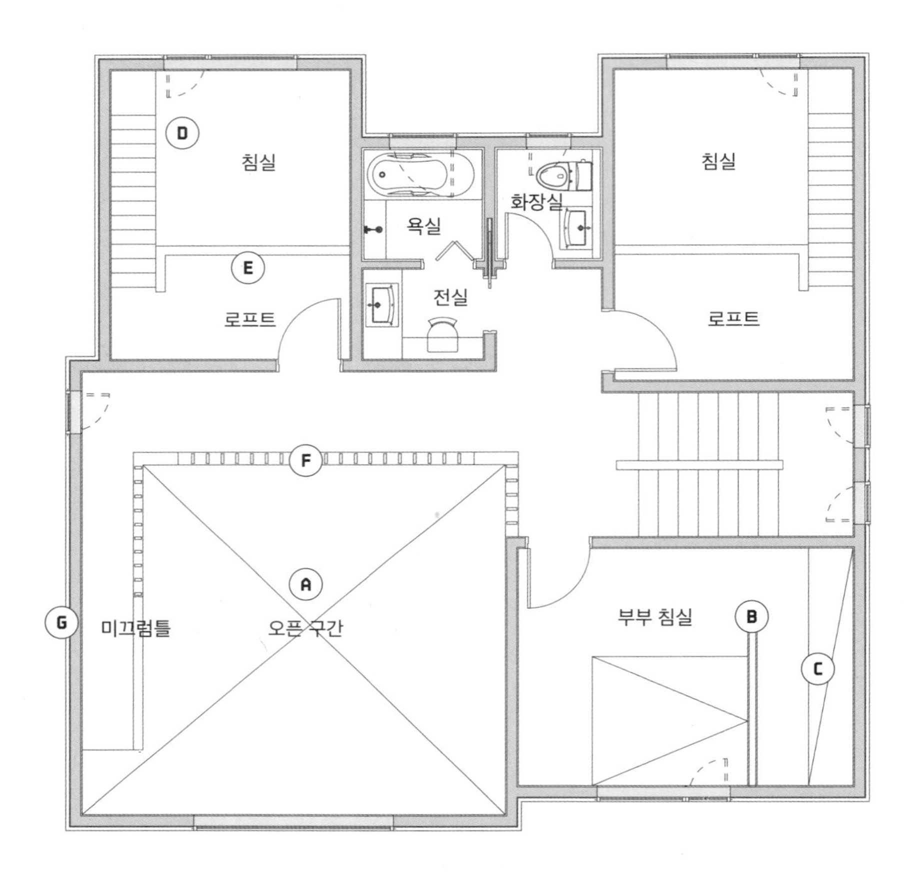

A 오픈 구간에 설치된 실링팬은 1층과 2층의 공기 순환을 담당한다.

B 나무 가벽을 세워 공간을 분리했다. 침대 헤드 역할도 한다.

C 부부 침실 뒤에 작은 드레스룸을 만들었다.

D 로프트 하부에 설치된 붙박이장.

E 로프트에서 다락으로 들어가는 작은 문.

F 2층 복도를 나무 기둥으로 오픈했지만 안전을 위해서 난간으로 강화유리를 설치했다.

G 미끄럼틀 옆으로 유리 블록을 설치해서 채광에도 재미를 주었다.

A

B

C

D

E

F

G

3층

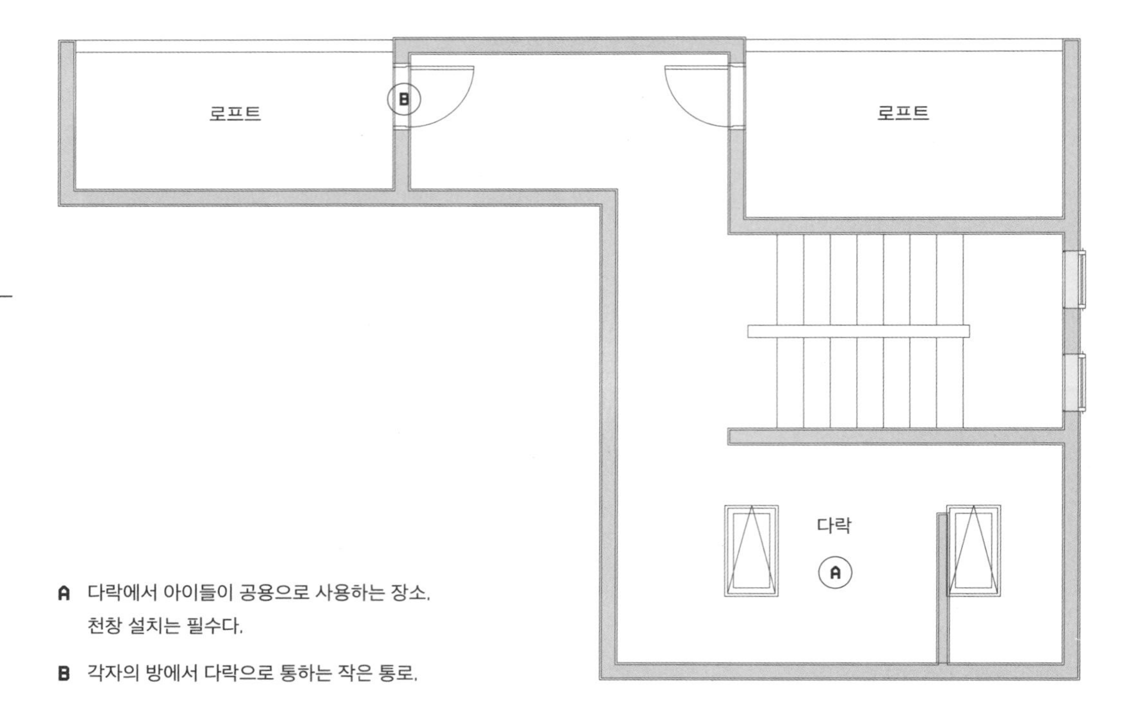

A 다락에서 아이들이 공용으로 사용하는 장소. 천창 설치는 필수다.

B 각자의 방에서 다락으로 통하는 작은 통로.

삼 형제의 놀이터

꿀잼하우스

3-10

1층	78.80m²
2층	77.92m²
다락	36.06m²
발코니	13.60m²

Intro.

집을 지으면서 삼 형제가 맘대로 뛰어놀 수 있는 집을 우선순위에 두었다. 식욕이 왕성한 아이들을 위해서 넓은 팬트리도 필요하고 삼 형제가 나란히 앉아서 공부할 수 있는 공간도 필요했다. 계단과 함께 미끄럼틀을 설치해서 집 안에서도 우당탕 맘껏 뛰어다닐 수 있게 했고 아이들의 방은 문 이외에도 작은 통로를 통해서 서로 왔다 갔다 할 수 있도록 했다. 아이들이 같이 씻을 수 있도록 일반 욕조보다 두 배 정도 큰 욕조를 설치했다. 다락방 한편에는 그물망을 설치해서 아이들이 그물망에서 뛰기도 하고 누워서 낮잠도 자고 책을 보기도 한다.

아이들을 위해 집의 크기는 최소화하고 마당을 넓게 만들었다. 부부보다는 아이들을 배려한 설계다. 어린아이가 있는 경우 집을 짓는 목적의 80~ 90%가 아이들을 위해서이다. 그렇다면 아이들을 중점에 두고 집을 지어도 된다. 나중에 팔 것을 대비하거나 아이들이 독립했을 때를 대비하다 보면 지금의 목적에는 맞지 않는 설계가 나온다. 집을 짓는 본래의 목적을 잊지 말자.

1층

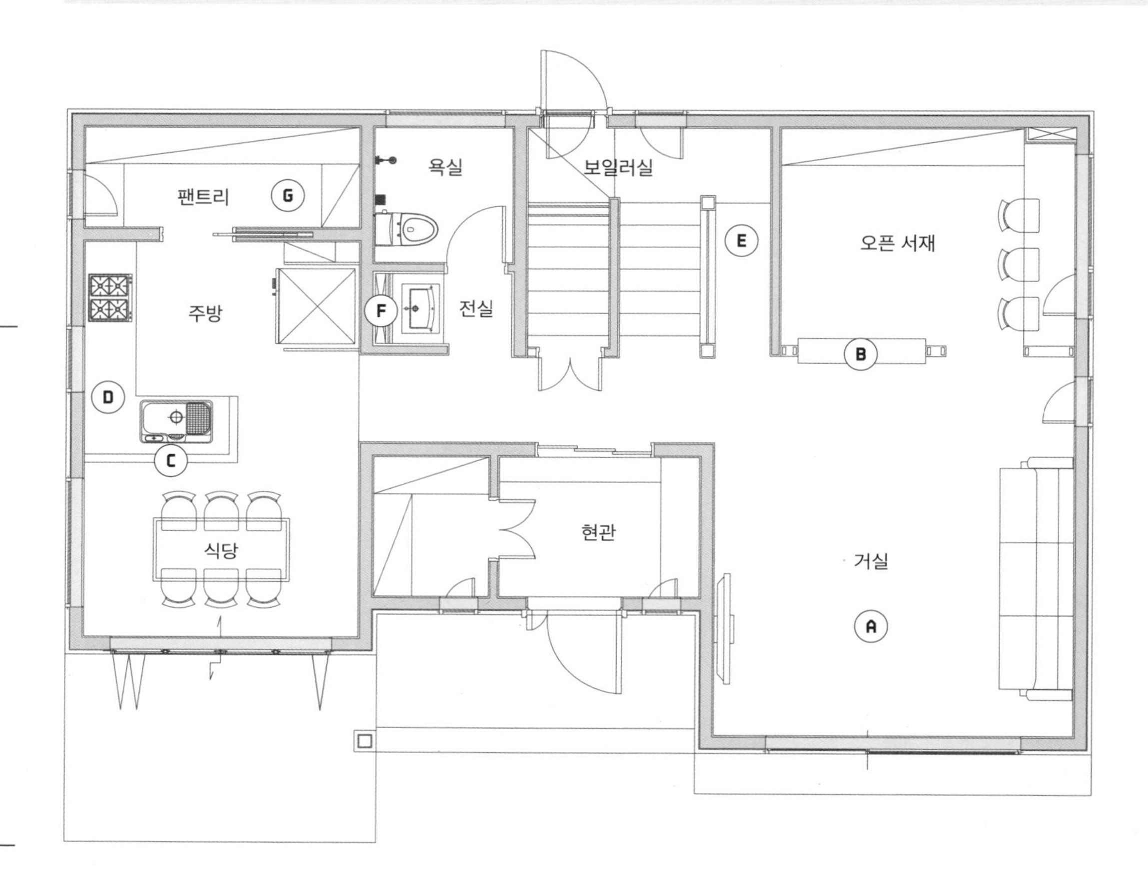

A 거실에서는 마당이 훤히 보여 아이들이 노는 것을 지켜볼 수 있다.

B 벽체를 세우더라도 상부는 뚫어주는 것이 좋다. 좁은 공간일수록 개방해야 집이 넓어 보인다.

C 설거짓거리가 쌓여 있으면 보기에 좋지 않다. 단을 살짝 올려 개수대를 가려주면 좋다. 넓지는 않지만 효율적으로 배치하면 사용하는 데 전혀 불편하지 않다.

D 상부장을 꼭 해야 하는 것은 아니다. 상부장이 없으면 주방이 깔끔해진다.

E 계단과 미끄럼틀이 공존한다. 오르락내리락만 해도 운동이 된다.

F 현관 바로 앞에 세면대를 두었다. 밖에서 놀다 들어온 뒤 바로 손을 씻을 수 있도록 불편하지 않은 위치에 배치했다.

G 마트에서 장을 본 뒤 식재료를 보관할 수 있는 넓은 팬트리. 다양한 주방용품을 수납하기에도 좋다.

A

B

C

D

E

F

G

2층

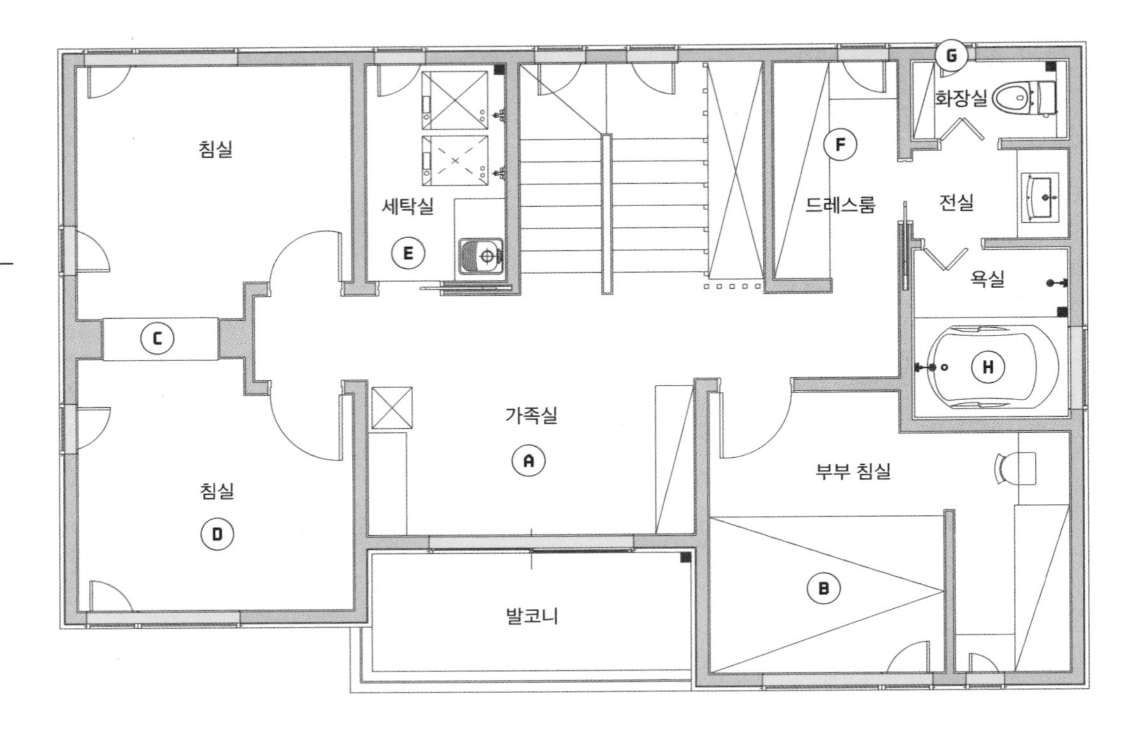

A 가족실 상부는 오픈했다. 이곳에 그물망을 설치할 예정이다.

B 침대 공간을 미리 정하면 프레임 없이 매트리스만 설치할 수도 있다.

C 아이의 방과 방 사이에는 문 이외에도 사진처럼 연결되는 공간이 있다. 책 수납 공간도 있고 남자아이들이 뛰어넘어 다닐 수 있어서 집에 생기를 불어넣는 재미있는 요소 중 하나다.

D 한쪽 방에는 붙박이 책상을 만들었다. 방을 공유하기 때문에 다양한 배치가 가능하다.

E 빨래가 많은 집은 세탁실을 별도로 만드는 것이 좋다.

F 공용 드레스룸에는 삼 형제의 옷장을 하나씩 설치했다.

G 화장실에 환기용 창이 있으면 좋다.

H 물놀이도 할 수 있는 넓은 욕조를 설치했다.

A
B
C
D
E
F
G
H

다락 & 루프탑 테라스

A 다락 벽체는 막지 않고 선반으로 만들면 보기에도 좋고 수납 공간도 생긴다. 작은 비밀의 방도 있다.

B 다락도 분리하면 용도에 맞게 사용할 수 있다. 레고 만드는 곳과 책을 보는 곳 등으로 분리할 수 있다.

C 벽체에 선반을 만들어서 공간 디자인을 한다.

D 그물망 놀이용 그물이다. 전문가가 설치해야 튼튼하다. 그물망을 설치할 생각이라면 처음부터 벽체에 보강을 해줘야 한다.

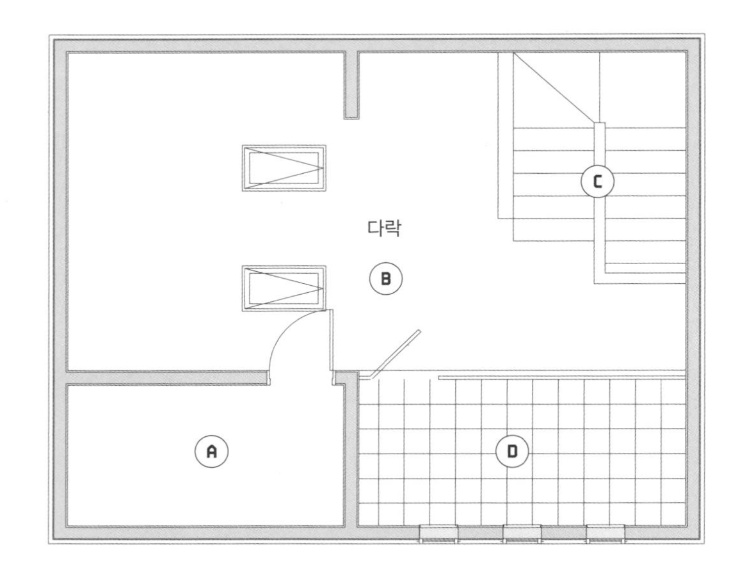

새로운 곳에서의 새로운 시작

허니하우스

3-11

1층	82.84m²
2층	79.44m²
다락	48.99m²

Intro.

살던 곳을 떠나는 건 쉬운 일이 아니다. 오랫동안 살아온 동네를 떠나면 큰일이 나는 것처럼 생각하는 경우도 많다. 특히 서울 같은 큰 도시에서 수십 년을 살다가 이사를 하면 걱정이 앞서는 것이 사실이다. 지방 생활에 적응할 수 있을까 하는 걱정을 가장 많이 하는데, 사람마다 다르지만 지방에서의 생활에 잘 적응하는 경우도 많다. '허니하우스'의 건축주도 오래 살던 도시를 떠나 세종시로 이사를 했다.

아빠는 집 위치가 중요하지 않은 직장이라 큰 문제가 없었지만 엄마는 회사를 그만두고 이사를 온 터라 새로운 곳에서 새롭게 시작하는 기분으로 이 집을 설계했다. 무엇보다 엄마는 이곳에서 공부방이라는 새로운 직업에 도전한다. 아이를 키우면서 아이들을 가르치는 일을 시작하는 것이다. 거실 바로 옆에 배치한 오픈 서재를 공부방으로 사용할 수도 있지만, 일단은 아이와 함께 해보고 싶었던 책 읽는 시간을 이곳에서 보내기로 한다.

이 집은 동향 집이다. 통상적으로는 남향으로 집을 짓는 것이 맞지만 이 집은 남향으로 지으면 앞집을 바라봐야 하는 상황이었다. 반대로 동향은 대지도 높을 뿐 아니라 바로 앞이 도로여서 시야도 확보되기 때문에 동향으로 집을 지었다. 물론 에너지 효율을 생각하면 아쉬울 수 있다. 하지만 보일러를 조금 더 돌리더라도 창 밖의 풍경이 좋아 포기할 수 없다면 과감하게 동향 집을 지을 수도 있다. 다행인 건 여름에는 매우 시원하다. 다만 겨울에 가스비가 좀 더 나올 뿐이다.

1층

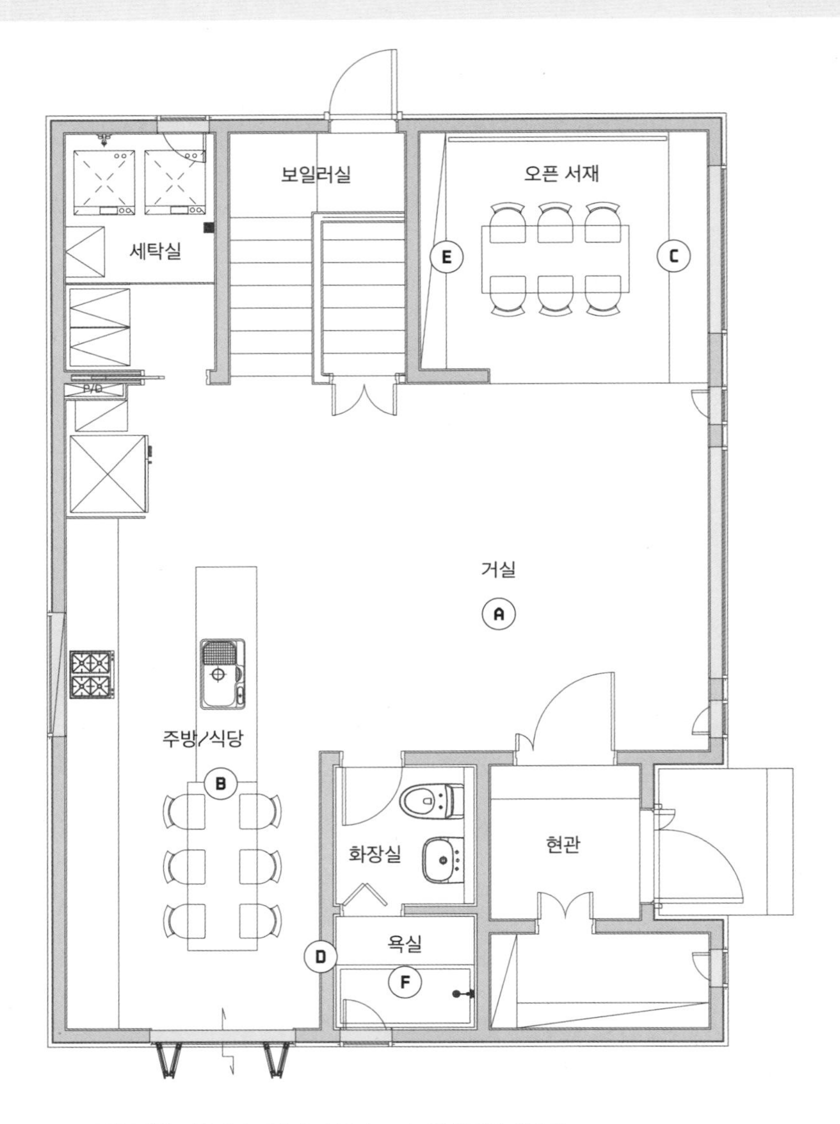

A 공학목재를 이용해서 거실이 더 넓어 보이도록 확장한 설계다.

B 대가족이 아니어서 간이 테이블을 주로 사용한다.

C 오픈 서재에 윈도우 시트를 함께 배치했다. 주로 공부방으로 사용한다.

D 식당은 카페 느낌이 나도록 세라믹 타일을 시공했다.

E 벽체 높이에 맞추어서 맞춤 제작한 책장.

F 욕조는 크게 제작해서 아빠와 아들이 함께 목욕할 수 있다.

A

B

C

D

E

F

2층

A 가족실을 여유 있게 만들어서 활용도를 높였다.

B 안방은 편백나무로 전체 마감했다. 피톤치드 효과도 있지만 습기 조절 효과도 있다.

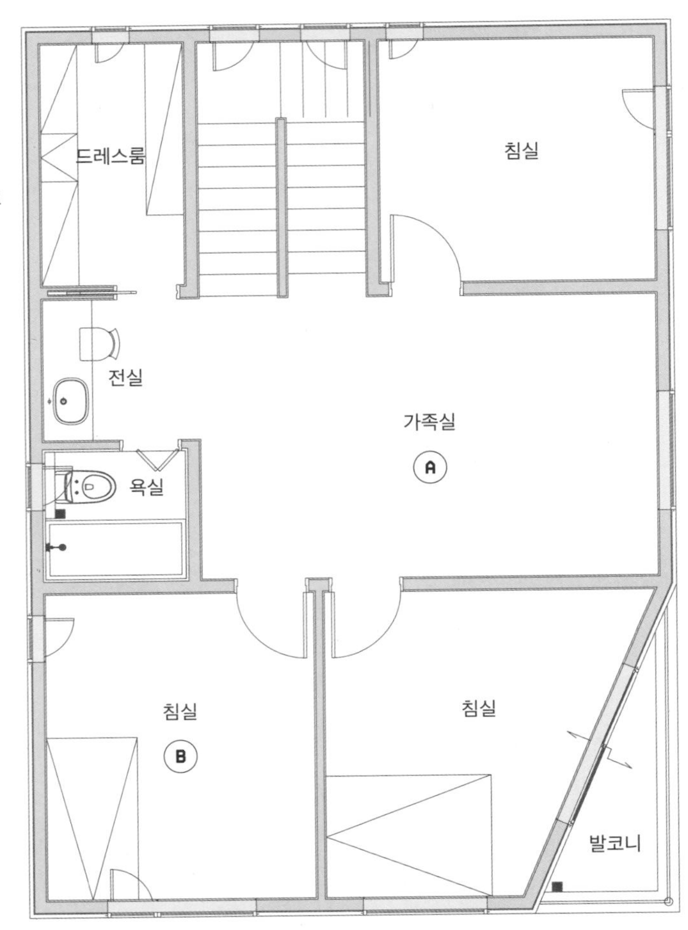

다락

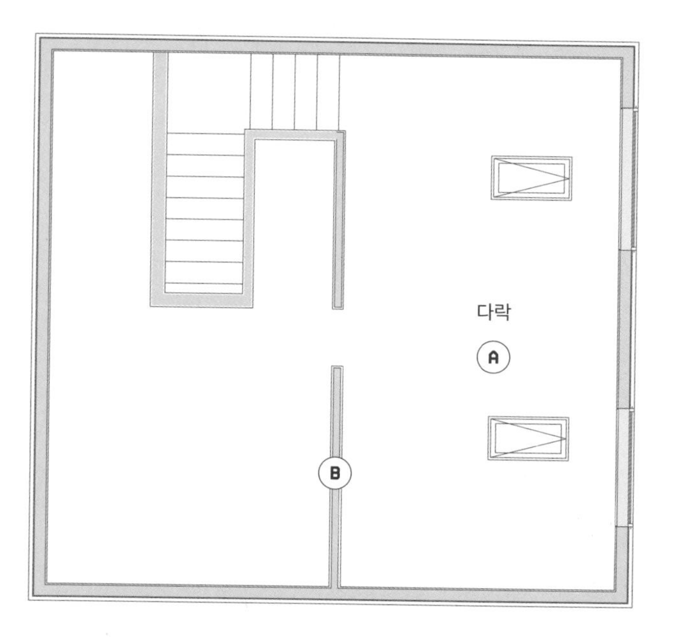

A 다락 안에 또 하나의 창고를 만들어서 안 쓰는 물건들을 보관한다. 안 쓰는 물건은 버리는 것이 맞지만 버리기에는 아쉽다면 일단 이곳에 보관한다.

B 다락방은 원색으로 도장했다. 가벽에는 선반을 제작해서 다양한 용도로 사용한다.

자녀가 없거나 독립시킨 뒤 부부만 사는 집 설계

4-1 부부가 오붓하게 살기 딱 좋은 모던한 단층집

4-2 부부의 라이프스타일을 반영한 전원주택

4-3 층고 높은 거실을 품은 펜션 같은 집

4-4 별도의 다이닝룸에서 이웃, 친구들과 함께하는 집

4-5 부부만을 위한 세컨드 하우스

완공 사례

4-6 전원에 지은 아름다운 주택 '오우가'

4-7 부부를 위한 취미 공방을 만든 집 '자리'

부부가 오붓하게 살기 딱 좋은 모던한 단층집

1층	103m²
합계	103m²

Intro.

단독주택이 대부분 2층인 이유는 2층 집이 좋아서기도 하지만, 1층의 건축면적이 좁기 때문인 경우가 많다. 택지지구에서 분양하는 231m²(70평) 면적의 부지가 건폐율이 50%라면 1층에 지을 수 있는 집의 크기는 116m²(35평) 정도다. 단독주택을 지을 때 흔히 배치하는 다용도실, 창고, 보일러실 등을 감안하면 116m²에 원하는 공간을 다 넣기에는 부족한 면이 있다.

그래서 2층으로 지어 공간을 분산시키고, 1층은 작게 짓는 대신 마당을 넓히는 형태의 설계가 많다. 어린 자녀가 있다면 아이들은 복층 형태의 집을 훨씬 좋아한다. 하지만 아이들이 고등학생 이상이라면, 그리고 전원에 집을 짓는다면 부지가 넓기 때문에 굳이 2층으로 설계하지 않아도 된다. 2층으로 지어도 아이들이 독립을 하면 대부분 1층만 사용하게 된다. 아이들이 곧 독립할 예정이라면, 1층으로 설계하는 것도 방법이다. 간단하게 다락 공간만 별도로 두고 취미 공간으로 사용하거나 게스트룸으로 사용하는 것도 좋다.

1층

두 개의 아이방과 화장실이 딸린 안방을 배치하고 주방과 거실은 한 공간에 설계해 공간 효율을 높였다. 주방 한쪽에는 세탁실을 별도로 두고 아이들이 곧 독립할 예정이므로 식탁은 4인 식탁만 두어 최대한 주방을 넓게 사용한다. 딱 필요한 공간만 실용적으로 배치한 구조다.

아이방

지금은 아이들이 사용하지만 추후 독립하면 부부가 각자의 침대를 놓고 사용하는 큰 안방으로 활용해도 된다.

여기에 문만 달면 된다.

계단 책장

다락으로 올라가는 계단에 깊이를 주어서 책이나 소품들을 보관할 수 있는 곳으로 활용한다.

거실

거실에서 보내는 시간이 많기 때문에 주방과 거실을 분리하지 않고 한 공간에 두되 단만 높여서 공간을 분리한 느낌을 주는 것도 좋다.

안방을 옮기면 벽체를 허물어서 오픈 서재로 사용하면 된다.

Intro.

아이들이 대학에 들어간 뒤 부부만을 위한 전원주택을 지어 노후를 보내려고 한다. 아이들 공간을 넓게 지을 필요가 없으니 처음에는 작은 집을 지을까 고민했지만 막상 설계를 하다 보면 기존에 살았던 집보다 줄이기란 쉬운 일이 아니다. 그래서 30평 초반에서 시작한 설계가 30평 중반이 되고 결국은 기존에 살던 집의 크기대로 설계가 마무리되는 경우도 많다. 넓은 드레스룸에서 편하게 옷을 고르고 파우더룸에서 화장을 하고 외출을 하던 버릇을 이제 와서 바꾸기는 힘들다. 그래서 거실도, 드레스룸도 생각했던 것보다 크기를 키웠다. 특정 공간을 키우고 싶다면 다른 공간의 크기를 조정해야 한다.

거실과 드레스룸을 포기할 수 없다면 잠만 자는 안방의 크기를 줄이고 2층에 배치할 아이들 방도 침대, 붙박이장, 책상만 놓으면 될 정도의 크기로 조정한다. 이처럼 자녀 독립 후 노후를 보내기 위해 집을 짓는다면 맞닥뜨리게 되는 현실적인 고민들이 있다. 50~60년 세월을 살면서 익숙해진 습관은 나이가 들수록 더 견고해지기 마련이다. 합리적, 효율적으로 집을 짓는 것은 좋지만 기존의 습관까지 바꾸어야 할 정도로 많은 변화를 주기는 어렵다. 이 집을 예로 들면 드레스룸, 안방 욕실, 거실, 식당 등은 건축주가 원하는 크기로 설계하고 부부만 오붓하게 밥을 먹을 경우가 많을 테니 주방 크기, 다용도실 등의 크기는 조금 줄인다. 아이들 공간도 확 줄인다. 단독주택에 살아보지 않은 사람들은 마당이 넓으면 충분히 보완이 될 것이라 생각하지만 마당은 마당이고 집은 집이다. 실제로 넓은 마당과 넓은 거실 중 만족도를 비교해보면 넓은 거실에 대한 만족도가 더 높다. 전원생활을 하면 방은 주로 잠을 잘 때만 사용한다. 거의 모든 시간을 주방과 거실에서 보내게 되므로 자주 사용하는 공간을 만족스럽게 설계하는 것이 좋다.

1층

철저히 부부에 의한, 부부를 위한, 부부의 집을 짓는 데 중점을 두었다. 부부의 라이프스타일을 고려하여 드레스룸은 크게 설계하고 안방 침대 뒤편에 작은 책상을 두어 책도 보고 간단한 일도 처리할 수 있다. 이웃이나 친척들이 놀러 와도 편하게 지내다 갈 수 있도록 거실도 크게 설계했다.

주방
아이들이 독립하면 음식을 하는 횟수가 줄어들 것 같아서 주방은 조금 줄였다. 변화될 가족 구성원에 맞는 효율적인 ㄷ자형 주방을 선택했다.

넓은 거실
손님들이 와도 불편하지 않도록 넓게 설계했다.

안방 서재
안방 침실 뒤, 창문 쪽으로 작은 책상을 두었다.

데크
거실에서 이어지는 데크는 거실을 넓어 보이게 해준다.

넓은 드레스룸
편하게 옷을 정리하고 외출 준비를 하고 싶어서 드레스룸의 크기는 충분히 키웠다. 드레스룸 입구에 분리형 욕실을 두어 동선을 줄였다.

2층

부부의 생활은 1층에서 모두 이루어진다. 아이들이 오지 않는 이상 2층에 올라갈 일이 없으므로 2층에는 아이들 방만 배치했다. 화장실과 욕실, 두 개의 방만 두고 각 방 앞에 베란다를 두어 가끔 집에 놀러 오면 편하게 휴식을 취할 수 있도록 했다.

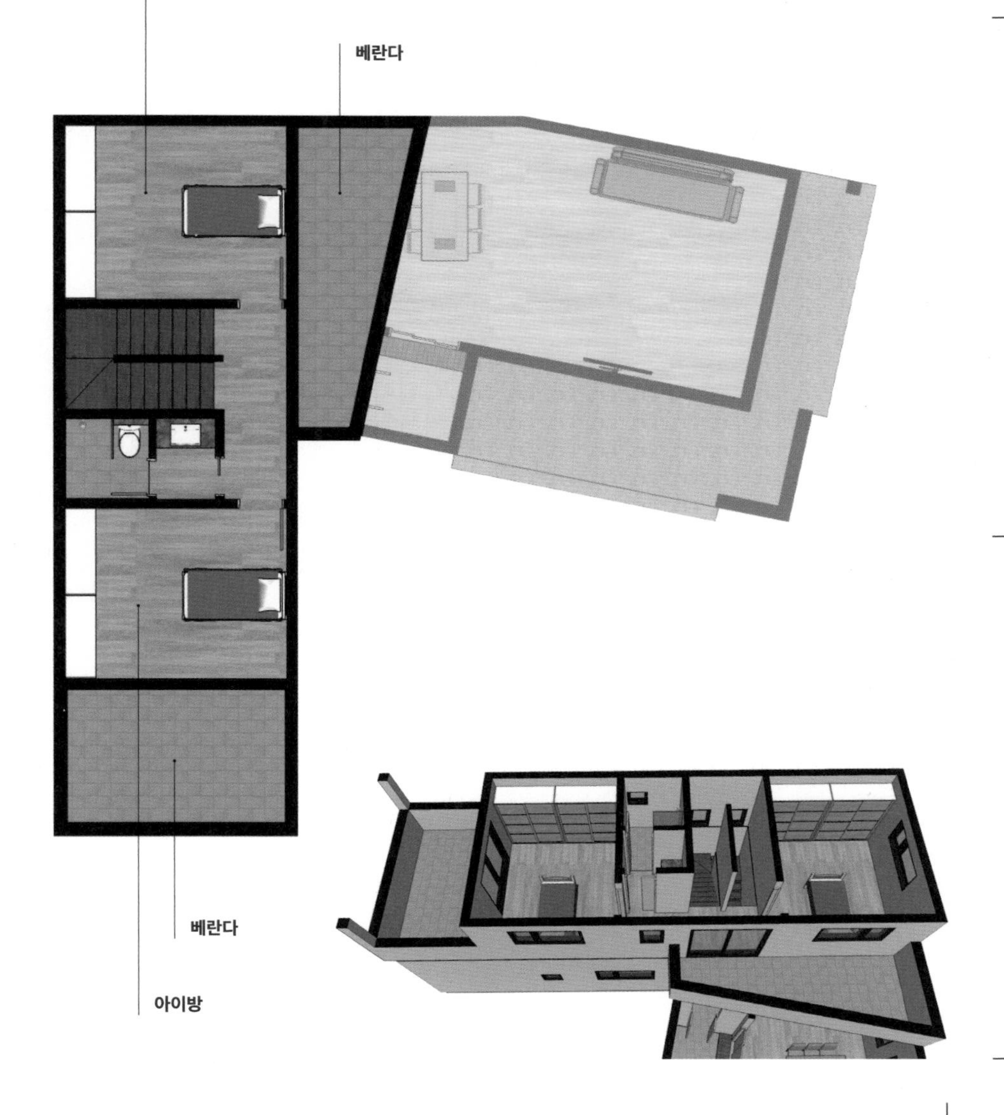

층고 높은 거실을 품은
펜션 같은 집

1층	99m²
2층	34m²
합계	133m²

Intro.

아파트 거실의 평균 높이는 2.2~2.4m 정도다. 예전에는 더 낮았지만 요즘은 조금 높아졌다. 층고의 높이는 집의 전체적인 개방감에 많은 영향을 미친다. 같은 면적의 거실이라도 층고의 높이에 따라 체감하는 면적의 차이가 매우 다르다. 그래서 넓어 보이는 거실을 갖고 싶다면 거실 천장을 높게 마감하는 것이 효과적이다. 특히 지붕 모양대로 박공 형태, 즉 삼각형 모양으로 마감하면 더욱 넓어 보인다.

주로 생활하는 거실은 단층으로, 방이 위치한 곳은 2층으로 설계된 집이다. 거실의 층고를 높여 개방감을 더한 디자인이다. 외부는 목재로 포인트를 주었다. 남해 독일 마을의 주택들에서 흔히 볼 수 있는 디자인인데 건축주가 이 외관 디자인에 반해 설계 시 반영하여 목재로 포인트를 주었다. 이러한 외관의 단점은 쉽게 오염된다는 점이다. 대부분의 오염은 빗물이나 바람에 의해서가 아니라 먼지가 한 부분에 쌓이고 그 먼지가 빗물과 함께 흐르면서 생기는 경우가 상당수다. 시공을 할 때 먼지가 쌓이는 것을 방지하는 장치를 하거나 빗물이 흘러도 덜 오염되도록 오염에 강한 자재를 사용하는 게 좋다.

1층

지붕 모양대로 천장을 마감한 거실이 이 집의 특징이다. 넓어 보이는 것은 물론 디자인적으로도 개성이 넘쳐 흡사 여행지의 펜션에 온 듯한 기분이 들기도 한다. 방은 욕실이 딸린 안방과 게스트룸만 두고 아이방은 2층으로 올렸다.

게스트룸

노후에는 잠을 따로 자는 부부가 많다. 1층에 방을 하나 더 두고 경우에 따라 게스트룸으로 활용하거나 부부가 따로 사용한다.

층고 높은 거실

거실이 지붕과 맞닿는 설계이기 때문에 이를 활용하여 다양한 인테리어 아이디어를 낼 수 있다. 그림은 주방과 거실 사이에 지붕 모양의 가림막을 설치한 것이다.

2층

자녀가 독립한 뒤 부부가 살 집을 짓는 경우, 딱 필요한 공간만 설계하여 넣는 경우가 많다. 놀이방이나 공부방, 다락 등 아이들을 위한 공간이 필요 없기 때문이다. 2층에는 자녀가 놀러 오거나 지인이 놀러 왔을 때 편히 쉴 수 있도록 방과 화장실, 욕실로 구성된 독립적인 공간을 만든다.

북쪽 베란다

방향상 그늘이 지는 베란다여서 날이 좋을 때면 차 한잔하기에 좋다.

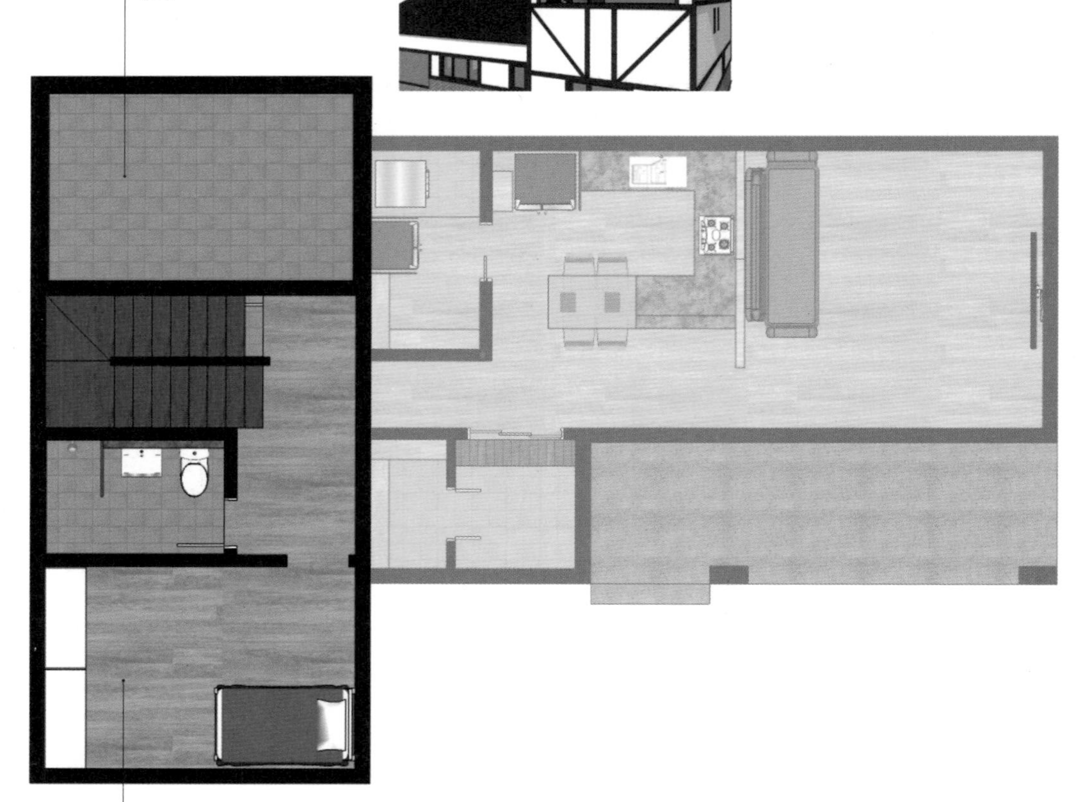

아이방

자녀들이 놀러 오거나 지인들이 놀러 와서 편하게 지낼 수 있도록 2층에는 독립적인 공간을 만든다.

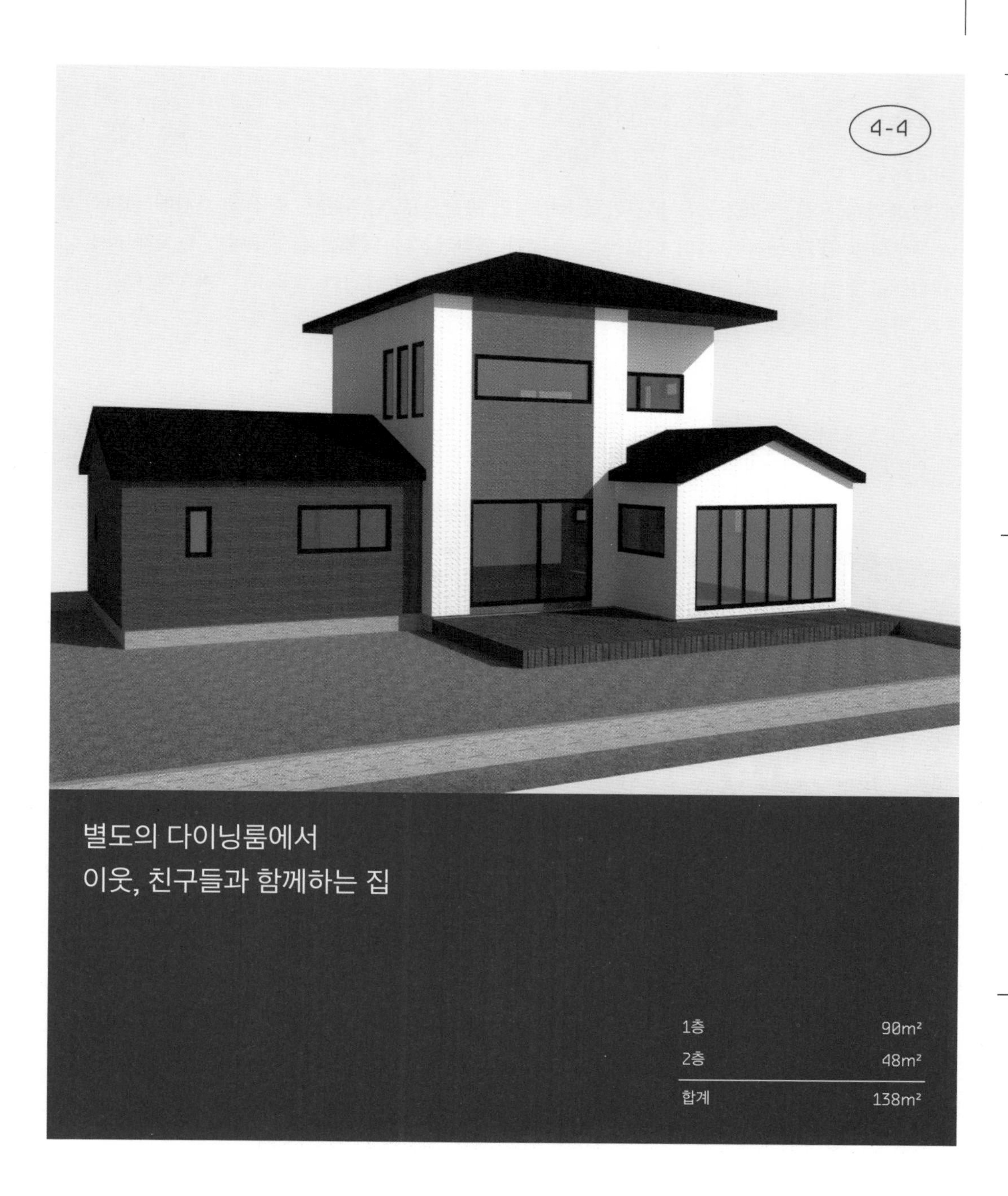

별도의 다이닝룸에서 이웃, 친구들과 함께하는 집

1층	90m²
2층	48m²
합계	138m²

Intro.

성인이 된 자녀들은 모두 출가했다. 1층에서 모든 생활을 할 생각으로 모든 공간을 1층에 배치한다. 집에서 식사를 할 때도 종종 외식하는 듯한 기분을 만끽하고 싶어서 별도로 다이닝룸을 설계했다. 지인들이 놀러 와 담소를 나누기 좋은 사랑스러운 공간이다. 결혼한 자녀들이 찾아와 하룻밤씩 자고 가도 편하게 쉴 수 있도록 2층은 원룸처럼 공간을 구성하고, 작은 거실도 배치한다. 손주들을 데리고 와서 쉬다 가기에도 전혀 불편함이 없는 공간으로 꾸몄다.

2층은 손님이 없을 때는 부부의 작업실이 된다. 꼭 한번 해보고 싶었던 책도 써보고 독립적인 공간에서 혼자만의 일을 하고 싶을 때 유용하게 사용한다.

1층

안방, 분리형 욕실, 드레스룸은 부부만의 독립적인 공간으로, 다른 공용 공간과 분리해 손님이 와도 부부의 공간은 동선이 섞이지 않는다. 주방과 연결된 다이닝룸은 폴딩도어를 설치해 완전 개방하여 넓게 쓸 수 있고, 바깥쪽으로는 데크와 연결되어 있어 날씨가 좋을 때는 야외에 나와 있는 듯한 기분을 만끽할 수 있다.

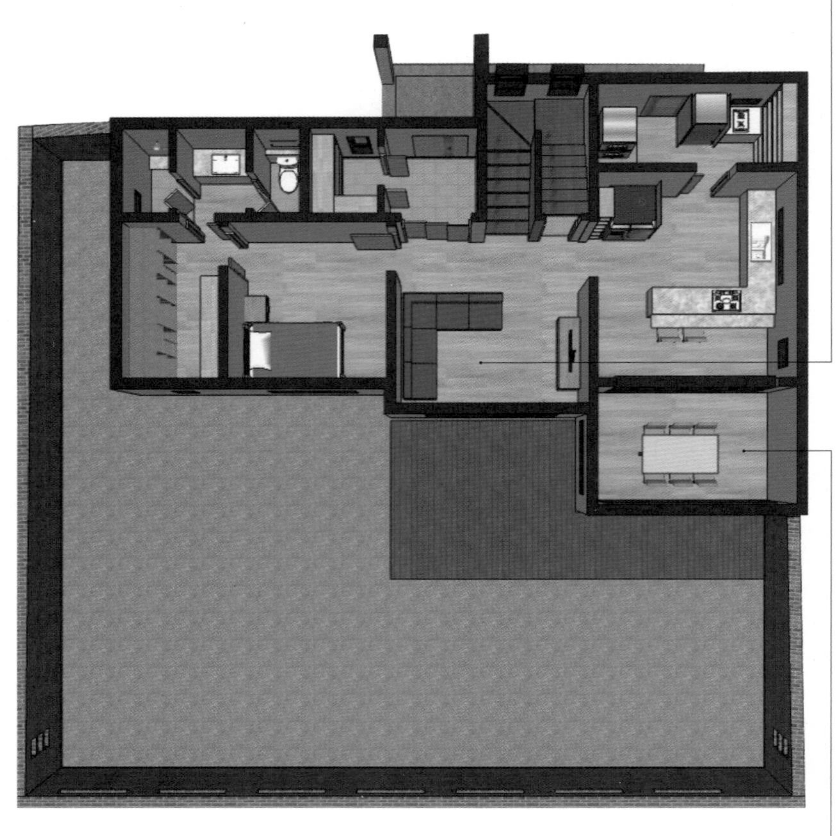

거실
주로 다이닝룸에서 대화를 나누기 때문에 거실은 TV를 볼 수 있는 크기면 충분하다. 넓을 필요가 없다.

독립된 다이닝룸
폴딩도어로 주방과 다이닝룸은 완전 개방이 가능하다.

2층

2층은 독립적인 공간으로 구성했다. 자녀들이 놀러 오거나 친구 부부가 놀러 와도 펜션처럼 편하게 사용할 수 있도록 설계했다. 놀러 왔을 때 편해야 오래 머물고 자주 온다.

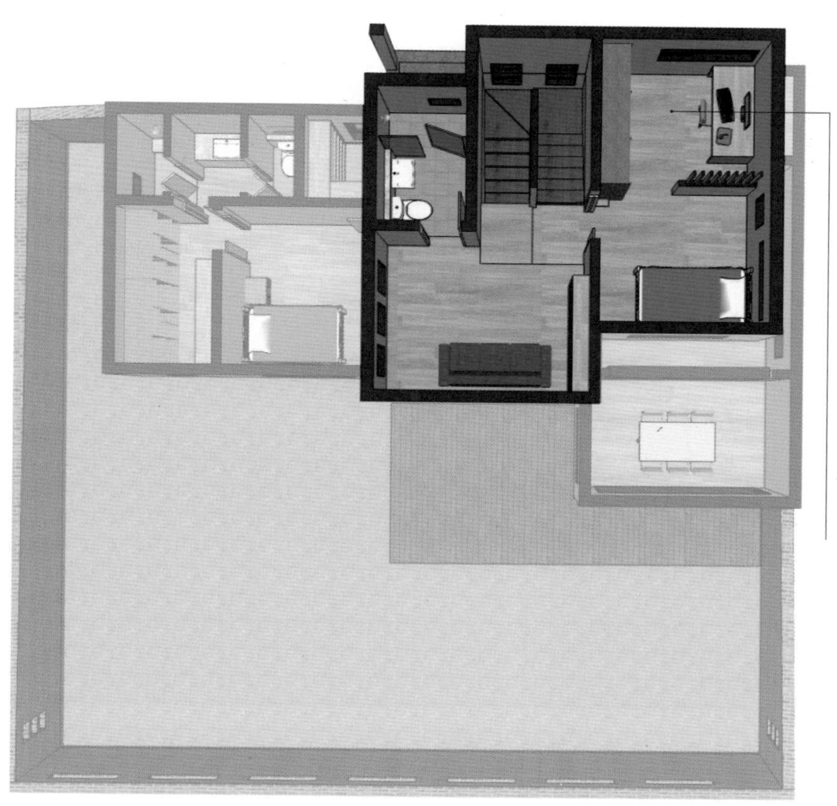

아이방 작업실

아이방 한쪽에 책상과 책장을 두어 작업실로 사용할 수 있도록 했다. 놀러 온 자녀가 사용하기도 하고 부부도 사용한다.

4-5

부부만을 위한 세컨드 하우스

1층	65m²
합계	65m²

Intro.

아이들이 독립하기 전이고 직장 생활도 더 해야 해서 당장 도시를 떠날 수 없는 여건이다. 아직은 도시의 편리한 생활을 포기하고 싶지 않다. 그래서 한 달에 한두 번 주말마다 부부가 가서 생활하기 좋은 부부만의 작은 세컨드 하우스를 짓기로 한다. 부부 침실과 거실, 주방, 다용도실이 있고 욕실과 드레스룸도 만들었다. 아직은 주말에만 와서 쉬었다 가는 정도지만 점차 횟수를 늘려 전원생활에 적응하고 나면 작게나마 농사도 지어볼 계획이다. 그동안 살던 아파트에서는 엄두도 낼 수 없었던 햇빛 가득한 욕실을 설계에 반영한다. 선룸 중정을 가진 햇살 가득한 욕실이다.

이 집의 특징 중 하나는 집의 위치가 조금 외진 곳이라 보안 문제가 걱정되어 혹시 모르는 외부 침입에 대비해 패닉룸을 만들었다는 점이다. 패닉룸은 영화에서 보듯이 책장이 문이 되는 방식이기 때문에 외부인이 침입해도 안전하게 숨을 수 있다.

1층

세컨드 하우스로 설계한 집이기 때문에 가능한 면적에 꼭 필요한 공간만 효율적으로 배치했다. 방은 패닉룸이 딸린 안방만 배치하고 주방과 거실도 일자형으로 설계했다. 생활하는 데 불편함이 없도록 드레스룸과 샤워실이 분리된 욕실 등도 짜임새 있게 구성했다.

욕실 안 중정

욕실과 화장실에서 햇빛 가득한 중정 정원을 볼 수 있다.

패닉룸

영화처럼 책장이 열리는 형태의 패닉룸, 외부 침입 시 숨을 수 있는 공간이다.

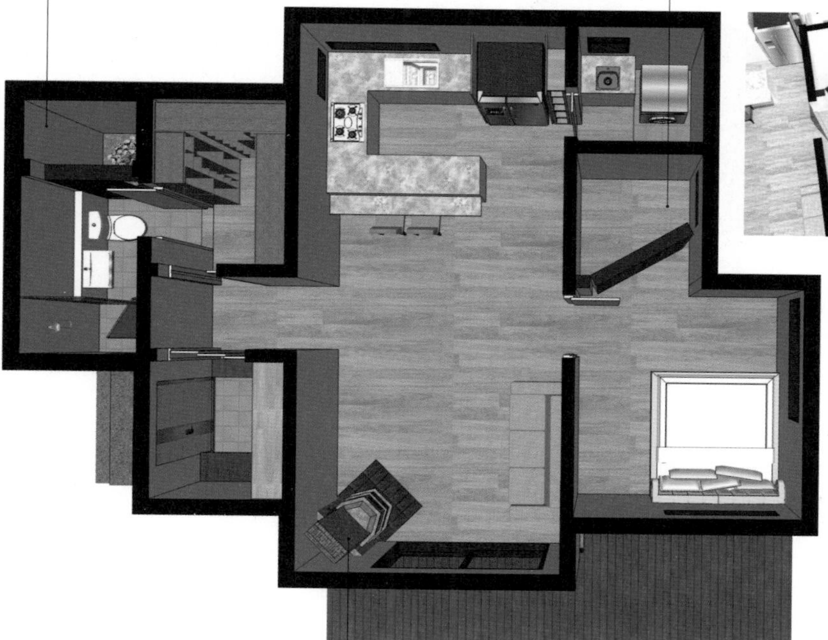

벽난로

도시가스가 안 되는 곳이라면 보조 난방기구 역할을 충분히 한다.

전원에 지은 아름다운 주택

오우가

PART 2 - 4

Intro.

오랜 공직 생활을 해온 건축주는 이제 은퇴를 앞두고 있다. 은퇴 후 전원생활을 꿈꾸며 오랫동안 땅을 보러 다녔고 마음에 드는 땅을 발견했다. 일 순위는 부부를 위한 집을 짓는 것이지만 독립한 아이들도 집에 오면 편히 쉬다 갈 수 있는 집이었으면 좋겠다. 단독주택이라고 하면 1층에 안방과 공용 공간을 배치하고 2층은 가끔 사용하는 경우가 많은데 그런 고정관념을 버린다.

1층에는 공용 공간만 배치하고 2층에 안방을 배치한다. 바깥 풍경이 좋은 곳이므로 환기와 상관없는 고정창을 크게 설치해서 채광 좋은 곳에서 풍경을 여유롭게 즐긴다. 창문 너머에 있는 산이나 밭을 보는 습관은 눈 건강에도 좋다고 하니 풍경 좋은 쪽에 창호를 넉넉하게 설치한다. 1층 사랑방은 찻방으로도 활용하고 지인들이 놀러 오면 묵다 가는 게스트룸이 되기도 한다. 아이들이 학교 방학 때나 쉬고 싶을 때 언제든지 집에 와서 편히 쉬다 갈 수 있는 공간도 만들었다.

2층은 부부만을 위한 공간이다. 안방에는 드레스룸이 딸려 있지만 욕실은 없다. 이럴 경우 욕실을 두 개 만들기보다 공용 욕실을 좀 더 여유 있게 만들고 욕조와 샤워기를 각각 설치한다. 어르신들이 욕실에서 미끄러져 다치는 이유 중에 하나가 욕조에서 일어나는 사고다. 욕조는 전신욕을 하고 싶을 때 사용하고 평소에는 따로 설치한 샤워기를 이용한다. 이 집의 또 다른 매력 중 하나는 산과 논을 감상할 수 있는 넓은 마당이 있다는 점이다. 날씨만 좋으면 가족, 지인들과 모여 앉아 캠핑을 즐기기도 한다.

4-6

1층	78.34m²
2층	72.44m²
다락	12.80m²

1층

A 노후에 텃밭도 가꾸고 농사일도 할 계획이라서 현관 전실을 넓게 만들었다.

B 거실 천장의 일부를 트고 채광을 받으면 더 밝은 거실을 만들 수 있고 개방감도 있다.

C 주방은 상부장 없이 작은 선반들로 구성했다. 상부장만 없어도 주방이 시원해 보인다.

D 산이 보이는 곳에 거실 창호를 달았다.

E 세탁실을 겸한 작은 다용도실이다. 손빨래를 자주 하는 것은 아니지만 종종 할 때가 있어서 쭈그리고 앉아서 하지 않도록 작은 빨래볼을 설치했다.

F 전원생활을 하면 가까운 곳에 마트가 없기 때문에 유통기한이 긴 제품들을 한꺼번에 사놓는 경우가 많다. 인터넷 쇼핑을 할 때도 대량으로 구매하는 경우가 많아서 넓은 팬트리가 필요하다.

A
B
C
D
E
F

2층

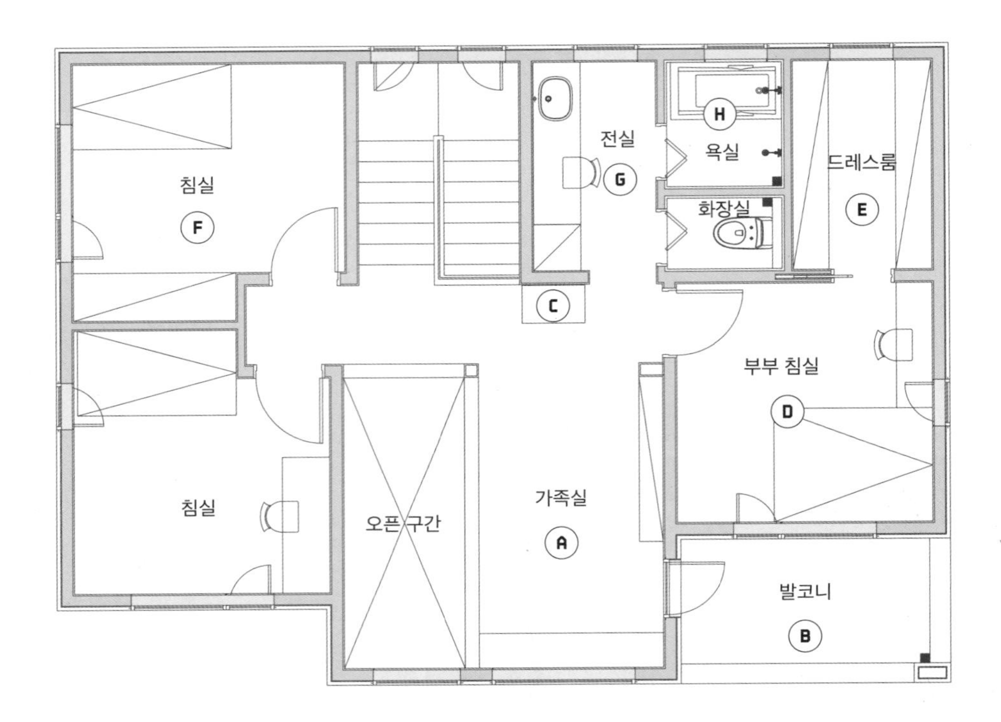

A 가족실에는 그림 같은 풍경을 선사해주는 액자창이 있다.

B 가족실과 연결된 작은 발코니는 책을 읽다가 나가서 바람을 쐬기 좋다.

C 가족실에서 숨김 사다리를 통해 다락으로 올라갈 수 있도록 했다.

D 부부 침실은 편백나무로 마감했다. 항상 좋은 향기가 나는 곳이다.

E 긴 형태의 오픈 행거를 설치하고 끝부분에는 환기를 위한 작은 창호를 냈다.

F 아이들 방에는 무지주 선반을 설치한다. 무지주 선반을 달면 벽체가 깔끔하다.

G 전실에는 세면대와 화장대를 일자로 설치한다. 씻고 나온 뒤 한 곳에서 모든 것을 해결할 수 있다.

H 욕조 옆에 샤워기를 설치하면 욕조 안에서 샤워를 하지 않아도 된다. 욕조는 미끄럼 사고의 큰 원인이다.

A
B
C
D
E
F
G
H

다락

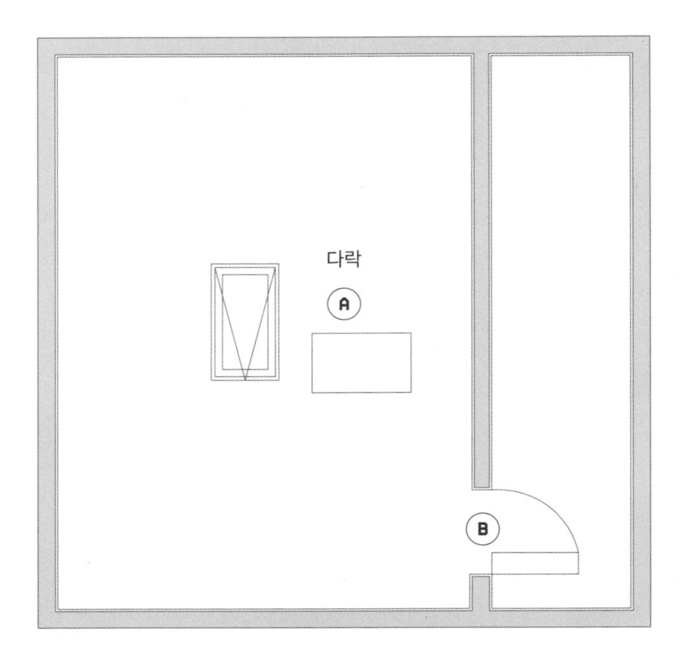

A 가족실의 숨김형 사다리로 올라오면 큰 창고가 있다. 자주 사용하지 않지만 버리기 아까운 물건들을 보관하는 장소다. 특히 아이들 물건은 계속 보관하는 경우가 많다. 2층 가족실과 연결된 작은 구멍들을 통해 다락에 불이 켜진 것을 확인할 수 있고 환기에도 도움이 된다.

B 다락 한편에는 책장처럼 생긴 문이 있다. 이 문을 열면 패닉룸이 있다. 꼭 필요한 공간은 아니지만 집에 가족들만 아는 비밀 공간을 만들고 싶어 하는 사람도 많다.

부부를 위한 취미 공방을 만든 집

자리

4-7

1층	89.91m²
2층	92.21m²
다락	48.76m²
선룸	10.81m²

Intro.

아이들은 모두 성장했고 이제는 부부만을 위한 집을 지어 하고 싶은 것을 하면서 편하게 살고자 한다. 엄마의 취미는 도자기를 만드는 일이다. 전문가는 아니지만 평소 집에서 도자기를 만들 수 있는 공방을 갖는 게 꿈이었다.

공방에는 도자기를 굽는 전기가마를 설치해서 빚기부터 굽기까지 가능한 공방으로 만들었다. 좋아하는 음악을 들으면서 누구의 눈치도 보지 않고 작업할 수 있는 공간을 가진다는 것은 취미가 있는 사람들이라면 누구나 꿈꾸는 로망일 것이다.

1층에는 도자기 공방을 만들고 거실은 식당처럼 사용할 수 있도록 설계해 지인들이 놀러 와도 편히 쉬다 갈 수 있는 공간으로 만든다. 현관에는 넓은 신발장 겸 현관 전실 창고를 둔다. 자전거를 주차할 수 있는 크기의 현관이다. TV를 볼 수 있는 공간은 2층에 두고, 러닝머신이나 자전거를 탈 수 있는 작은 피트니스룸도 배치한다.

독립한 아이들이 놀러 와도 편하게 쉴 수 있도록 아이들에게도 방을 하나씩 만들어주고 사우나가 딸린 넓은 욕실과 방만 한 드레스룸도 배치한다. 안방과 넓은 거실이 주가 되는 아파트 평면에서 벗어나 공방과 넓은 드레스룸, 따뜻한 햇빛이 들어오는 밝은 세탁실이 주가 되는, 철저히 건축주의 요구에 부합하는 개성 있는 평면으로 설계했다.

1층

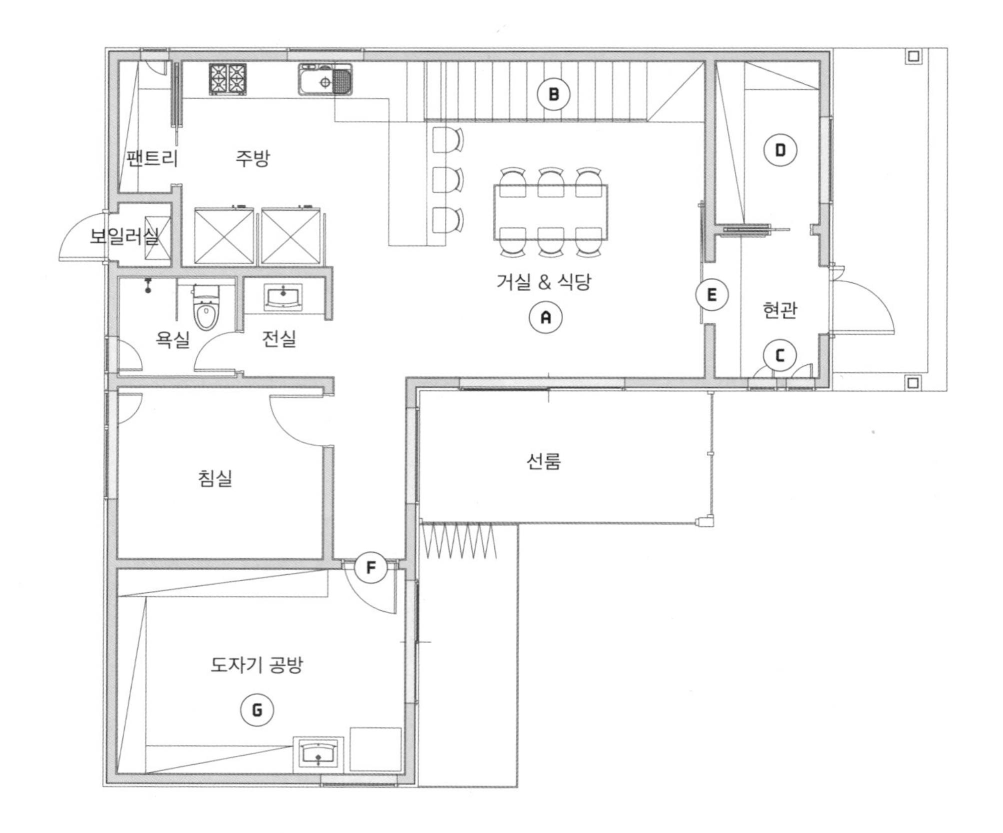

A 주방과 식당, 거실이 하나의 공간이다. 벽부형 일자 계단은 계단실까지 거실의 일부 공간처럼 보이게 한다.

B 오픈 계단실은 거실 확장의 효과가 있다.

C 현관에 작은 의자를 두어 앉아서 신발을 벗을 수 있다. 두 개의 시스템 창은 현관 전실 환기를 담당한다.

D 현관 전실 창고는 자전거도 주차할 수 있을 정도의 크기로 배치했다. 요즘은 자전거도 고가라 밖에 세워두기에는 걱정이 된다.

E 현관 중문은 유리문으로 설치했다. 문을 열면 바로 거실이 보인다.

F 공방에는 유리문을 설치했다. 일반 문을 설치하면 공방에서 먼지가 들어올 수 있어서 기밀이 좋은 시스템 도어를 설치했다.

G 도자기 작품을 전시할 수 있는 수납장을 제작, 설치했다.

A

B

C

D

E

F

G

2층

A 계단실 벽체는 세로로 인테리어 기둥을 설치해 시원해 보이도록 했다.

B 처음부터 사우나 제품의 크기를 감안하여 설계했다.

C 세면대는 전실에 설치해 오면가면 사용할 수 있도록 했다.

D 욕실은 샤워 공간을 두 개로 만든다. 욕조에만 샤워기가 있으면 불편하다.

E 세탁실의 빨래볼, 그 위에는 꺾쇠가 없는 매립형 선반을 설치했다.

F 세탁실에 큰 창을 내면 채광이 잘되어 밝은 세탁실을 가질 수 있다. 건조실도 겸하기 때문에 채광을 최대한 확보한다.

G 넓은 드레스룸은 엄마들의 로망이기도 하다.

A
B

C

D

E

F

G

다락

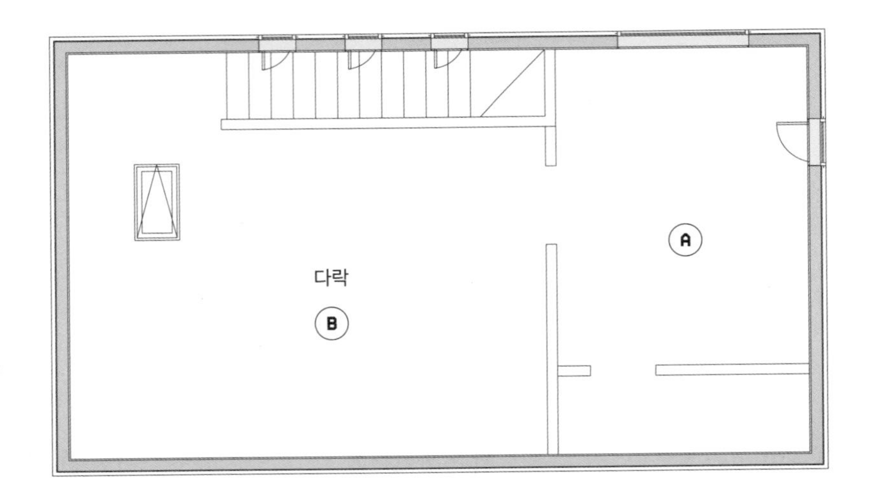

A 다른 한쪽은 방처럼 사용하도록 다락을 분리해준다.

B 다락의 낮은 부분에는 이동식 책장을 만들어 수납 공간을 마련했다.

실내 주차장을 포함한 집 설계

5-1 경사지에 지하 주차장을 만든 집
5-2 넓은 실내 주차장과 베란다를 품은 집
5-3 실내·실외 주차장을 모두 갖춘 집
5-4 실내 주차장과 루프탑 테라스가 한 집에!

완공 사례

5-5 필로티를 활용한 넓은 발코니를 품은 집 '기재'
5-6 마당과 이어진 넓은 나무 공방 겸 주차장이 있는 '행복가'
5-7 남자들의 로망, 넓은 실내 주차장을 갖춘 '양산양화'

경사지에 지하 주차장을 만든 집

1층	73m²
2층	71m²
지하 주차장 및 창고	91m²
합계	235m²

Intro.

민간에서 분양하는 토지는 임야를 개발해서 분양하는 땅이 많다. 그러다 보니 경사지인 경우가 많다. 물론 LH에서 분양하는 토지도 경사 차이가 2m 이상 나는 경우도 제법 있다.

이런 토지를 구매하면 지하를 만들거나 옹벽을 해서 계단을 만드는 형태여야 한다. 비용을 절감하고 싶다면 일부를 실외 주차장으로 만들고 계단으로 올라가는 식의 설계가 좋고 여유가 있다면 지하 주차장을 만들 수도 있다. 비용만 넉넉하다면 구매한 땅 전체에 지하를 만들 수도 있다. 하지만 공간만 크고 활용도가 떨어질 염려도 있으니 가족이 필요로 하는 공간만 지하를 만드는 것이 좋다. 지하에 주거 공간을 만들려면 1층에 만드는 것보다 거의 두 배 가까운 비용이 들어간다. 그러므로 용적률이 부족한 게 아니라면 굳이 지하를 크게 설계할 필요가 없다. 지상을 최대한 크게 설계했는데도 필요한 공간을 배치할 수 없다면 그때 지하 공간을 고려해보는 게 효율적이다. 예를 들어 음악 작업실이나 영화 관람실 같은 특수한 목적을 가진 공간이 필요하다면 지하 공간을 이용하는 것도 방법이다.

지하

택지지구 중 도로에 접한 부분과 그 반대쪽까지의 길이가 2미터 이상의 경사라면 아래 그림과 같은 지하 주차장을 만들 수 있다. 그 이하여도 만들 수는 있지만 풀어야 할 법적인 문제들이 있어서 설계에서 충분히 감안해야 한다.

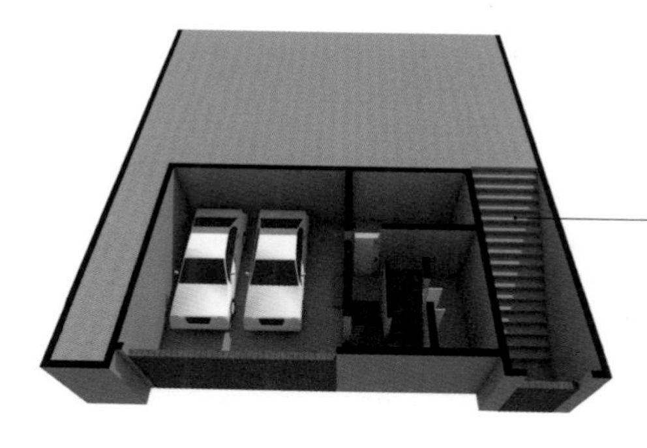

계단
도로에서 바로 집으로 가는 계단.

1층

지하 주차장에서 바로 집 안으로 진입할 수 있는 계단실과 폴딩도어를 설치해 마당 쪽으로 확장된 개념의 거실, 책상을 배치한 가족 서재까지 갖추고 있다. 주방 한편으로는 다용도실을 두고 현관 바로 앞에 세면대와 화장실을 두어 외출하고 들어와서 편하게 사용할 수 있도록 했다.

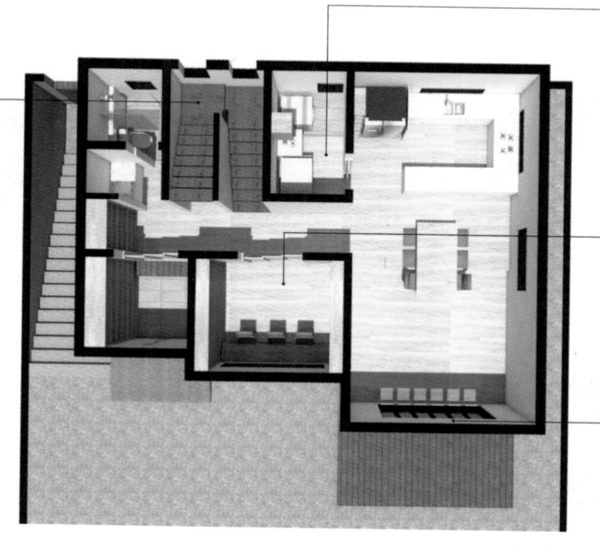

다용도실
요즘은 주방에 상부장을 하지 않는 추세여서 주방용품을 수납할 수 있는 다용도실이 필수다.

지하 주차장과 연결된 계단
지하 주차장에서 계단을 통해 바로 집으로 들어온다. 지하에서 찬 공기가 올라오므로 적당한 위치에 찬 공기를 차단하는 문을 설치하는 것이 좋다.

가족 서재
윈도우 시트처럼 앉아서 마당 풍경을 바라볼 수 있도록 배치한다.

거실 폴딩 도어
거실과 마당을 하나로 이어주는 역할을 한다. 문을 열면 확장된 거실이 된다.

2층

2층은 아이들만을 위한 공간으로 설계했다. 아이들이 아직 어려서 자는 방은 하나만 두어 같이 생활하게 하고 대신 로프트 놀이방을 두어 마음껏 뛰놀 수 있도록 했다. 다락으로 이어지는 계단은 책장 기능도 겸할 수 있도록 제작해 서재로도 활용한다.

작은 윈도우 시트

아이방
아이들이 어릴 때는 자는 공간과 놀이방, 공부방을 분리해서 사용하고 크면 각자의 방을 주는 것이 효율적이다.

공용 드레스룸

분리형 욕실
각각의 사용 용도에 따라서 공간을 분리해주면 사용하기 편하다.

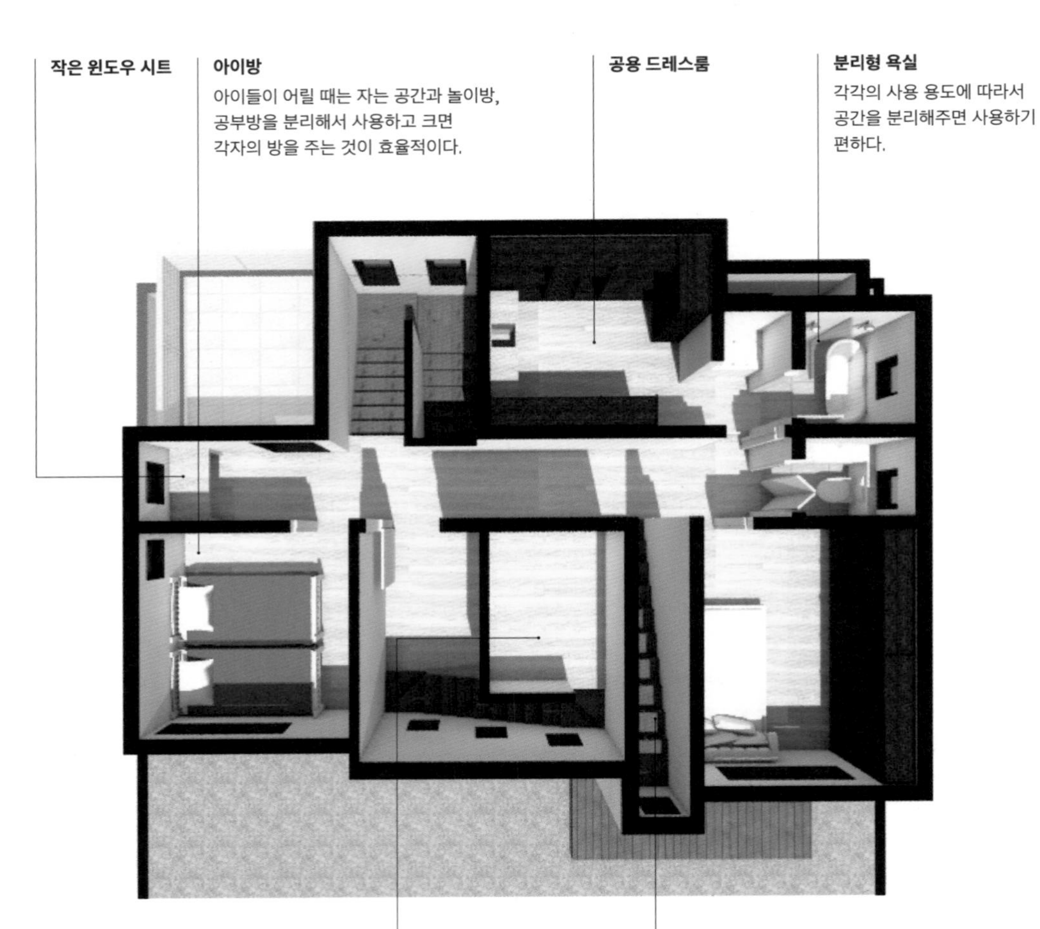

책장 역할을 하는 다락 계단
다락으로 올라가는 계단은 걸터앉아서 자연스럽게 책을 보는 공간이 되기도 한다.

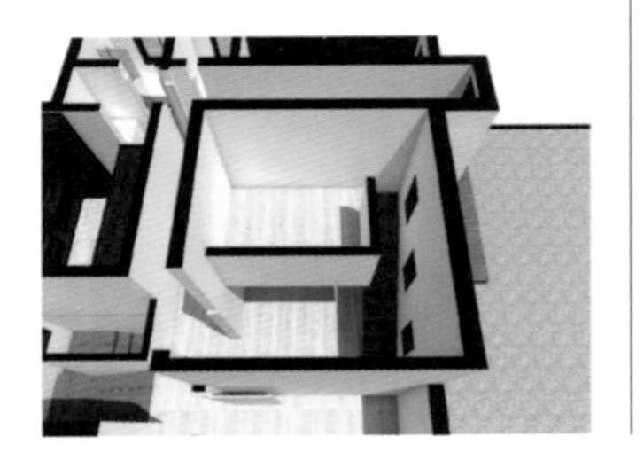

로프트 놀이방
2층 층고를 이용해서 아이방에 별도의 로프트 놀이방을 만들었다.

넓은 실내 주차장과 베란다를 품은 집

1층	117m²
2층	115m²
베란다	24m²
주차장	36m²
합계	292m²

Intro.

주차장은 물론 베란다 정원, 부부를 위한 드레스룸, 욕실, 안방 등의 공간도 넓게 가지고 싶다면 면적을 최대치로 잡고 설계에 들어간다. 주차장은 차량 두 대를 편하게 주차할 수 있는 면적으로 설계하고 그 위를 베란다 정원 공간으로 조성한다. 거실과 주방, 식당은 분리하고 아이들 놀이방을 거실 옆에 만들어 아이들이 1층에서도 마음껏 놀 수 있게 한다. 아이들이 아직 어리므로 남자아이들은 한 방을 같이 쓰고 따님만 별도의 방을 만들어준다.

공용 드레스룸을 크게 배치해 동선을 줄이고 부부를 위한 공간도 여유 있게 설계한다. 드레스룸, 침실, 욕실, 작은 파우더룸, 그리고 욕실에서 바라볼 수 있는 욕실 정원까지 배치한다. 전반적으로 호텔에 와 있는 듯한 고급스러운 분위기의 집이다.
욕실 욕조에 누워서도 베란다 정원의 풍경을 감상할 수 있다. 마당은 외부 시선으로부터 자유로운 사적인 공간으로 만든다.

1층

실내 주차장을 별도로 마련하고 주차장에서 현관까지 바로 이어지도록 했다. 거실과 식당은 바닥의 단 차이로 공간을 분리하고 주방은 아예 독립적인 공간으로 만들어 거실에서 보이지 않도록 배치했다. 바닥면을 낮추어 공간을 분리한 아이만의 놀이방도 만들었다.

3중 연동 도어
문을 개방하면 거실을 더 넓게 사용할 수 있다.

거실 옆 놀이방
단 차이를 두어서 바닥면을 낮게 만들면 블록 같은 장난감이 거실로 넘어가지 않는다.

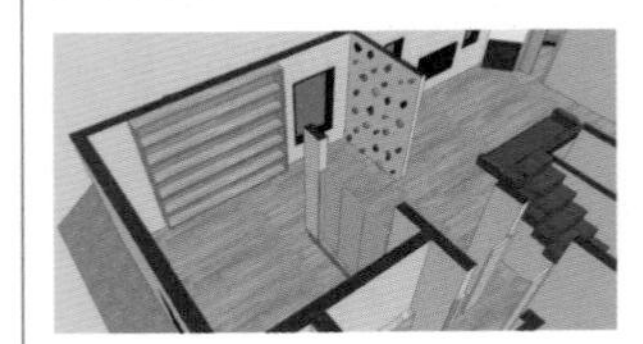

거실 & 식당
단 차이를 주어서 공간을 분리한다.

다용도실

주방
주방은 다른 공간과 분리해 독립된 공간으로 설계했다. 요리를 하는 과정에서 주방이 지저분해 보이기 마련인데 공간을 완벽하게 분리해 주방을 가려줌으로써 식당이 깔끔해 보인다.

실내 주차장
차 두 대의 주차가 가능한 실내 주차장을 설계했다.

2층

안방에 딸린 욕실에 히노키 대형 욕조를 들였다. 가족탕으로도 사용 가능한 히노키 욕조에서 반신욕을 하면서 외부에 조성한 작은 정원을 감상할 수 있다. 일상생활에서 쌓인 피로를 풀기에 제격이다.

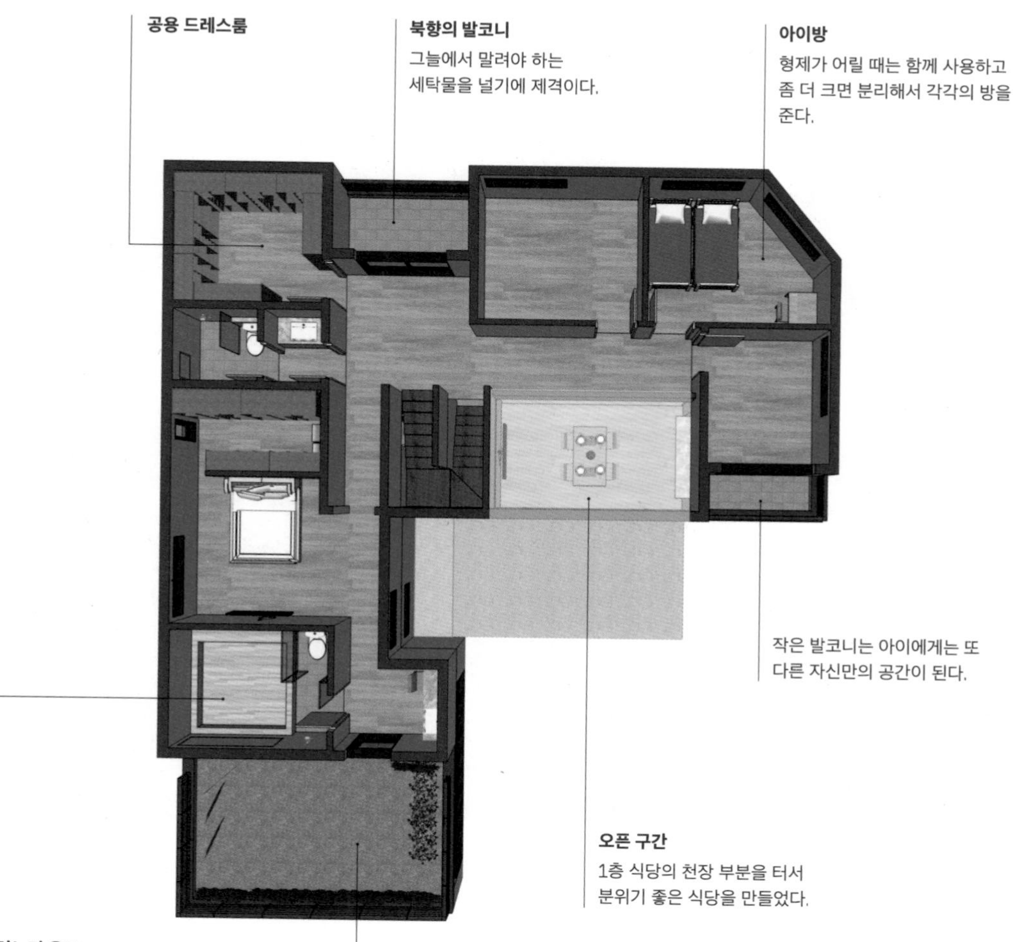

공용 드레스룸

북향의 발코니
그늘에서 말려야 하는 세탁물을 널기에 제격이다.

아이방
형제가 어릴 때는 함께 사용하고 좀 더 크면 분리해서 각각의 방을 준다.

작은 발코니는 아이에게는 또 다른 자신만의 공간이 된다.

오픈 구간
1층 식당의 천장 부분을 터서 분위기 좋은 식당을 만들었다.

히노키 욕조
안방 욕실에 넓은 히노키 욕조를 두었다. 반신욕을 하며 외부 정원을 바라볼 수 있다. 가족탕으로도 사용할 수 있는 크기다.

도로에 접한 마당이 아니기 때문에 프라이빗한 베란다 공간이 생긴다.

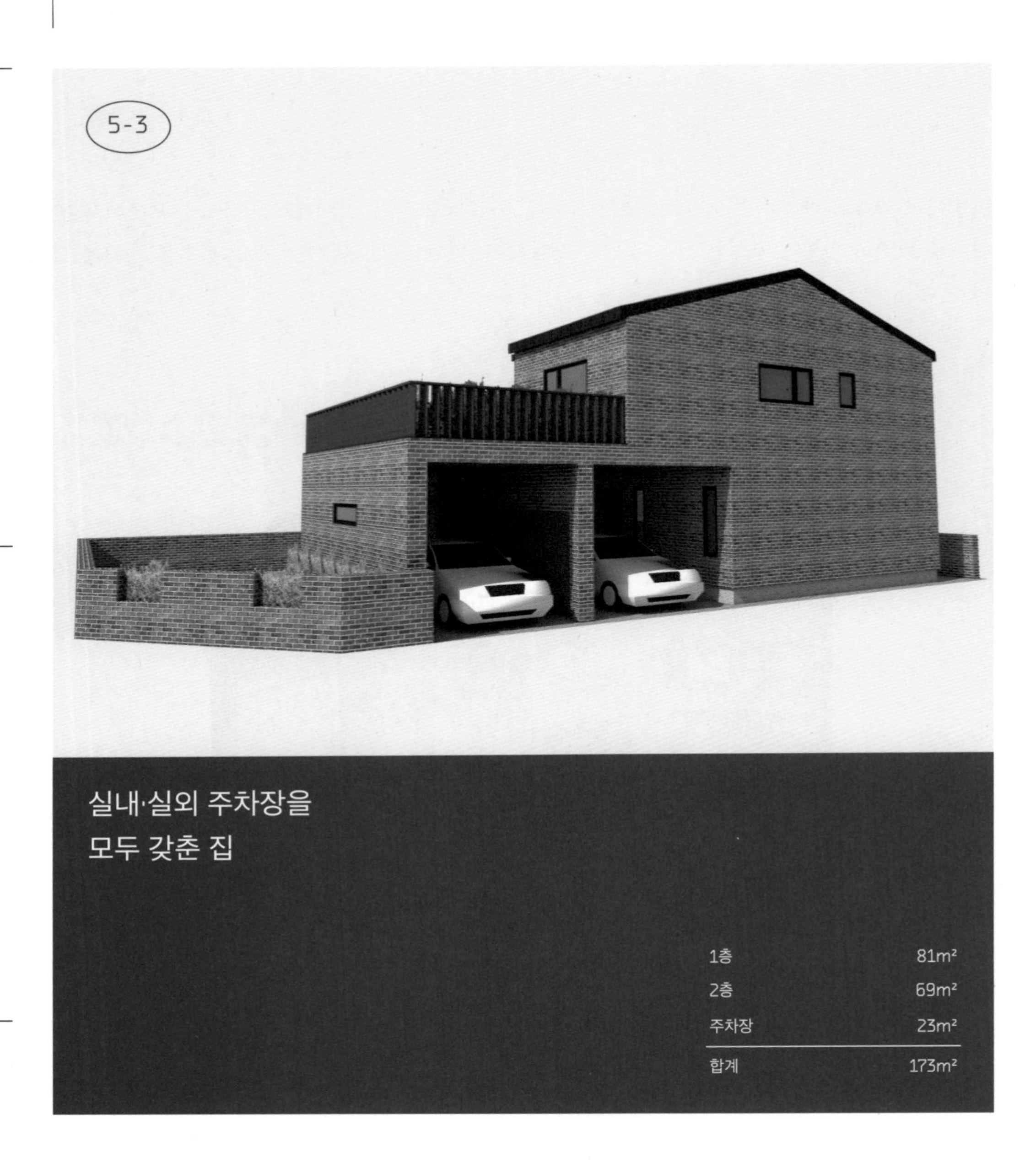

5-3

실내·실외 주차장을 모두 갖춘 집

1층	81m²
2층	69m²
주차장	23m²
합계	173m²

Intro.

아파트에 살다가 단독주택으로 이사하면서 가장 불편한 점으로 외부에 노출된 주차장을 말하는 경우가 많다. 겨울이면 차 위에 쌓인 눈을 쓸어야 하고 서리가 끼면 녹는데 시간이 걸리고, 미세먼지가 심하거나 비가 오면 차량이 지저분해져 세차를 자주 해야 하기 때문이다. 그래서 예산만 합리적이라면 실내 주차장을 만들고 싶어 한다.

이 집은 한 대는 필로티 부분을 이용해서 현관 바로 앞에 주차를 할 수 있도록 했고, 또 한 대는 창고를 활용해 실내에 주차를 하도록 했다. 미국은 차고에서 차량을 수리하거나 목공을 하기도 한다. 스티브 잡스의 창업 사무실이었던 차고는 많은 남자들의 로망이기도 하다. 이 집처럼 차고가 별도로 떨어져 있으면 시끄러운 작업을 하기에도 편리하다. 지상에 배치한 주차장 때문에 생긴 상부 공간은 자연스럽게 베란다가 되고 지상의 마당에서는 외부 시선 때문에 편하게 즐기지 못하는 마당 라이프를 베란다에서는 즐길 수 있다.

1층

부부가 각각 차량을 이용한다면 두 대의 주차가 가능해야 한다. 외부 주차장이 불편하다면 아래와 같이 한 대는 별도의 문이 딸린 실내 주차장, 나머지 한 대는 지붕만 있는 필로티 주차장으로 설계하는 것도 방법이다. 수시로 차를 사용하는 사람은 지붕만 있는 필로티 주차장을 쓰고 출퇴근할 때만 사용한다면 실내 주차장을 쓴다.

2층

2층에는 안방과 아이들 방, 그리고 별도의 공부방을 두고 반층 올라가는 곳에 다락방을 두어 아이들이 놀이방이나 취미 공간으로 사용할 수 있도록 했다. 주차장 상부 공간은 가족만의 휴식 공간으로 활용할 수 있는 베란다를 배치했다.

반층 다락방

반층 올라가는 곳에 다락방을 배치했다.

세면대 겸 파우더룸

넓은 테이블은 파우더룸을 겸할 수 있다.

창고

반층 다락방 하부는 창고로 활용한다.

공부방

잠만 자는 방을 배치하고 공부하는 공간은 따로 만들어준다.

베란다

주차장 상부는 외부로부터 시선이 차단되는 가족만의 공간이다.

Intro.

1층에 방을 배치하지 않고 주차장을 실내에 배치한 설계다. 집 내부에 주차장을 배치하면 이동이 편리하고 마당을 넓게 쓸 수 있다. 현관을 중간에 배치하고 오른쪽은 주차장, 왼쪽은 거실과 주방을 배치한다. 2층에 방을 설계하고 남는 공간은 베란다를 만든다. 면적의 차이를 이용해 공간을 활용한 설계의 좋은 예다.

다락방은 게스트룸으로도 사용할 수 있고 옥상은 드라마에서 나오는 옥탑방의 마당처럼 이용할 수 있다. 구조적 보강을 제대로 하면 간이 수영장 설치도 가능하다. 2층에 베란다를 만들면서 모든 방을 남향으로 배치했다. 다락방을 만들면서 처마를 내면 자연스럽게 햇빛을 차단해 여름에도 시원하다. 처마를 설치할 때는 길이 조절을 잘해야 한다. 처마가 너무 길면 면적에 포함될 수도 있고 구조적으로 보강을 해야 해서 비용이 추가로 발생한다.

1층

평소에는 실내 주차장으로 사용하고 차를 주차하지 않을 때는 취미 공간으로 사용 가능한 주차장을 만들었다. 한쪽에 창고를 두어 수납 공간으로 활용한다. 1층에는 거실과 윈도우 시트를 설치한 식당, 주방 등 공용 공간만 깔끔하게 배치한다.

간단한 식사가 가능한 조리대
식당으로 이동하지 않아도 간단하게 1인 식사가 가능한 조리대를 설치했다.

주차장 창고
요즘 추세인 캠핑 장비를 손쉽게 싣고 내릴 수 있고 보관이 용이하다.

식당에 배치한 윈도우 시트
부엌일을 하면서 아이들과 대화를 나눌 수 있는 구조의 설계다.

다용도 실내 주차장
주차장뿐 아니라 탁구장 및 취미 공간 등 여러 용도로 사용할 수 있다.

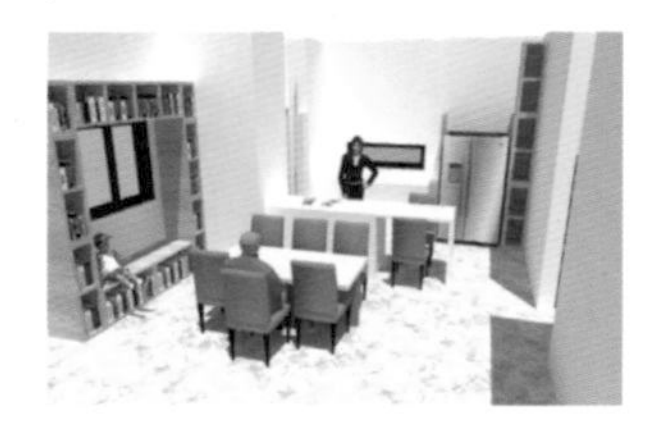

2층

2층에는 안방과 두 자녀의 방을 남향으로 배치하고 반대쪽으로는 욕실, 드레스룸, 서재 등을 배치했다. 방 앞에는 안방에서 아이방까지 이어지는 긴 베란다가 있어 가족만의 휴식 공간으로 사용하기에 좋다.

서재 및 취미 공간

한쪽 벽면에 책장을 짜서 서재로 꾸미고 피아노를 배우는 아이가 언제든 피아노를 칠 수 있도록 피아노도 한편에 두었다.

세탁실

욕실 → 드레스룸 → 세탁실로 이어지는 배치는 집안일의 동선을 효과적으로 줄여준다.

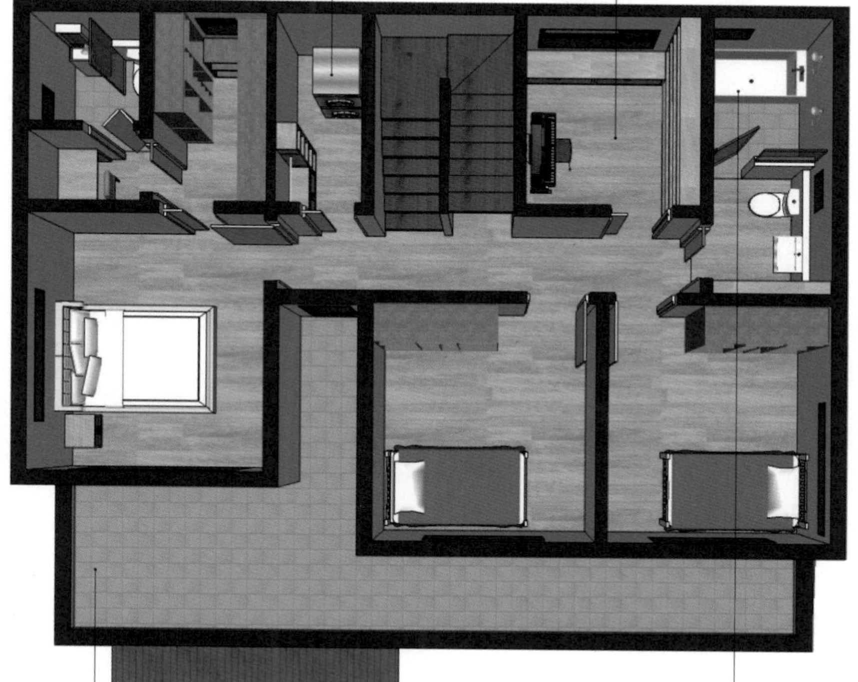

오픈 베란다

지붕 디자인에 따라서 일부는 지붕으로 덮고 일부는 오픈된 베란다를 만들 수 있다.

욕조

어린아이가 있거나 강아지를 키운다면 욕조가 있으면 편하다. 욕조 사용이 빈번하다면 일반형이 아닌 큰 제작 욕조를 설치하는 것이 좋다.

필로티를 활용한 넓은 발코니를 품은 집

기재

Intro.

본동은 따로 있고 필로티 식으로 넓은 발코니를 연결한 독특한 형태의 디자인이다. 실제 집보다 커 보이는 효과가 있을 뿐 아니라 필로티 부분은 비를 맞지 않는 넓은 마당이 된다. 필로티 마당이 있고 흙마당이 있고 2층에는 발코니가 있는 구조라 다양한 장소에서 다양한 외부 활동이 가능한 설계다. 1층 거실은 지붕까지 트여 있어서 개방감이 좋다. 1층에는 부부가 사용하는 공간을 모두 배치하고 2층에는 아이방을 배치한다. 안방과 연결되어 있는 선룸 테라스에서는 식물을 키울 수 있다. 오픈되었지만 외부와 막힌 작은 마당이 되어준다. 차량 두 대를 충분히 주차할 수 있는 카포트는 주변에서 부러워하는 아이템이다

5-5

1층	118.8m²
2층	59.50m²
발코니	33.05m²
다락	19.83m²

1층

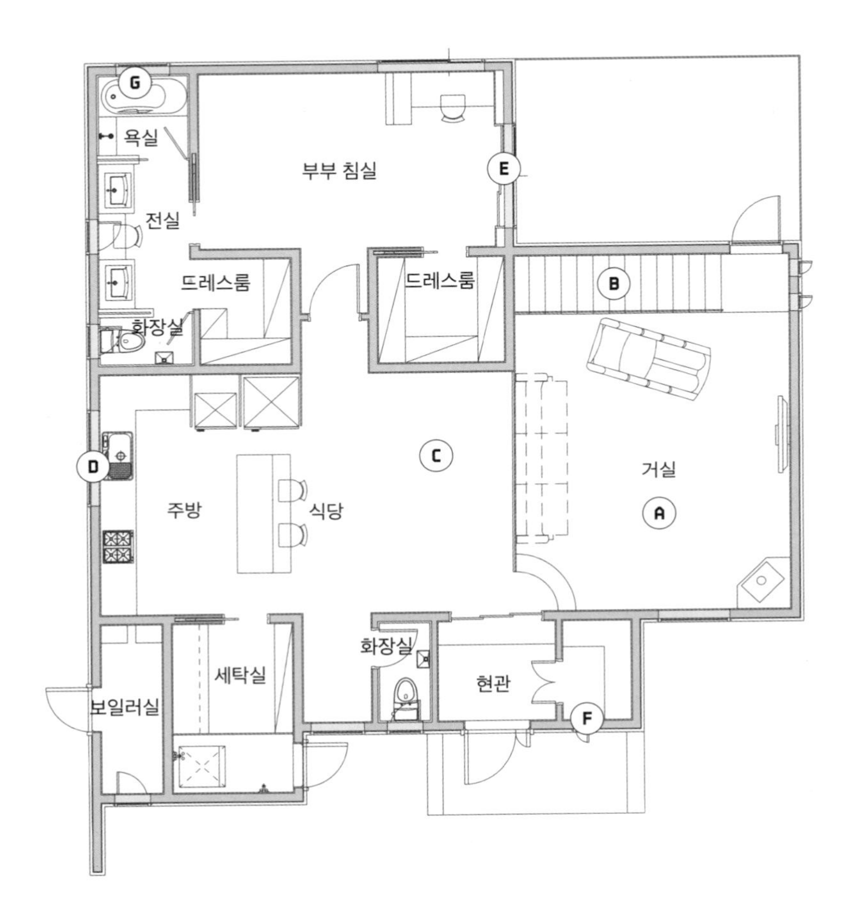

A 거실은 전체를 트고 위쪽 벽체에 큰 창호를 설치했다.

B 일자 계단 하부 공간에는 작은 독서실과 강아지 집을 만들었다.

C 거실 중간에 툇마루 같은 공간을 만들었다.

D 상부장 없이 큰 창호를 설치해서 주방이 환하다.

E 안방에서 선룸으로 나가는 문을 달았다. 이중문으로 설치했다.

F 신발장에 세로 슬릿 창을 설치하면 채광도 잘되고 환기에도 용이하다.

G 안방 욕실은 인접 대지가 아니어서 외부 시선이 차단되기 때문에 큰 창을 만들었다.

A
B
B
C
D
E
F
G

2층

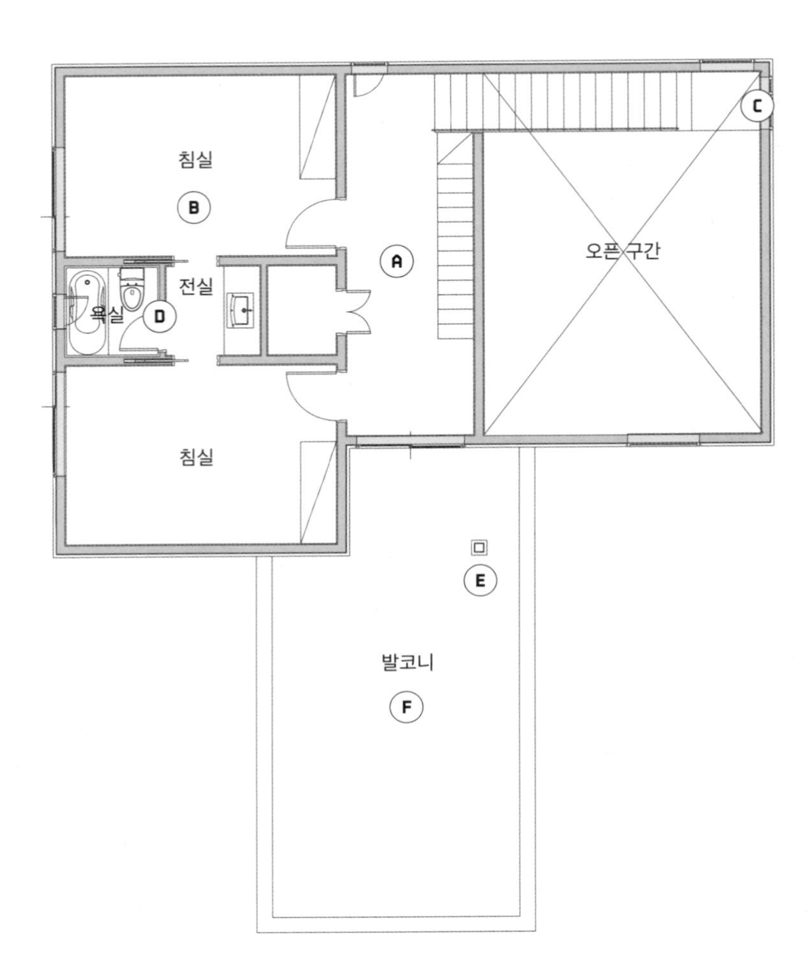

A 2층 복도에는 다락으로 올라가는 계단과 발코니로 나가는 문이 있다.

B 자녀방은 분리하되 욕실은 함께 쓴다.

C 네 개로 나뉘어진 창호. 상부는 고정창이고 하부는 환기용으로 설치한 열리는 창호다.

D 형제가 함께 쓰는 욕실은 방 가운데 있다. 1층과는 완전 다른 인테리어를 적용했다.

E 발코니에는 바비큐 파티를 할 때 주방까지 가지 않고도 간단한 설거지와 요리가 가능한 외부 싱크대가 있다.

F 헬스장을 운영해도 될 만큼 넓은 발코니.

A

B

C

D

E

F

다락

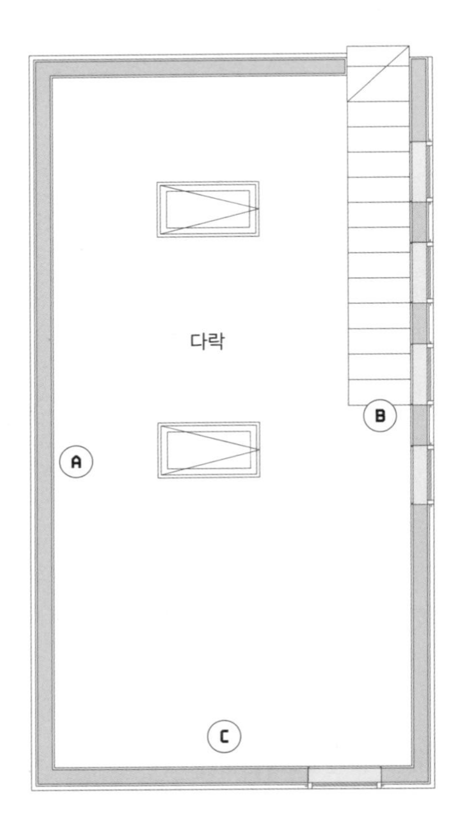

A 지붕이 낮은 곳에는 맞춤형 책장을 제작해 넣었다.

B 경사가 높은 곳에 계단을 설치해야 한다.

C 다락 한쪽에는 좌식 책상을 두어 휴식 공간을 마련했다.

마당과 이어진 넓은 나무 공방 겸 주차장이 있는

행복가

5-6

1층	91.30m²
2층	100.58m²
다락	29m²
주차장	34.20m²

Intro.

서울이나 수도권에 거주하다가 지방으로 이사를 가면 상대적으로 낮은 가격의 아파트에서 생활할 수 있다. 같은 평수지만 반값이 안 되는 경우도 있다. 이렇게 수도권의 아파트를 팔아 지방의 더 넓은 아파트에서 살 수도 있지만 더 큰 평수의 단독주택을 지어 살 수도 있다. 아파트가 재산의 대부분인 경우가 많은 대한민국에서 아파트를 포기하고 단독주택을 짓는 게 쉬운 결정은 아니다. 하지만 택지지구의 땅값이 아파트 가격 오르는 것보다 더 많이 오르기도 한다는 것을 감안하면 투자로도 부족함이 없다. 물론 분양가에 샀을 때의 이야기다. 또한 아파트에서는 하지 못했던 일들을 단독주택에서는 할 수 있다. 공방을 짓는다면 시끄럽게 소리를 내며 나무를 자르고 톱밥이 여기저기 날려도 전혀 눈치 볼 필요가 없다. 무거운 나무를 집까지 쉽게 옮길 수 있고 냄새 나는 페인트칠도 마음껏 할 수 있다.

이러한 취미 생활을 갖고 있다면 수도권에서 지방으로 내려오는 것, 아파트에 살다가 단독주택에 사는 것에 대한 충분한 보상이 될 것이다. 이 집의 건축주도 나무 공방을 갖는 게 꿈이었다. 물론 이웃과 헤어지고, 아이들은 전학을 해야 하고, 새로운 생활환경에 적응해야 하는 등 많은 것을 포기했지만, 나무 공방 겸 주차장을 품은 나만의 집을 가질 수 있었다.

1층

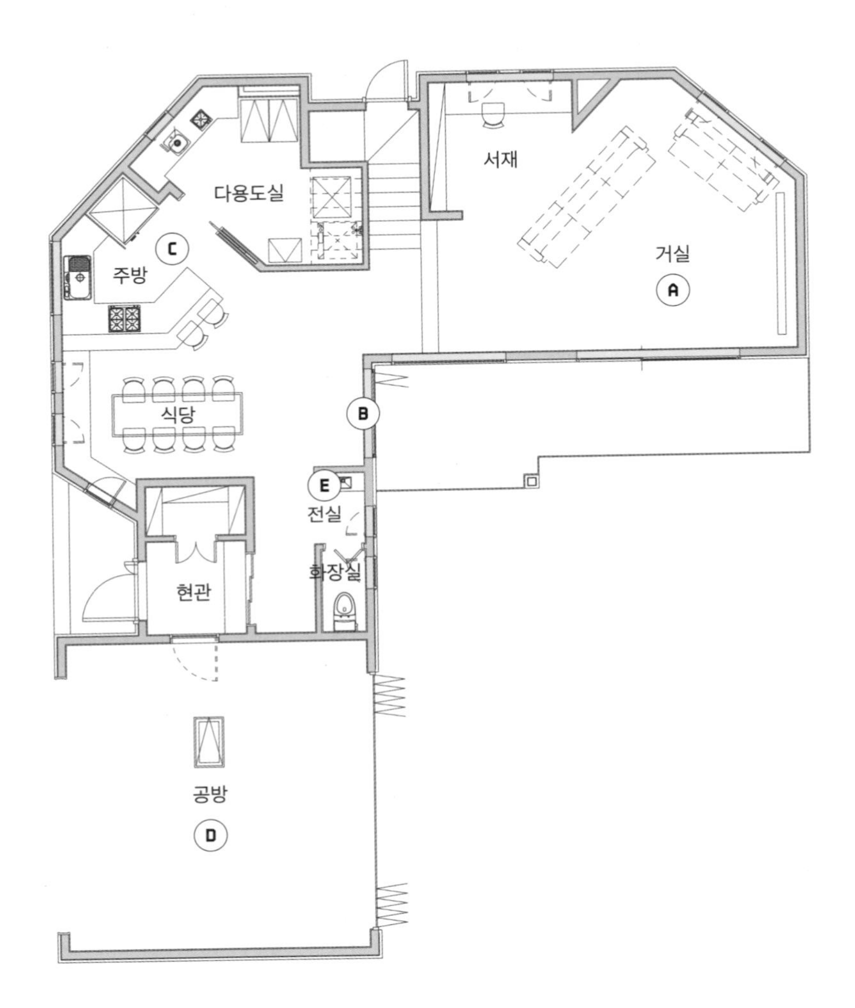

A 거실은 창호 하나로 마당 테라스와 이어진다. 거실은 땅 모양대로 설계되어서 재미있는 형태로 만들어졌다.

B 주방의 폴딩도어를 전체 개방하면 시원한 바람이 주방까지 불어온다.

C 공간 효율을 위해 땅 모양대로 설계를 하다 보니 주방과 식당이 재미있게 배치되었다.

D 공방에 보관하는 자전거는 다양한 방법으로 보관할 수 있다. 보관 자체가 인테리어가 되기도 한다.

E 인테리어 기둥은 외부에 노출시킨 세면대를 가려주는 역할도 한다.

A

B

C

D

E

2층 & 다락

A 아이들 방은 층고가 높다. 지붕 모양대로 마감해서 개성 있는 인테리어가 완성됐다.

B 부부의 공간은 드레스룸과 욕조까지 완비된 형태로 배치했다.

C 2층에도 작은 발코니가 있다.

D 방 층고를 지붕 모양대로 하고 붙박이장을 윈도우 시트와 결합한 형태로 제작했다.

E 3층 높이의 건물이어서 다락 층고도 높게 설계할 수 있었다. 층고가 높은 다락은 게스트룸으로 사용하기에도 손색이 없다.

F 다락의 일부분은 수납 공간으로 활용한다.

G 다락과 연결되어 있는 발코니는 집에 놀러 온 친구들과 술이나 차 한잔 마시기 제격이다.

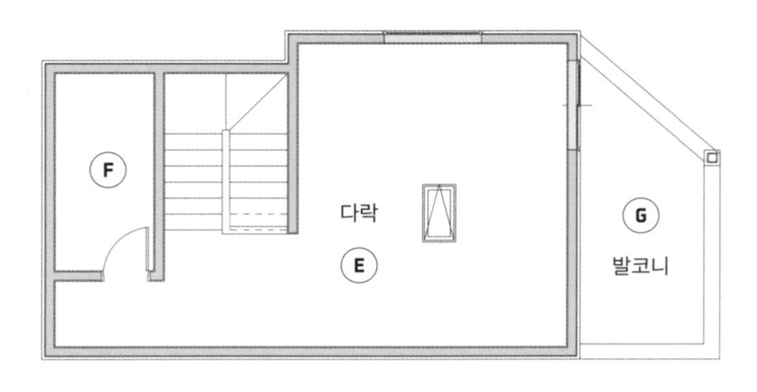

A
B
C
D
E
F
G

남자들의 로망, 넓은 실내 주차장을 갖춘

양산양화

Intro.

아이들이 성장해서 독립한 뒤에도 평생 살 집을 짓기로 했다. 넓은 실내 주차장도 갖고 싶었다. 그래서 분양된 토지들 중에서도 큰 편에 속하는 330m²(100평)가 넘는 땅을 선택했다.

많은 예산이 필요하지만 살면서 갚는다 생각하고 후회 없는 집을 짓는 데 우선순위를 두었다. 1층에는 주차장을 짓고 마당과 연결되는 곳에는 전체 폴딩도어를 설치해서 실내에서 마당과 주차장이 이어지도록 했다. 식당과 주방은 완전 분리형으로 하고 식당의 일부는 좌식과 입식을 혼합해서 사용한다. 아이들 놀이 공간도 만들고 주방 한편에 세탁실과 팬트리도 배치한다. 현관은 자전거를 보관할 수 있는 창고를 별도로 두었다. 마당은 잔디가 아닌 자갈로 마감을 해서 색다른 분위기를 연출했다.

2층의 부부 욕실에는 정원을 바라보면서 목욕을 할 수 있는 대형 욕조를 배치했다. 온 가족이 다 들어갈 수 있는 크기의 욕조다. 처음 설계를 할 때부터 외부로부터 시야가 가려지고 안에서는 외부를 바라보는 욕실을 만들기 위해서 베란다를 만들었다. 욕실의 천장은 지붕 모양대로 마감해 층고를 높였다. 천창에서 채광이 되는 욕실은 호텔 스위트룸을 연상시킨다.

5-7

1층	113.79m²
2층	112.06m²
다락	56.70m²
베란다	39.03 m²
주차장	45.26m²

1층

A 식당은 거실에서 한 계단 내려오는 방식으로 만들었다. 바닥은 타일로 마감했다. 이렇게 바닥 단 분리를 하면 자연스럽게 공간이 분리된다. 일부는 좌식으로, 일부는 입식으로 되어 있다.

B 입식과 좌식을 병행하면 공간이 더 재미있어진다. 아이들은 좌식을 좋아한다.

C 주방은 식당과 분리하되 일부를 개방했다. 약간의 턱을 만들면 주방이 조금 지저분해도 식당이나 거실에서 보이지 않는다.

D 서재는 창호 아래에 윈도우 시트를 설치했다.

E 식당에 설치한 폴딩도어를 열면 테라스까지 확장되는 넓은 식당이 된다.

F 식당 문을 열면 마당과 바로 연결된다.

G 실내 주차장에서 마당으로 통하는 문 역시 전체를 폴딩도어로 설치했다. 실내 주차장도 또 하나의 마당이 된다.

H 현관을 열자마자 바로 도로가 보이는 것이 부담스러울 때는 가벽을 세워서 시야를 가려준다.

A
B
C
D
E
F
G
H

2층

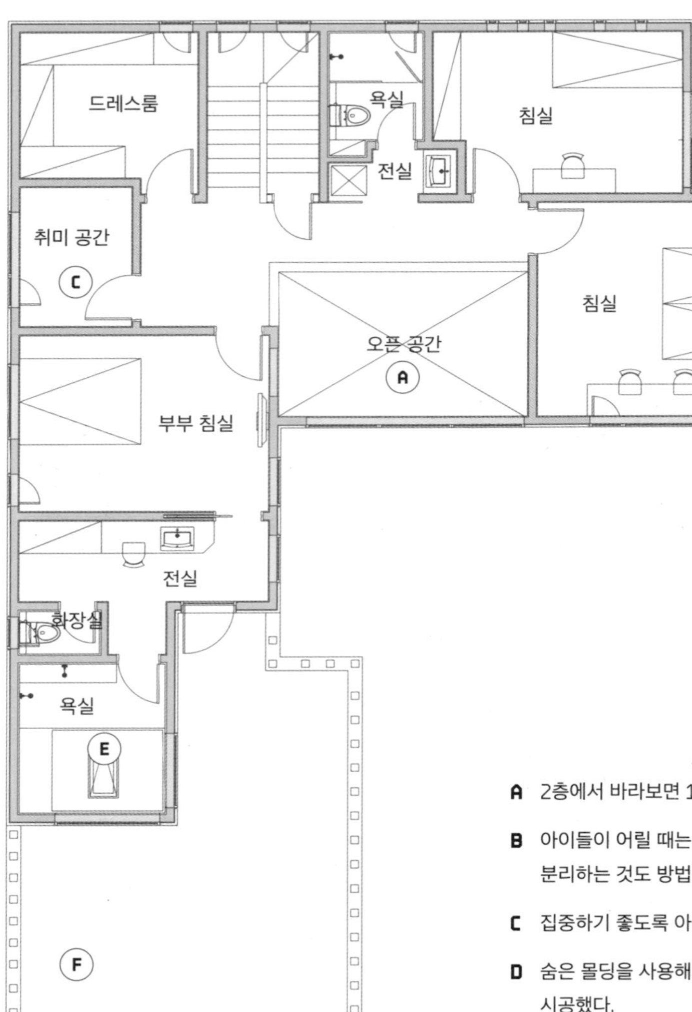

A 2층에서 바라보면 1층 식당이 보인다.

B 아이들이 어릴 때는 한 방에서 자는 형태로 하고 추후 분리하는 것도 방법이다.

C 집중하기 좋도록 아늑하게 만든 취미 공간.

D 숨은 몰딩을 사용해서 천장과 바닥에도 몰딩 없이 시공했다.

E 욕조를 제작하면 원하는 크기로 만들 수 있다. 천창은 열리는 방식이어서 온탕의 수증기를 배출시키고 욕실 채광에도 좋다.

F 2층 옥상 정원은 욕실과 이어진 공간이다. 나무를 심기 위해 플랜트 박스를 만들었다. 이곳에 나무를 심으면 외부의 시선이 차단돼 프라이빗한 정원을 가질 수 있다.

A
B
C
D
E
F
F

형제자매, 친구 등 두 가족이 함께 사는 듀플렉스 하우스 설계

6-1 1층 일부를 두 가족이 공유하는 집
6-2 완전히 분리된 자유 설계 2가구 주택
6-3 거실과 주방을 함께 쓰는 2가구 주택
6-4 각자의 마당을 가진 2가구 주택
6-5 넓은 마당을 공유하는 2가구 주택
6-6 삼 형제가 모여 사는 집
6-7 필요한 만큼 면적을 배분해 지은 2가구 주택

완공 사례

6-8 지인에서 가족이 되어 함께 사는 'JJ하우스'
6-9 가로세로로 분할해 만든 3가구 주택 '씨사이드홈'

1층 일부를 두 가족이 공유하는 집

1층	115m²
2층	88m²
합계	203m²

Intro.

결혼하여 독립한 자매가 함께 살 집이다. 자매 사이가 워낙 돈독해서 왕래하기 편하고 소통하기 좋은 집을 만드는 데 주안점을 두고 설계했다. 계단은 현관 전실에 빼지 않고 집 안으로 들이고, 1층 일부는 공유하는 공간으로 배치한다. 각자의 집에 피해를 주지 않는 곳에 공유 공간을 두면 다양한 공간으로 활용이 가능하다. 이곳에서 아이들의 공부를 봐주기도 하고, 과외 선생님이 오면 아이들이 공부하는 장소로도 사용한다. 야외 바비큐장과도 이어지도록 해 경우에 따라 개방해서 넓게 사용할 수도 있다.

남남인 두 가족이 사는 것과 달리 사이가 좋은 친자매가 함께 사는 집은 소통하는 데 불편함이 없도록 만들어야 한다. 그래서 서로의 사생활은 보호하되 일부를 공유하는 공간으로 만들면 각자의 생활 영역을 보호하면서 때로는 함께 시간을 보낼 수 있는 집을 지을 수 있다.

1층

자매 중 아직 아이가 없거나 세 가족으로 구성된 가족이 살기 좋은 설계다. 두 개의 방과 거실, 주방 등이 있고, 현관 근처에 자매가 함께 사용하는 공용 공간을 배치했다. 현관에 들어서면 바로 2층 계단과 공용 공간으로 이어지고 문을 열고 들어가지 않는 한 1층 내부는 들여다볼 수 없다.

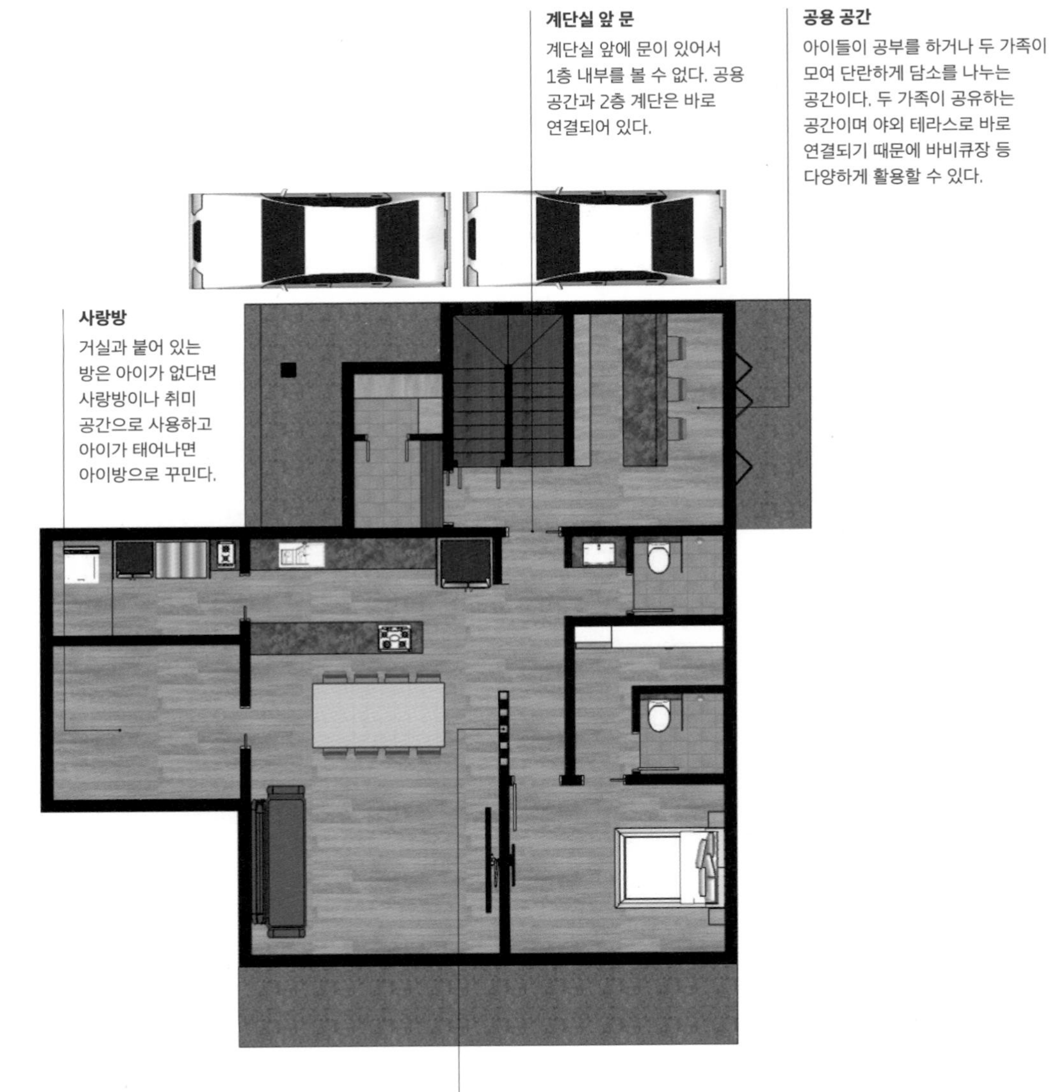

계단실 앞 문
계단실 앞에 문이 있어서 1층 내부를 볼 수 없다. 공용 공간과 2층 계단은 바로 연결되어 있다.

공용 공간
아이들이 공부를 하거나 두 가족이 모여 단란하게 담소를 나누는 공간이다. 두 가족이 공유하는 공간이며 야외 테라스로 바로 연결되기 때문에 바비큐장 등 다양하게 활용할 수 있다.

사랑방
거실과 붙어 있는 방은 아이가 없다면 사랑방이나 취미 공간으로 사용하고 아이가 태어나면 아이방으로 꾸민다.

인테리어 기둥
공간은 분리하고 거실은 넓어 보인다.

2층

두 자녀를 둔 가구가 살 집의 설계다. 안방을 포함 두 아이의 방을 배치하고 주방과 식당, 세탁실을 따로 배치한다. 안방에는 침대 뒤 공간을 활용해 드레스룸을 만들고 식당 옆에 작은 베란다도 설계한다.

세탁실

안방 드레스룸
침대 뒷부분에 일자형
드레스룸을 배치한다.

식당
별도의 거실이 없으므로 식당에
테이블을 두어 식당 겸 가족의 소통
공간으로 이용한다.

6-2

완전히 분리된 자유 설계 2가구 주택

좌측	119m²
우측	134m²
합계	253m²

Intro.

일반적으로 듀플렉스 하우스라고 하면 집을 딱 반으로 나누어서 설계하고 외장 역시 누가 봐도 두 집인 것을 파악할 수 있는 경우가 많았다. 하지만 흔한 방식이라고 해서 꼭 그 방식을 따라야 하는 것은 아니다. 한 집처럼 보이지만 두 집인 설계도 가능하고, 두 집의 요구를 파악해서 면적 배분 상관없이 서로가 생각하는 구조의 집을 만들 수도 있다. 두 가족은 당연히 살아온 방식과 생각이 다르다. 특히 형제자매 같은 가족 관계가 아니라면 더욱 자기만의 라이프스타일이 확고할 것이다.

듀플렉스 하우스를 지을 때 두 집을 똑같이 하는 이유 중 하나는 공사비 배분 때문이다. 집의 형태가 다르고 면적이 다를 경우, 단순하게 평당 얼마로 공사비를 배분하면 손해를 보는 집이 생길 수 있다. 그래서 공사비를 명확하게 나누기 어렵다. 설계에 따라 한 집의 외부 마감 면적이 더 넓을 수 있기 때문이다. 이 집의 경우 오른쪽 세대의 면적이 넓기 때문에 오른쪽 세대의 공사비가 더 나온다. 그러므로 이런 자유 설계로 듀플렉스 하우스를 시공할 때는 공사비 배분 방식을 명확히 하는 것이 좋다. 한 사람이 공사비를 충당하고 전세금 명목으로 일부를 받는다든지 공동 명의로 하되 땅의 지분 배분을 달리한다든지 여러 방법을 통해서 재산상의 문제가 생기지 않도록 정하고 진행하는 것이 좋다. 이런 문제를 해결하지 않는다면 설계를 할 때는 즐겁지만 견적서를 받고 난 뒤에는 비용 부담 문제로 감정이 상하기 쉽다.

1층

두 가족의 라이프스타일을 반영해서 한 집은 1층에 거실이 아닌 가족실을 배치하고 다른 한 집은 1층에 사랑방을 두었다. 똑같은 면적을 똑같이 나눠 지은 형식이 아니라 각 집의 요구에 맞게 자유롭게 설계한 듀플렉스 하우스다.

계단실

두 집의 주방 위치에 따라서 계단실 하부 공간의 위치와 공간이 달라진다.

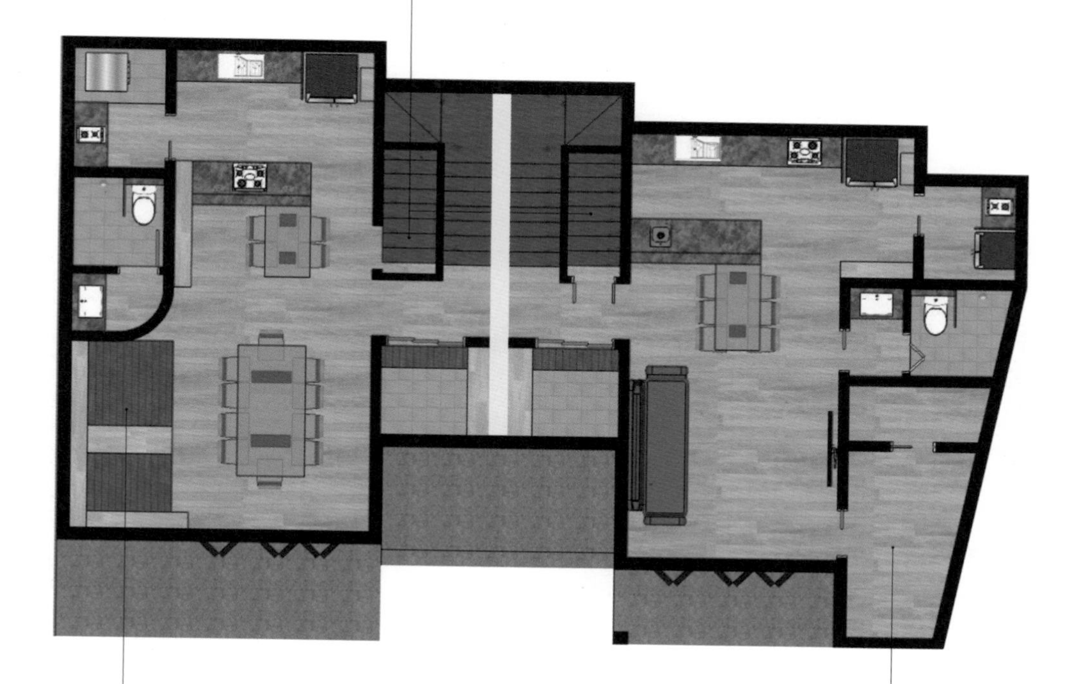

툇마루

거실에 툇마루 같은 오픈 서재를 만들고 넓은 책장을 설치했다. 서재, 가족실로 사용 가능한 공간이다.

사랑방

2층

자녀가 몇 명인지에 따라서 필요한 방의 개수가 달라진다. 팔 것에 대비해 방 개수를 무조건 늘리는 것보다 지금 편하게 지낼 수 있는 설계가 무엇인지 고민하는 것이 좋다. 언제 팔지도 모르는데 필요하지 않은 방을 만들어서 다른 공간을 불편하게 사용한다면 단독주택을 짓는 본래의 의미를 잃는 것이다. 한 집은 두 개의 방, 다른 한 집은 세 개의 방을 배치하는 구조로 설계했다.

드레스룸
따로 만들기보다 안방 공간을 나눠서 만드는 것이 효율적이다.

세탁실
세탁실이 좁다면 세로로 설치한다. 작은 공간에도 세탁실을 만들 수 있다.

오픈 서재
오픈 구간을 바라보며 책을 읽을 수 있는 서재다.

안방 작업실
책을 많이 보는 가족이라 1층과 2층에 모두 오픈 서재가 있지만 회사일이나 개인적인 작업을 해야 할 때 집중할 수 있는 공간이 필요해서 안방에 작업실을 마련했다.

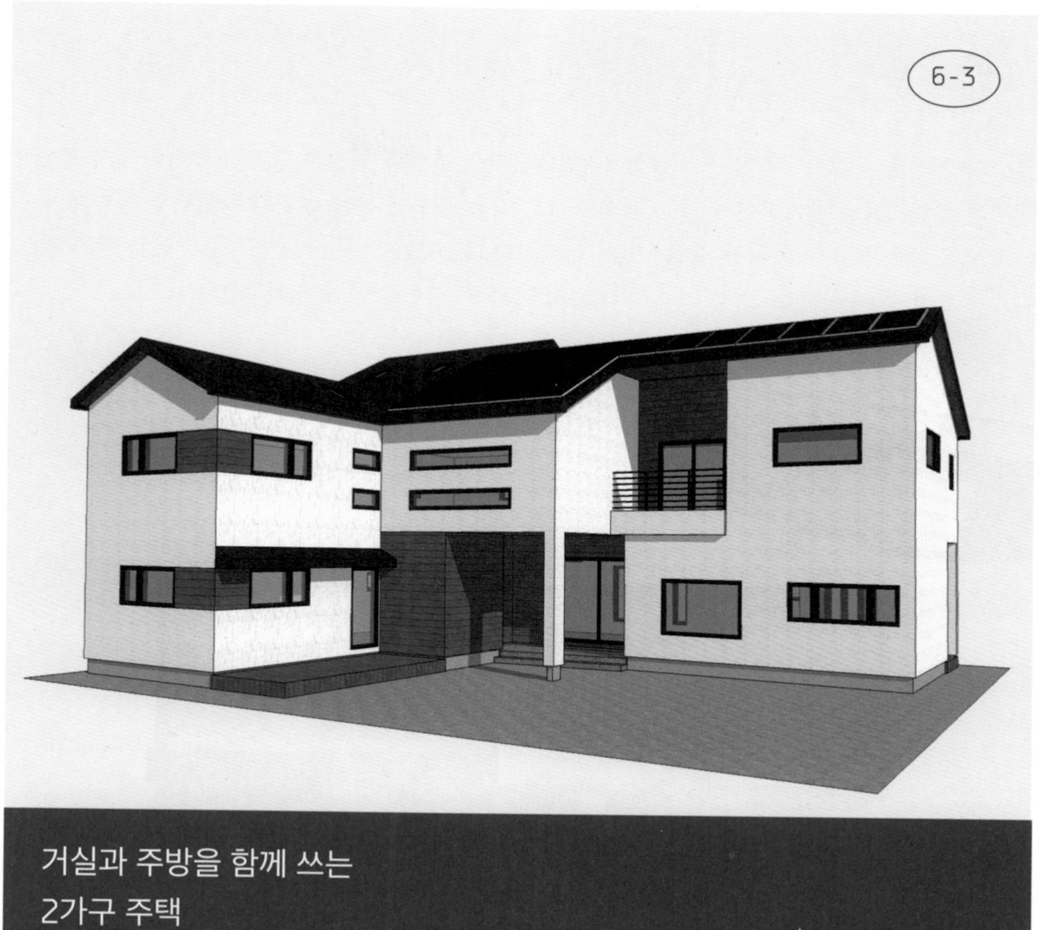

거실과 주방을 함께 쓰는 2가구 주택

1층	119m²
2층	118m²
합계	237m²

Intro.

형제가 아니라 자매라면 주방을 공유하는 설계도 괜찮다. 주방을 합쳤을 때의 장점도 많다. 일단 주방 가구가 한 세트이기 때문에 공사비가 절감되고 여유 공간도 생긴다. 1층에 함께 사용할 거실과 주방에 대한 면적 배분을 넓게 해주고, 2층을 나누어서 각 가구에 필요한 공간을 배치한다. 물론 모두 분리하는 게 편하기는 하지만 형제자매 사이가 좋아서 주방을 공유해도 큰 문제가 발생하지 않을 것 같다면 고려해볼 만한 설계다. 세탁실은 각 층에 배분해주는 것이 좋고 2층에 작은 야외 공간을 만들어도 좋다. 발코니는 집의 디자인을 보기 좋게 할 뿐 아니라 이불 먼지를 털 때 굳이 1층까지 내려가지 않아도 돼서 편하다. 미세먼지 때문에 외부에 빨래는 너는 일은 줄어들었지만 집안일을 하다 보면 아파트처럼 창문을 활짝 열어놓고 해야 할 일들이 가끔 생긴다.

1층

주방과 거실을 공유하는 2가구 주택에서 중요한 것은 주방과 거실은 공유하지만 나머지 공간은 철저히 독립적으로 설계해야 한다는 점이다. 1호 집은 복도에 문을 설치해 독립적인 공간을 분리하고 2호 집은 계단을 통해서 자연스럽게 분리한다. 1층에는 함께 사용하는 공간인 주방과 거실, 그리고 문을 통해 공간을 분리한 1호 집의 안방과 욕실, 작은 가족실을 배치한다.

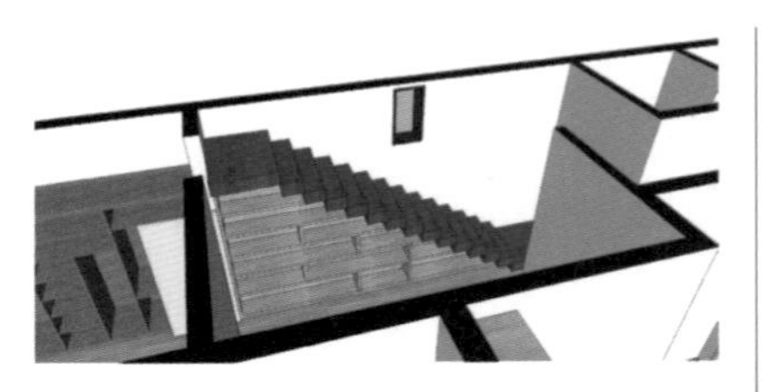

계단 아래 책장
계단을 올라가면 아이방이 있다. 계단 아래 부분은 자연스럽게 책장이 된다.

주방과 거실을 공유하는 집이기 때문에 복도에 문을 설치해 공간을 분리한다.

1호 집 안방

식당 윈도우 시트
밥을 먹는 아이들을 지켜볼 수도 있고 편하게 앉아서 대화도 나눌 수 있다.

2층

2층에는 1호 집의 아이방과 2호 집의 생활 공간을 배치한다. 2호 집은 별도로 간이 주방을 두어 간단하게 끼니를 해결할 수 있도록 하고 안방에는 작은 작업 공간도 마련한다. 두 방과 가족실, 분리형 욕실까지 갖춘 독립적인 생활 공간이다.

1호 집 오픈 구간

2층 일부를 아이방으로 사용하고 가운데는 오픈해서 넓어 보이게 한다. 오픈 구간을 둠으로써 2호보다 작은 1호 집의 단점을 보완한다.

간이 주방

2호 집 한쪽에 작은 간이 주방을 설치했다. 주방을 공유하지만 간단하게 요리를 하거나 급할 때는 2층에서 바로 끼니를 해결할 수 있어 좋다. 간이 주방이 있으면 추후 생활 패턴이 바뀌거나 거주자 변동 시 리모델링이 용이하다.

각자의 마당을 가진 2가구 주택

1층	91m²
2층	93m²
다락	40m²
합계	224m²

Intro.

듀플렉스 하우스를 가로로 나눌 때 아쉬운 점은 2층 집은 마당을 사용할 수 없다는 점이다. 물론 같이 사용하기로 하고 공유할 수도 있지만 집과 바로 연결되는 장소가 아니어서 활용도는 떨어진다. 이럴 때는 2층과 다락에 베란다를 만들어서 마당을 활용하지 못하는 아쉬움을 해결한다.

각각 4인으로 이뤄진 2가구가 사는 데 부족함이 없도록 1층에는 세 개의 방을, 2층에는 네 개의 방을 배치한다. 두 가족 모두 일의 특성상 늦게 들어오는 경우가 많고 외출도 잦은 편이므로 현관은 공유하되 전실에서 두 집의 출입문을 분리하는 설계다. 계단이 거실에 있는 것이 아니라 현관 전실에 있기 때문에 전실에서 1층을 통하지 않고 바로 2층으로 올라갈 수 있다. 이렇게 해야 2가구가 불편하지 않게 살 수 있다. 당연히 인터폰도 두 개 만들어서 같이 울리지 않게 한다.

1층

1층과 2층 모두 하나의 현관을 사용하되 중문을 통하지 않고 바로 2층으로 올라가도록 설계했다. 1층에는 안방과 아이방 두 개, 큰 욕조가 딸린 욕실, 큰 거실과 다용도실이 딸린 주방을 각각 배치했다.

계단 아래 화장실
계단 아래
공간에 화장실을
배치한다.

가구가 분리되는
구간이다.

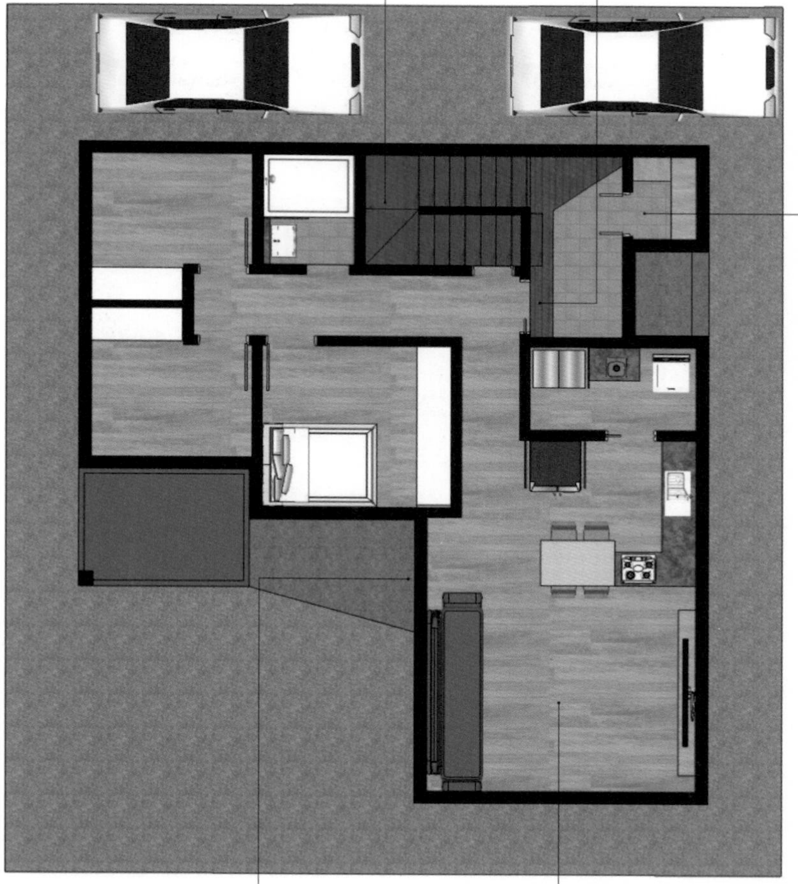

현관에 들어와서 중문을
통하지 않고 바로
2층으로 올라간다.
1층을 사용하는 가구와
2층을 사용하는 가구를
완전히 분리했다.

마당 공유
주방에 마당으로 통하는
문을 설치했다.

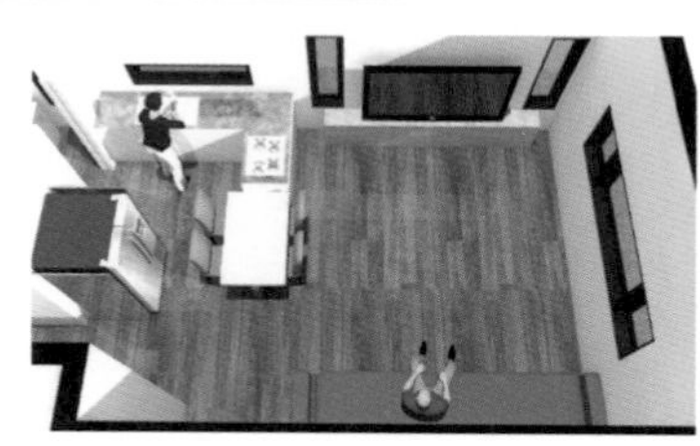

2층

1층 집을 통하지 않고 2층으로 바로 올라오는 구조여서 사생활 보호에 좋다. 1층의 마당을 공유하지만 1층 집을 통해 들어가야 하는 불편함이 있기 때문에 거실과 이어지는 베란다를 만들어 마당처럼 사용할 수 있도록 배려한다.

오픈 계단 난간

계단 난간을 오픈함으로써 좁아 보일 수도 있는 듀플렉스 하우스의 단점을 보완한다.

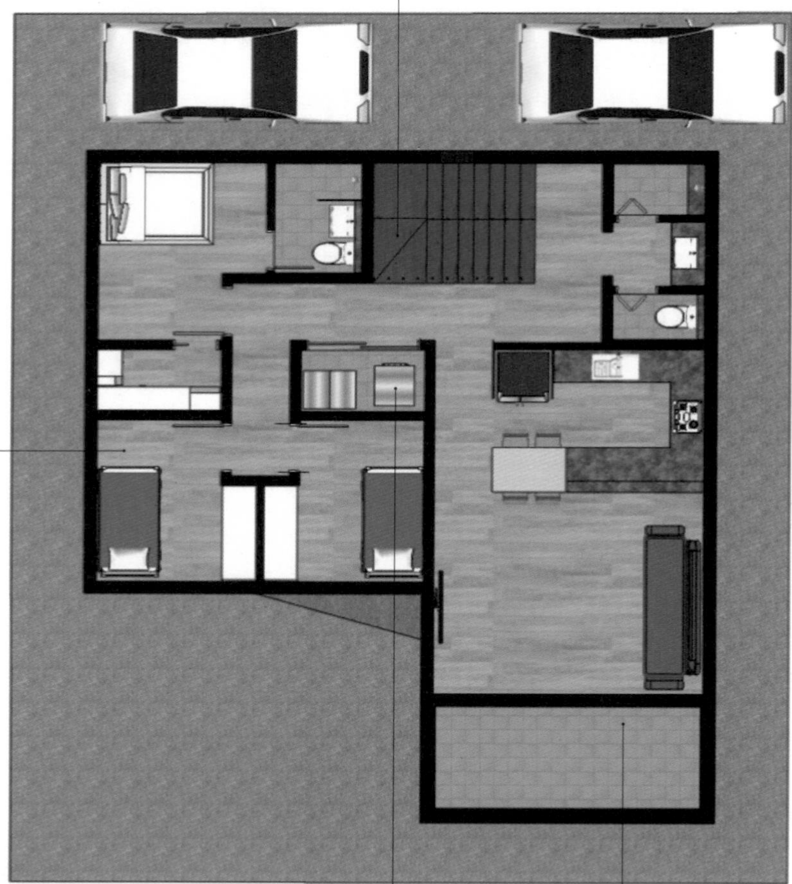

아이방

하나의 방을 분리해서 쓰는 방식으로 두 개의 방을 만들었다. 문을 어디에 설치하느냐에 따라서 두 개의 방이 되기도, 하나의 방이 되기도 한다.

세탁실

문을 열면 세탁기 두 대가 보이는 구조다. 복도는 세탁 관련 집안일을 할 때만 작업 공간이 된다.

2층 베란다

가족만의 마당을 갖지 못하는 아쉬움을 베란다를 설치함으로써 보완한다.

6-5

넓은 마당을 공유하는 2가구 주택

좌측	124m²
우측	114m²
합계	238m²

Intro.

한정된 부지에 듀플렉스 하우스를 짓다 보면 마당이 아주 작아지거나 심지어 그 작은 마당까지 분리해 주차 외에는 다른 어떤 역할도 할 수 없는 공간이 되어버린다. 이럴 경우 마당을 공유하는 설계를 고민해볼 만하다. 건물의 중간 필로티를 이용해서 주차장을 만들고 그 안쪽을 중정처럼 조성해 마당으로 만든다. 작은 마당을 둘로 나누기보다 작은 마당을 하나로 합쳐서 큰 마당을 만들면 두 가족이 함께 주말을 보내거나 손님이 왔을 때 사용하는 공간으로 활용도를 높일 수 있다.

1층 거실 역시 밤늦게까지 TV를 보더라도 옆집에 피해가 없도록 배치하고 주방, 세탁실도 분리되어 있기 때문에 새벽에 세탁기를 돌려도 상관없다. 듀플렉스 하우스를 짓더라도 단독주택에서 누릴 수 있는 혜택들을 제대로 누릴 수 있어야 한다. 그렇지 않으면 자칫 독립형 빌라를 짓는 수준에 머물 수 있다. 벽체가 맞닿는 부분은 이중벽으로 만들고 차음재를 시공해주면 좋다.

1층

각 가구의 공간을 완전 분리해 서로의 생활 영역을 침범하지 않으면서 가운데 마당만 공유하는 형태다. 두 가족이 마당에서 식사를 함께하기도 하고, 아이들과 어울려 놀기도 하지만 집은 완전히 분리된 설계다.

주방 가전 제품
이사 갈 때 가지고 갈 가전을 미리 정한 뒤 설계 시 크기를 반영해야 한다.

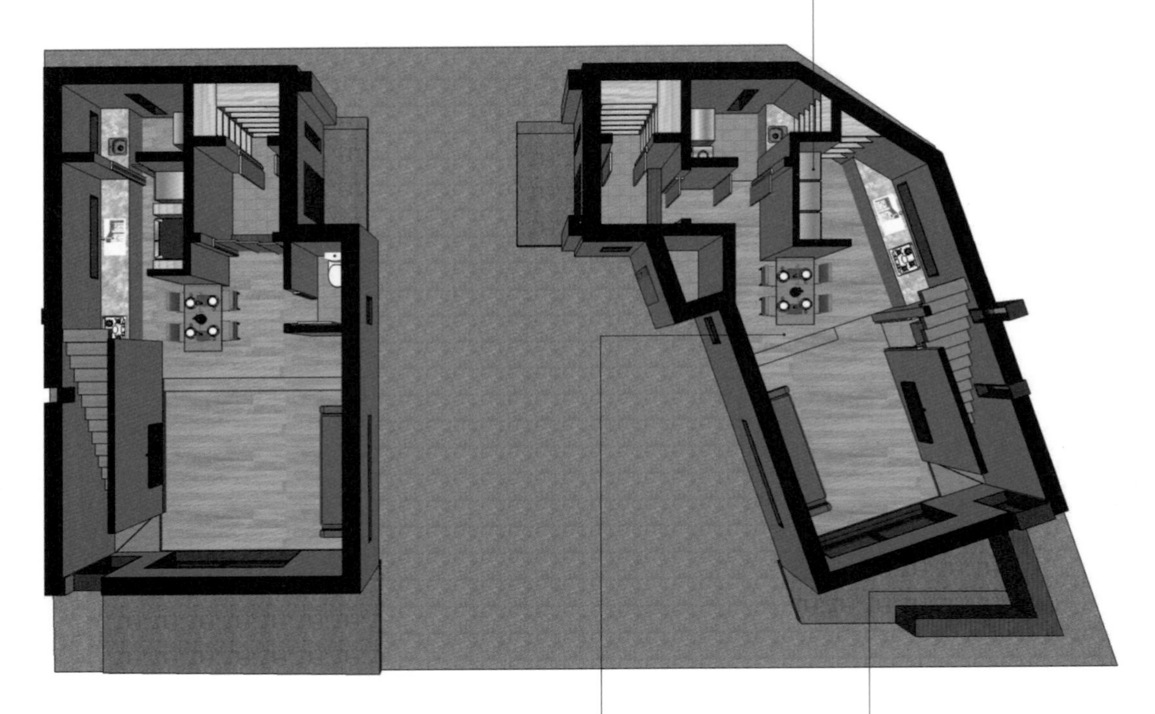

단 차이로 거실과 주방 분리
거실과 주방의 단 차이는 거실의 층고를 높여줄 뿐 아니라 공간을 나누는 효과도 있다.

데크 가벽
도로에 접한 1층 데크는 가벽을 설치해주면 사생활 보호가 된다.

2층

각 가구의 구성원과 요구에 맞게 각자의 집을 설계한다. 좌측 가구는 두 아이가 사용할 큰 방 하나와 맞은편에 안방과 큰아이의 방을 배치했다. 가운데는 분리형 욕실과 작은 서재만 두었다. 우측 가구는 땅의 모양에 따라 코너에 다락으로 이어지는 계단실을 만들고 2층에는 아이방 두 개와 작은 작업실이 딸린 안방, 분리형 욕실을 배치했다.

일자 계단

연속된 일자 계단으로 다락을 만들면 계단실을 명확하게 구분할 수 있다.

계단 아래 욕실

계단실

땅 모양에 맞게 계단실을 배치했다. 코너 부분에 다락 계단을 만들고 계단 아래 공간에 작은 책상을 두었다.

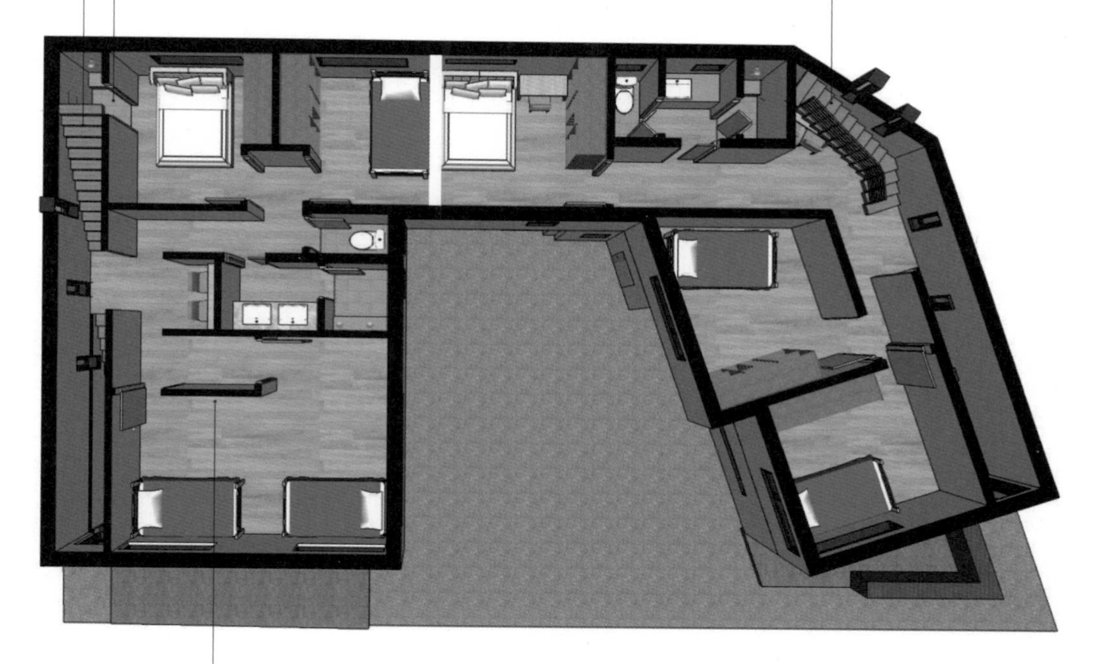

아이방

아이들이 아직 어리다면 공간을 따로 분리하지 않고 문만 두 개 달아 같이 사용하다가 나중에 변경하는 것도 방법이다.

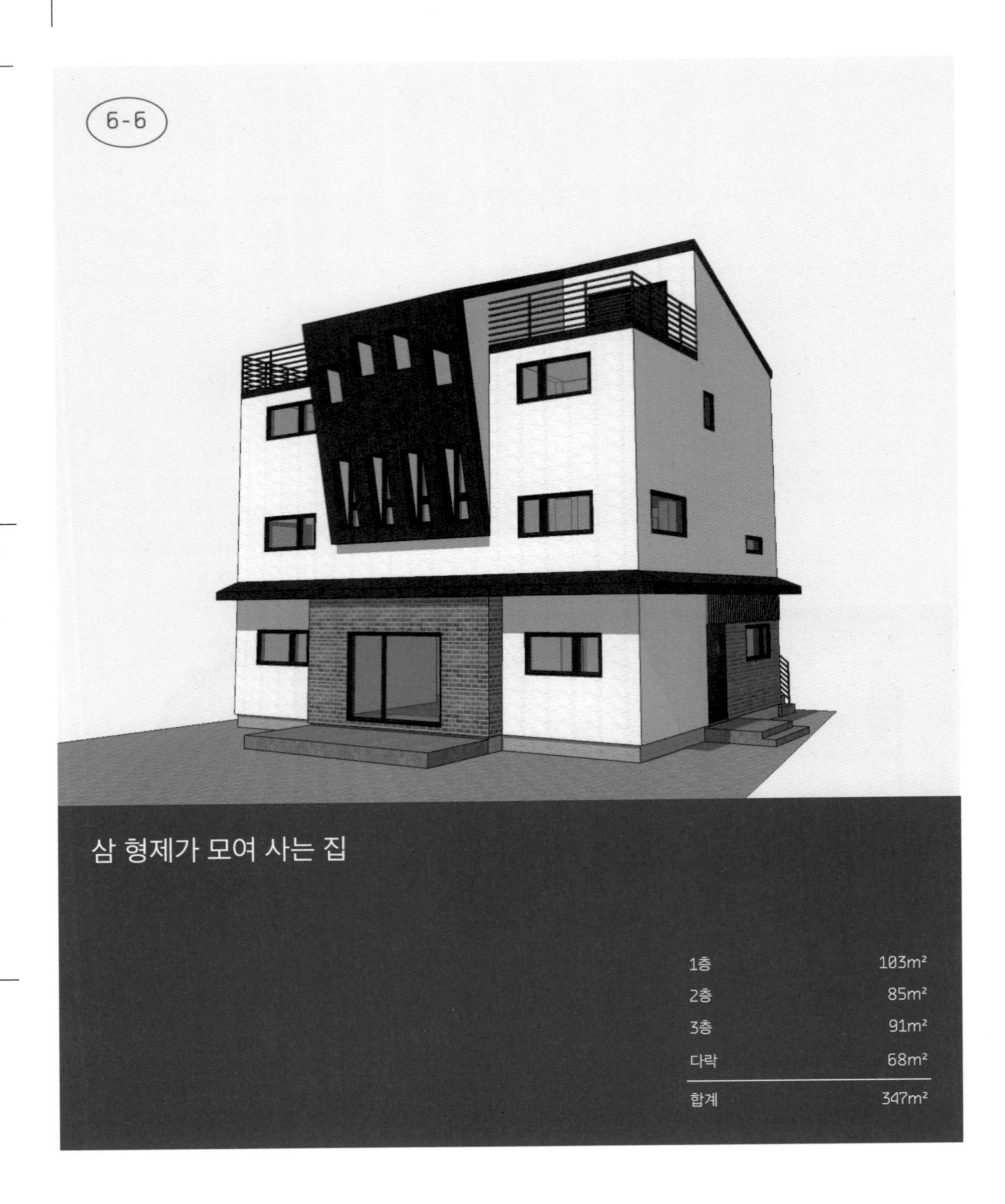

삼 형제가 모여 사는 집

1층	103m²
2층	85m²
3층	91m²
다락	68m²
합계	347m²

Intro.

듀플렉스 하우스는 가로로 나누는 방법이 있고 세로로 나누는 방법이 있다. 부모님과 살 때는 가로로 나누어서 1층과 2층을 분리하는 형태가 많고 형제자매가 살 때는 세로로 나누어서 복층 형태로 설계하는 경우가 많다. 이 집은 복합 형태의 3층 집이다. 1층은 가로로 나눈 형태의 평면이고 2층과 3층은 세로로 나누어서 반씩 쓰는 형태다. 1층에 주인 세대가 살고 2층은 임대를 주는 것도 가능한 설계다. 다락에는 옥상 정원을 만들었다. 2층의 두 집이 계단실로 분리되면서 각각 독립된 루프탑 테라스를 가질 수 있다. 이런 집은 1층을 콘크리트로 진행하고 2층과 3층을 목조로 진행하면 좁은 면적을 좀 더 효율적으로 이용할 수 있고 공사비도 절감된다.

1층

아파트 같은 배치의 평면이다. 단층 설계의 집에서 자주 보는 구조의 익숙한 설계기도 하다. 세 개의 방과 공용 공간을 두고, 안방에는 기다란 드레스룸과 작은 욕실을 별도로 두었다.

2층

두 가구의 집을 반으로 나누는 형태다. 같은 면적, 같은 배치로 나누어서 개방감은 떨어지지만 복층 형태의 집이기 때문에 어린 자녀가 있는 가족에게는 좋은 설계다. 두 집 모두 공용 공간을 2층에 두었다.

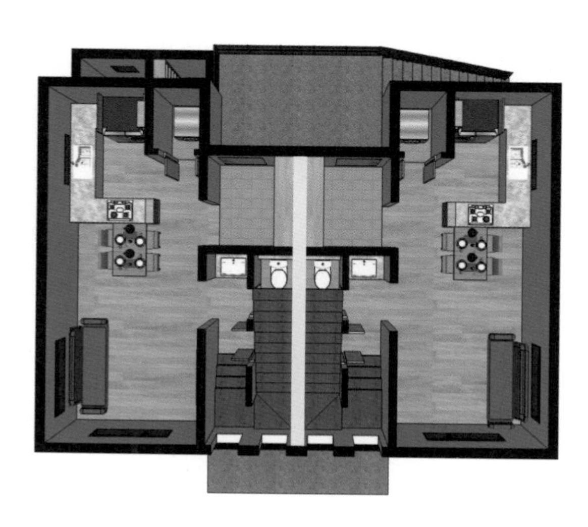

3층

두 집 모두 세 개의 방을 두는 설계다. 방 세 개, 욕실 하나를 배치하고 다락으로 이어지는 계단실이 있다. 같은 면적, 같은 설계의 집이다. 추후 임대를 위해서라도 방이 세 개인 형태가 좋다.

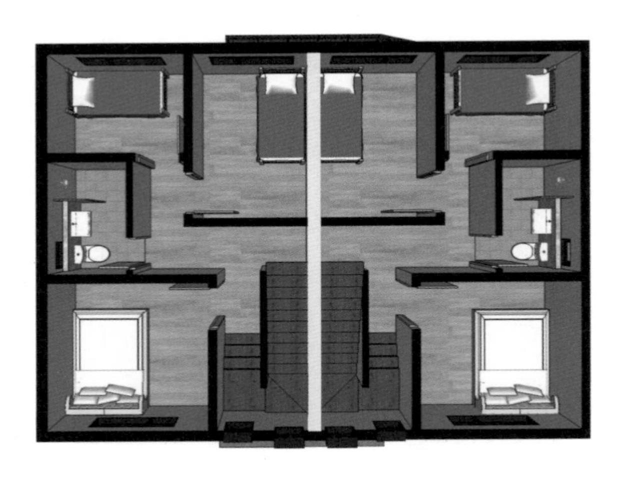

루프탑 테라스

작은 부지에 높은 집을 지으면 마당이 작아질 수밖에 없다. 또한 3가구이기 때문에 주차장 면적도 넓어야 한다. 이럴 때는 다락에 베란다를 만들면 각자 독립적인 옥상 정원을 가질 수 있다.

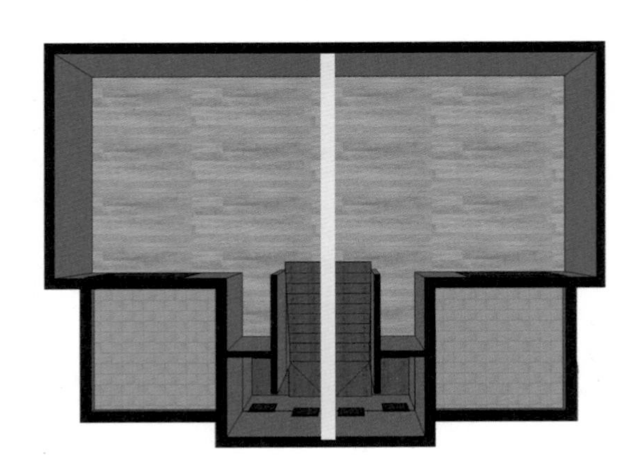

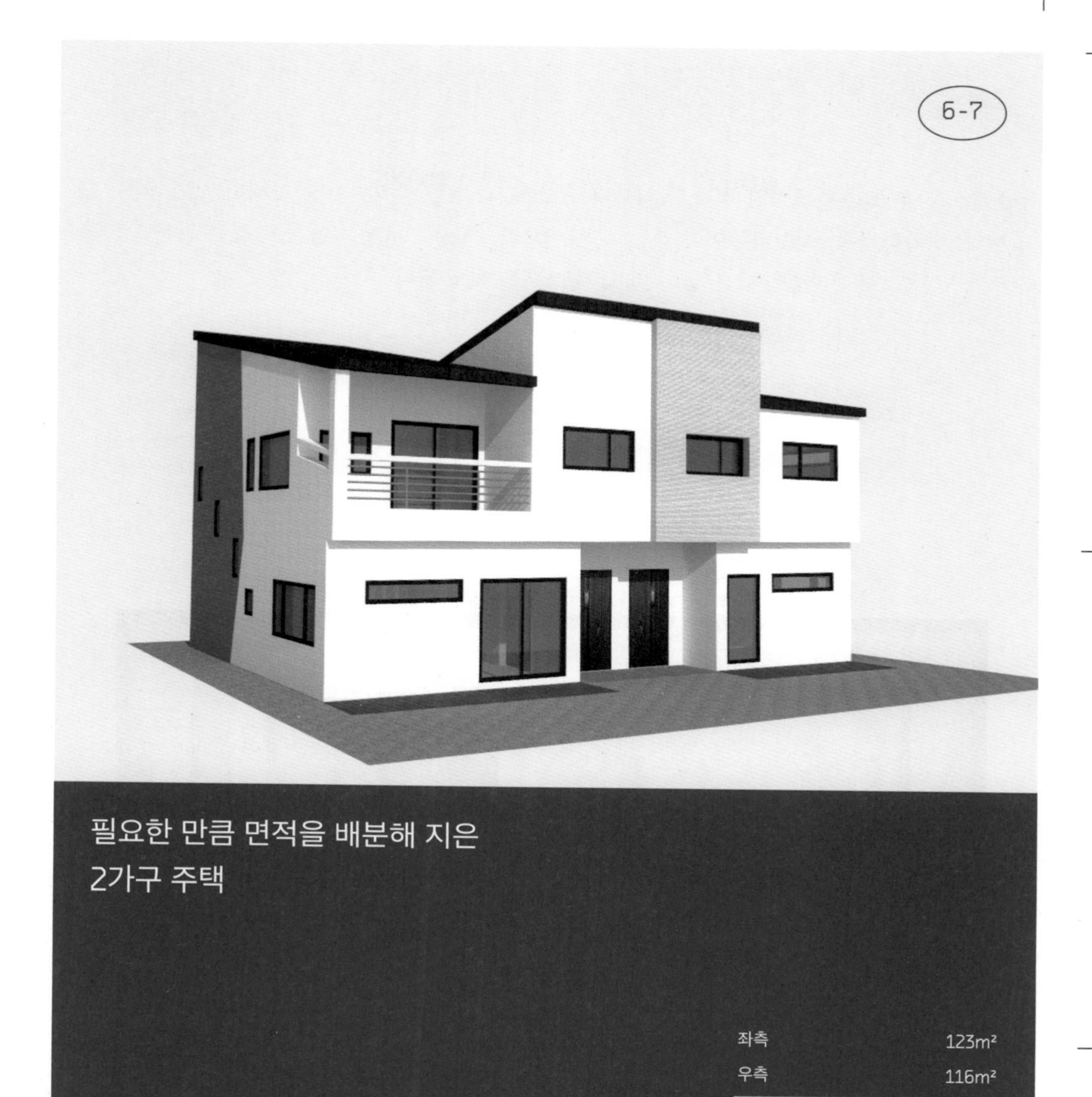

필요한 만큼 면적을 배분해 지은 2가구 주택

좌측	123m²
우측	116m²
합계	239m²

Intro.

모든 형제에 해당되는 이야기는 아니지만 형제가 함께 살 경우, 형이 조금 더 투자를 하더라도 동생에게 부담을 주지 않으려고 한다. 형이 투자를 많이 한 만큼 형 집을 조금 크게 짓는 경우도 있고 땅을 형이 사는 경우도 있다. 이 집도 형 집이 조금 더 넓은 편이다. 아내를 배려해서 계단을 공유하는 한 집 같은 구조보다 현관을 완전히 분리한 구조의 집으로 설계했다. 특히 각자의 주방을 갖는 것이 굉장히 중요하다. 형제끼리니까 주방 하나만 지어서 같이 밥 먹고 치우면 되지 않나, 하는 안일한 생각은 절대 하지 말아야 한다. 주방은 사용하는 사람의 생각을 반영해 각자 설계하는 것이 좋다. 실제 시어머니와 며느리가 같이 사는 집에서도 주방을 사용하는 스타일이 달라 실랑이가 벌어지는 경우가 허다하다는 것을 잊지 말자. 설계를 할 때는 만약의 일에 대비해 무엇을 반영해야 할지를 고민하는 것이 좋다. 듀플렉스 하우스라고 딱 반으로 잘라서 집을 짓는다고 생각하지 말고, 조금씩 면적에 변화를 주면서 필요한 만큼 배분하는 것이 현명하다.

1층

듀플렉스 하우스의 대표적인 설계 방식이다. 반으로 나누는 방식이지만 자세히 보면 왼쪽 집이 더 넓다. 정확하게 반으로 나누어야 하는 것은 아니다. 거실을 넓게 사용하고 싶은 집은 1층을 좀 더 크게 만들고, 대신 2층은 다른 집이 더 넓게 쓰도록 해도 된다.

일자 계단
좁은 공간에는 ㄷ자 계단보다 일자 계단이 더 효율적이다.

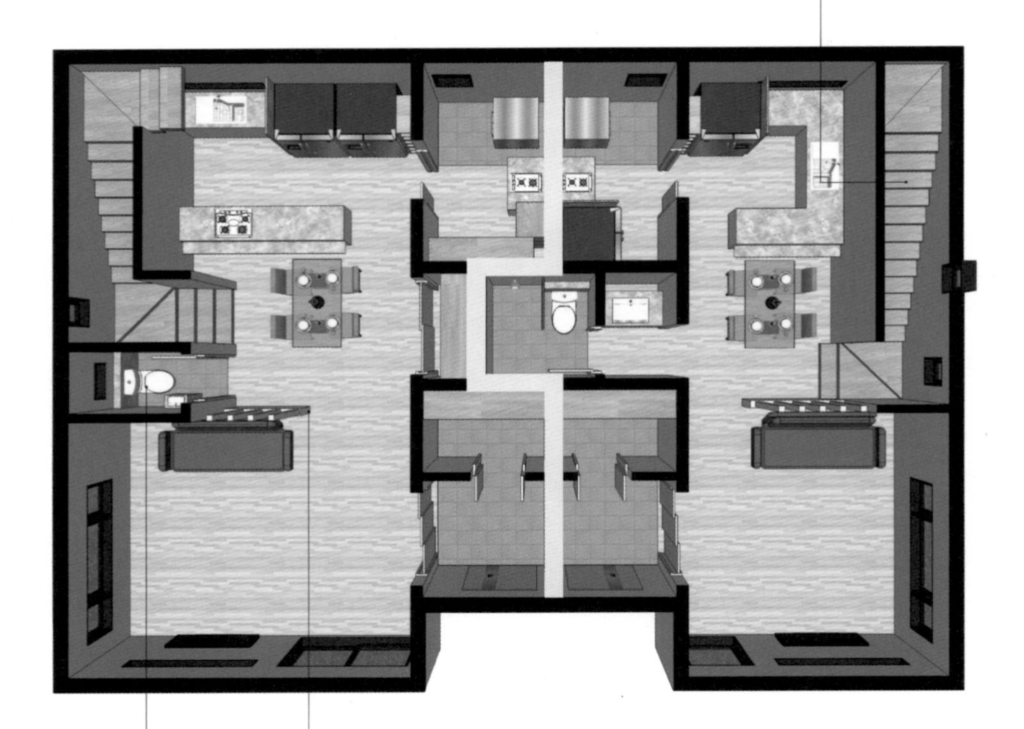

화장실
1층에는 화장실만 있어도 된다.

거실, 주방 칸막이 분리
일자형 주방, 거실에는 소파 높이만큼만 칸막이를 하고 위는 트는 것이 더 개방감 있다.

2층

왼쪽 집은 한 명의 자녀를 두고 있다. 방은 안방을 포함해 두 개만 배치하고 대신 넓은 오픈 서재를 만들었다. 오픈 서재의 창호 아래에는 윈도우 시트를 설치했다. 오른쪽 집은 두 명의 자녀를 두고 있어서 안방 포함 세 개의 방이 필요하다. 방 세 개를 배치하고 곳곳에 창고 같은 수납 공간을 만든다. 안방에는 드레스룸만 두고 욕실은 하나만 만든다.

계단 아래 창고

계단 아래 공간

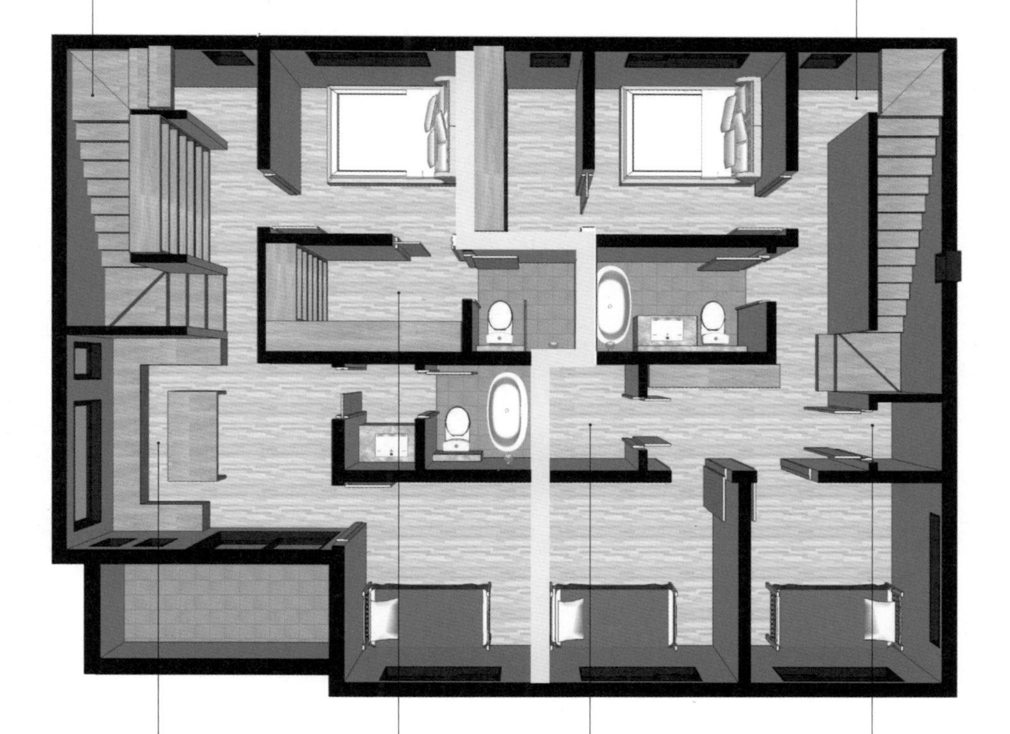

오픈 서재

가족들이 함께하는
오픈된 서재를 만드는
설계가 많다.

드레스룸

넓은 드레스룸은
탈의실도 된다.

창고 겸 다용도실

드레스룸으로 사용할 수도 있다.

지인에서 가족이 되어 함께 사는

JJ하우스

Intro.

단독택지지구는 지구 단위 계획에 따라서 1가구도 되고 3가구가 되기도 한다. 택지를 사서 집을 짓고 2가구가 함께 살 수도 있다. 이러한 집을 듀플렉스 하우스, 혹은 땅콩주택이라고 한다. 하지만 이 2가구 주택은 세대가 아닌 가구다. 여기서 가구는 땅을 사서 집을 지었더라도 지분을 소유할 뿐 독립적으로 한쪽 집을 가질 수 없음을 의미한다. 즉, 대출을 받거나 나중에 집을 팔 때도 다른 한쪽이 동의를 해줘야 한다. 지분 소유가 법적으로 문제가 되는 것은 아니지만 재산권을 행사할 때는 제약이 따른다. 그래서 듀플렉스 하우스는 가족끼리 짓거나 아니면 지은 후 다른 한 집을 임대 주는 경우가 많다. 물론 사회에서 만나서 알고 지내다가 듀플렉스 하우스를 지어 함께 사는 경우도 있다. 이런 경우 서로에 대한 신뢰 관계가 바탕에 깔려 있어야 한다. 'JJ하우스'가 그러한 경우다. 밖에서 보면 아주 큰 한 집처럼 보이지만 안으로 들어가면 반으로 나눠진 형태의 설계다. 한쪽은 1층에 거실이 있고 2층에 방이 있는 구조고 우측 가구는 1층에 방이 있고 2층에 다락까지 개방된 거실과 주방이 있다. 인테리어 역시 확연히 다르다. 하나의 건물이지만 서로의 취향을 반영해 각각 집을 짓고 마당만 공유하는 형태의 집이다.

6-8

좌측 1층	59.21m²
좌측 2층	61.44m²
좌측 다락	40.15m²
우측 1층	59.09m²
우측 2층	57.98m²
우측 다락	28.20m²

1층

A 현관문을 열고 들어오면 고급스러운 마감이 눈에 들어온다.

B 복도 끝 창호는 복도를 환하게 해준다.

C 좁은 공간일수록 난간이나 칸막이는 막히지 않은 것을 사용하면 좋다.

D 방 크기가 크지 않기 때문에 공간 분리는 살아보면서 결정한다.

E 현관 선반에는 작은 소품을 보관하기 좋다.

F 계단실을 오픈하면 거실이 더 넓어 보인다.

G 거실과 식당을 분리하는 칸막이를 유리로 설치하면 공간이 답답하지 않다.

H 11자형 주방.

I 주방, 식당만 타일을 하고 거실은 원목마루로 시공한다. 바닥 마감재만 달라져도 공간이 분리된 듯한 효과가 있다.

J 큰 세탁실을 만들고 천장에 건조대를 설치해서 보조 주방으로도 사용한다.

A
B
C
D
E
F
G
H
I
J

2층 & 다락

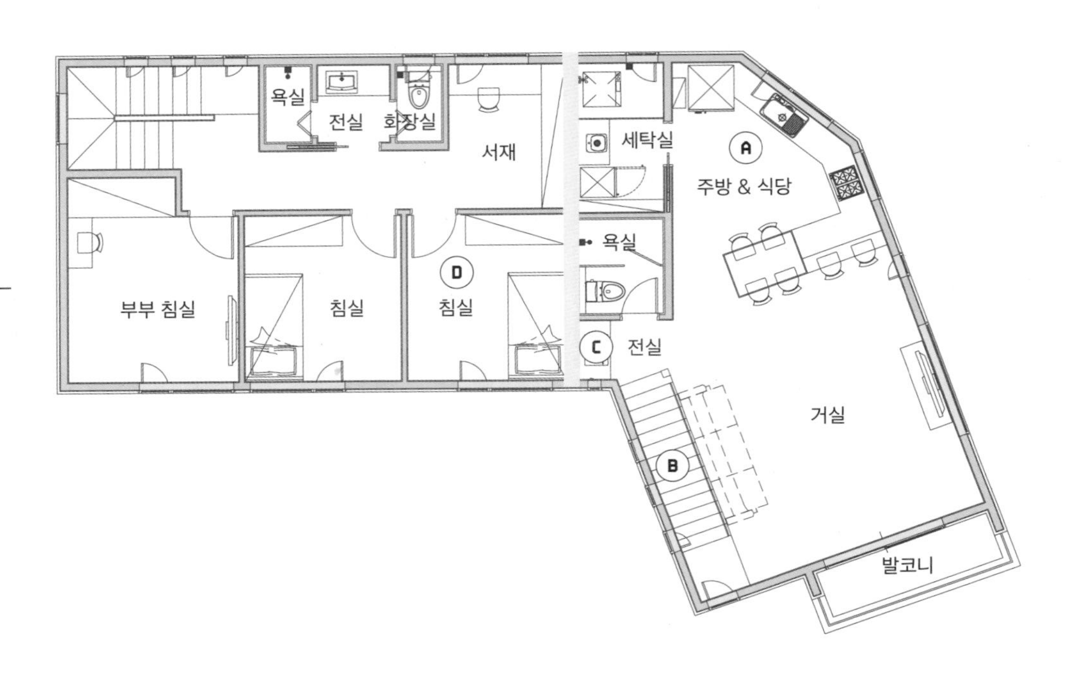
욕실
전실
화장실
서재
세탁실
A
주방 & 식당
욕실
D
부부 침실
침실
침실
C
전실
거실
B
발코니

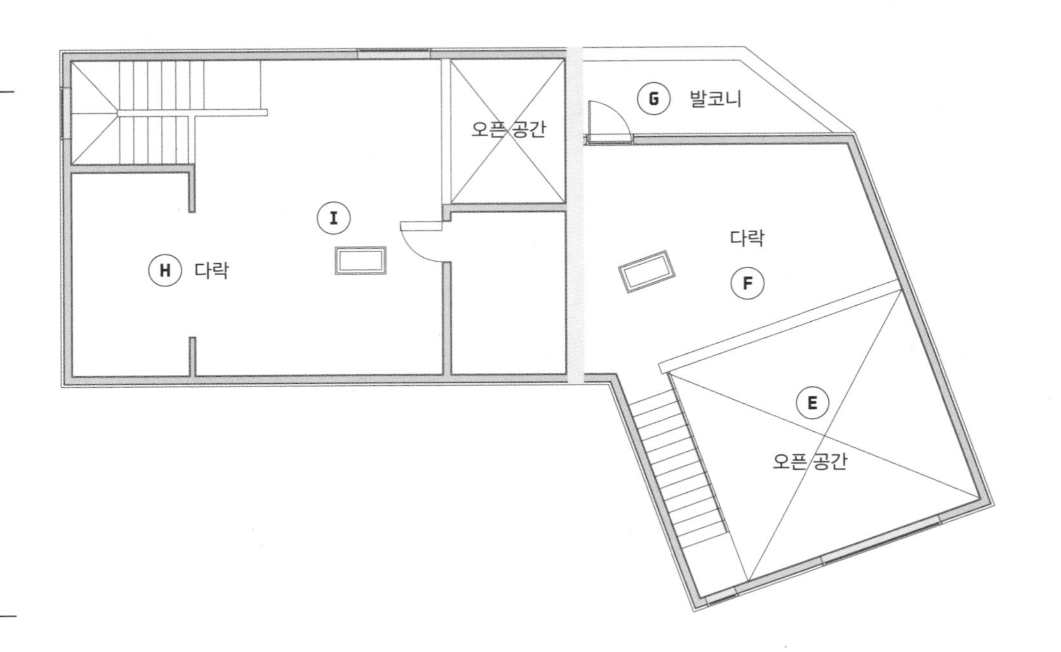
G
발코니
오픈 공간
I
H
다락
다락
F
E
오픈 공간

A 다락 하부 공간이 주방과 식당이다. 바닥의 단을 낮춰서 층고를 높였다

B 다락으로 이어지는 계단은 잡철로 시공해서 최대한 오픈된 형태로 설치한다. 거실은 다락까지 트고 다락 난간으로 유리를 설치하면 개방감을 극대화시킬 수 있다.

C 2층은 세면대만 오픈한다.

D 1층에 거실과 공용 공간을 두어서 2층은 침실 위주로 배치한다.

E 외경사 지붕을 그대로 살려 다락에서 거실이 바로 보인다.

F 외경사 형태의 지붕이라 다락이지만 복층 형태의 거실로 사용한다.

G 크지는 않지만 다락과 이어진 작은 발코니가 있다.

H 다락의 낮은 부분은 창고로 활용한다.

I 책장처럼 생긴 문이자 책장이다. 열고 들어가면 비밀의 방이 있다.

가로세로로 분할해 만든 3가구 주택

씨사이드홈

6-9

1층	102.34m²
2층	89.74m²
3층	91.39m²
다락	82.18m²
옥상 베란다	23.10m²

Intro.

독특한 형태의 3가구 하우스다. 1층은 주인 세대로 콘크리트로 지어서 전체를 사용하고 2층과 3층은 목조로 지어 세로로 절반을 나누고 가구를 분리한 형태다. 임대를 위한 주택은 단층보다는 복층 형태를 선호를 한다. 아직 어린아이가 있는 집이 많고 아파트 같은 단조로운 구조의 집에서 살고 싶지 않아서 들어오는 경우가 많기 때문이다. 2층과 3층은 거실 일부를 터서 채광이 아주 좋다. 다락과 이어진 베란다는 1층 마당을 사용하지 못하는 임차인 입장에서는 가족만의 작은 마당을 갖는 것과 같다. 또한 1층 콘크리트 부분을 지을 때 층간소음에 대해 좀 더 보강하면 층간소음 걱정도 덜 수 있다. 입구가 달라서 주인 세대와 완전히 분리된 타운하우스 같은 주택으로 사용할 수 있다.

1층

A 1층 주인 세대는 콘크리트 주택으로 전형적인 아파트 평면이다.

B 거실에서 이어지는 테라스는 넓은 마당으로 바로 이어진다.

C 부부 침실의 드레스룸은 별도의 방이 아니라 욕실로 가는 통로를 이용해서 길게 배치한다.

D 2층 세대는 외부의 계단을 통해서 진입하기 때문에 주인 세대와 완전 분리된다.

2층 & 3층

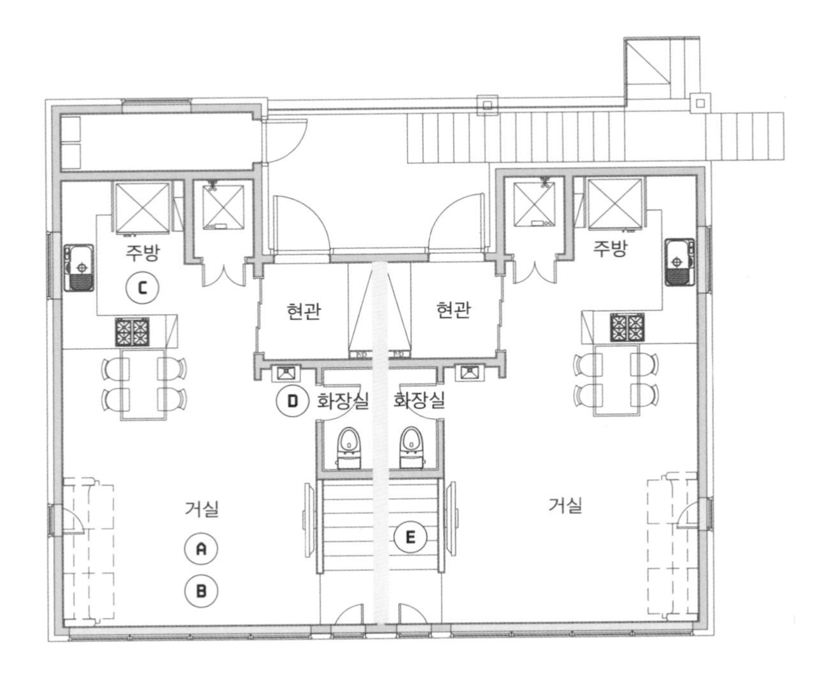

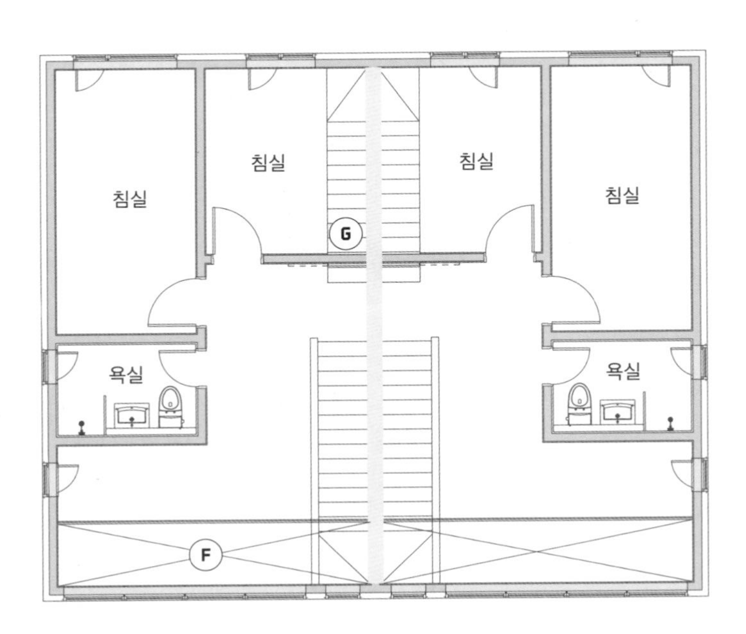

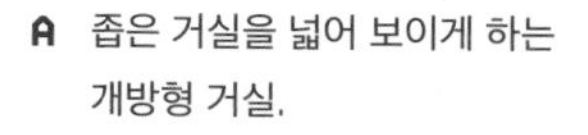

A 좁은 거실을 넓어 보이게 하는 개방형 거실.

B 2층의 일부를 벽과 이격해서 더 밝은 집으로 만들었다.

C 주방은 좁은 면적에 효율적인 배치를 위해 ㄷ자로 설계했다.

D 계단 아래에 작은 화장실을 배치했기 때문에 세면대는 외부에 둔다.

E 일자형 계단에 기둥 난간을 설치해 개방감을 준다.

F 2층과 3층의 일부분을 터서 시원해 보인다.

G 다락으로 올라가는 계단에는 행거 도어를 설치했다. 공기가 다락으로 올라가는 것을 막아준다.

삼대가 한 지붕 아래 함께 사는 집 설계

7-1 1층에 노모와 부부 방을 함께 배치한 집

7-2 2층에도 간이 주방을 둔, 따로 또 함께 사는 집

7-3 삼대 모두의 개인 공간을 만든 3층 집

7-4 각 공간을 효율적으로 배분한 듀플렉스 하우스

7-5 필로티 주차장에 별도의 공부방까지!

7-6 독립적인 넓은 베란다를 품은 삼대 하우스

7-7 아버님만의 독립적인 공간을 배치한 집

완공 사례

7-8 도심 속 세컨드 하우스 '경혜원'

7-9 1층에 어머님만의 원룸을 만든 집 '연호재'

1층에 노모와 부부 방을 함께 배치한 집

1층	136m²
2층	75m²
합계	211m²

Intro.

부부도 이제 노년을 생각해야 하는 나이라 2층에 방을 배치하기는 부담스럽다. 아이들이 다 성장해서 2층은 한 달에 한두 번 정도밖에 사용하지 않을 수도 있어서 부부의 방을 2층에 두는 게 더 꺼려진다. 그래서 1층에 노모의 방과 부부의 방을 배치한다. 자연히 1층을 넓은 면적으로 설계한다. 오랜 세월을 함께하면서 한 방을 쓰더라도 침대는 각자 쓰는 것이 더 편해서 방에는 두 개의 침대를 둔다. 노모가 건강하게 오래 사시기를 바라지만, 혹 헤어져야 하는 그날이 온다면 노모가 사용하던 방과 부부의 방을 합쳐 리모델링을 할 수 있도록 설계한다. 단독주택을 지을 때는 현재도 중요하지만 가까운 미래에 생길 수 있는 일에 대비해서 공간을 배치해야 한다. 두 딸아이가 당장 결혼을 할 것 같지는 않지만 나중에 집에 오면 편하게 쉬다 갈 수 있도록 각자의 방을 만들어준다. 평소 아이들의 소원이었던 방보다 넓은 드레스룸도 설계에 반영한다. 구성원이 각자 원하는 공간을 충실히 반영하다 보니 집은 결국 198m²(60평)가 넘는 큰 집으로 설계됐다. 훗날 부부만 살더라도 지인들이 자주 놀러 와서 편하게 놀다 갈 수 있도록 공간 구획을 크게 하였다.

1층

어머님의 연세가 많으셔서 부부 방과 어머님 방을 나란히 배치해 편하게 모실 수 있도록 했다. 부부 방과 어머님 방 모두 화장실이 딸린 형태로 설계하고 친척들이 자주 방문할 것에 대비해 게스트룸도 별도로 두었다.

거실 폴딩도어

거실에는 폴딩도어를 설치하고 마당에는 데크를 만든다. 채광이 좋고 거실 확장 효과까지 있다.

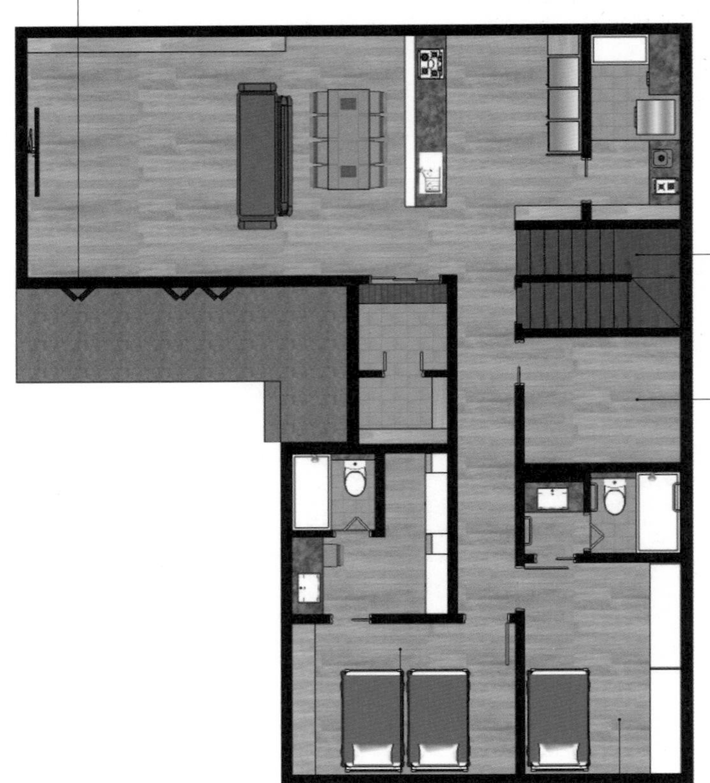

계단 아래 공용 화장실

계단실 아래에는 공용 화장실을 배치한다.

게스트룸

어르신을 모시고 살면 친척들이 자주 방문한다. 친척들이 와도 편하게 짐을 보관하거나 하룻밤 묵고 갈 수 있는 독립적인 공간이 있으면 좋다.

어머님 방

부부의 방과 나란히 배치한다. 연세가 많으셔서 가까운 곳에 방을 배치하고 할머니만 사용하실 수 있도록 화장실도 두었다. 나중에 벽체를 제거해서 부부 침실을 확장할 수 있다.

부부 침실

한 침대에서 자는 것이 불편한 중년 이후의 부부들은 침대 두 개를 배치한다.

2층

독립한 아이들이 종종 집에 놀러 와도 편하게 쉴 수 있도록 2층에는 두 딸아이의 방을 설계했다. 평소 딸들의 바람대로 한쪽에 넓은 드레스룸을 만들고, 1층 거실을 터서 오픈된 공간 앞으로 서재를 만들어 1층과 언제든 소통할 수 있도록 했다.

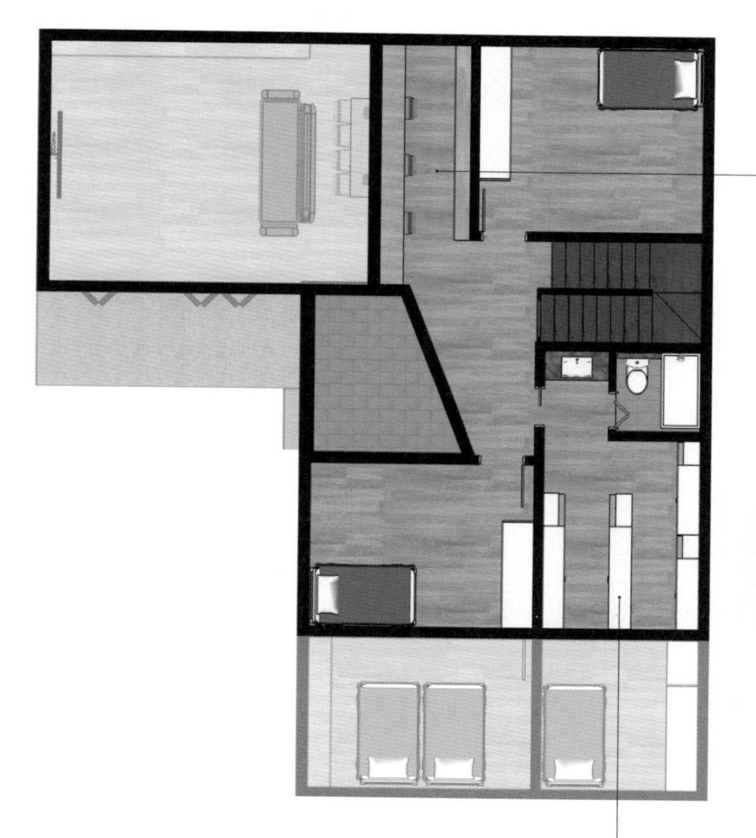

오픈 서재

1층 거실의 천장 부분을 텄다. 근처에 오픈 서재를 두어 1층과 소통하는 공간으로 만들었다.

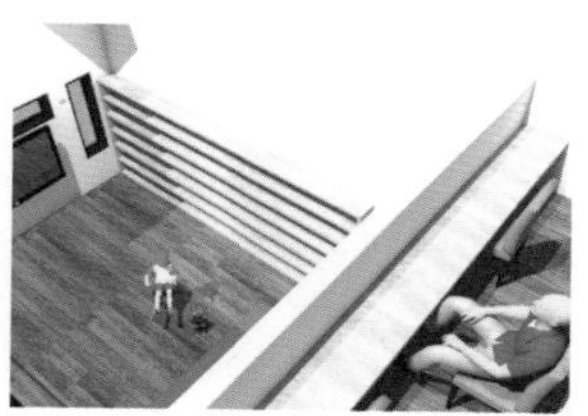

넓은 드레스룸

자녀들의 강력한 요청으로 넓은 드레스룸을 배치한다. 옷 가게 쇼핑룸처럼 중간에도 오픈 옷장이 있어서 양쪽에서 옷을 고를 수 있다.

2층에도 간이 주방을 둔, 따로 또 함께 사는 집

1층	87m²
2층	78m²
합계	165m²

Intro.

맞벌이 부부가 점점 많아지면서 부모님 세대가 아이들을 봐주는 집이 많아지고 있다. 아들이나 딸 집을 오가면서 손주를 봐주기도 하지만 적어도 10년 이상은 아이들을 보살펴야 하기 때문에 살던 집을 처분하고 부모님과 돈을 합쳐 주택을 짓는 경우도 늘고 있다. 보통 부모님 세대가 1층을 사용하고, 자녀 세대가 2층을 사용한다. 이때 설계에서 중요한 것은 주방을 공유하느냐 현관문을 따로 설치하느냐이다. 효율적인 설계는 현관문, 주방을 모두 공유하는 것이다. 부모와 딸이 같이 사는 경우라면 괜찮지만 부모와 아들이라면 대부분 주방을 분리하고 싶어 한다. 두 개의 주방을 만들기 부담스럽다면 2층에 간이 주방을 거실과 함께 배치하면 야밤에 라면을 끓여 먹거나 아침을 따로 챙겨 먹기에는 불편함이 없을 것이다. 세탁실도 작게나마 분리해서 1층에 하나, 2층에 하나를 설치하면 퇴근 후 밤늦게 세탁기를 돌려도 신경 쓰이지 않는다. 단독주택에 살고 싶어 하는 가장 큰 이유 중 하나가 새벽에도 밥을 해먹고 세탁기를 돌리고 청소기를 돌릴 수 있어서다. 비용도 중요하지만 단독주택만의 장점도 누릴 수 있어야 후회가 없다.

1층

부모님이 사용하는 1층에 세탁실을 따로 두어 편하게 세탁을 할 수 있다. 부모가 주로 생활하는 공간이 거실이므로 거실을 거쳐서 2층으로 올라갈 수 있도록 계단실을 배치했다. 가족 간에 소통하기에 좋은 설계다.

욕실 포켓도어
부모님이 자주 사용하는 욕실이어서 포켓도어를 설치, 쉽게 열고 닫을 수 있다.

세탁실

계단 아래 수납 공간
욕실용품을 보관하는 공간으로 사용한다.

부모님 방 드레스룸
드레스룸은 양여닫이로 만들어 편리하게 사용할 수 있다. 항상 열어두어도 무방하다. 환기용 창을 내서 수시로 환기를 할 수 있다.

인테리어 기둥
주방과 거실은 인테리어 기둥으로 분리했다.

거실
가족들이 거실을 거쳐서 계단을 올라가도록 배치해서 자주 마주치고 소통할 수 있도록 했다.

2층

2층 가족실에는 TV를 시청할 수 있는 소파를 배치하고 소파 뒤에는 테이블을 두었다. TV를 보면서 다른 작업을 할 수 있어 유용하다. 멀티플레이 시대에 적합한 배치다. 1층에서 생활하는 부모님의 숙면을 방해하지 않도록 2층에도 간이 주방을 두어 늦은 밤에도 간단하게 요기를 할 수 있도록 했다.

안방 샤워실
간단하게 샤워를 할 수 있는 작은 욕실을 별도로 설치한다.

세탁실
1층에도 세탁실이 있지만 언제든 편하게 세탁기를 돌릴 수 있도록 작은 세탁실을 만들었다.

작은 베란다
작지만 가족만의 휴식 공간이 되어준다.

간이 주방
맞벌이로 낮 시간에는 거의 집에 없지만 주말이나 밤늦게 간식이나 야식을 먹기 편하도록 2층에도 작은 간이 주방을 설치한다.

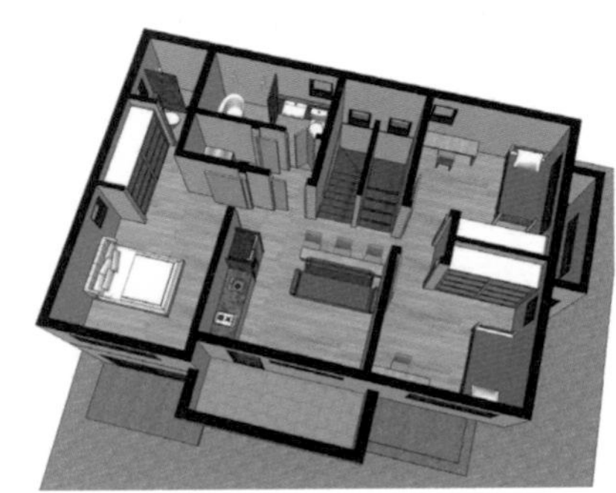

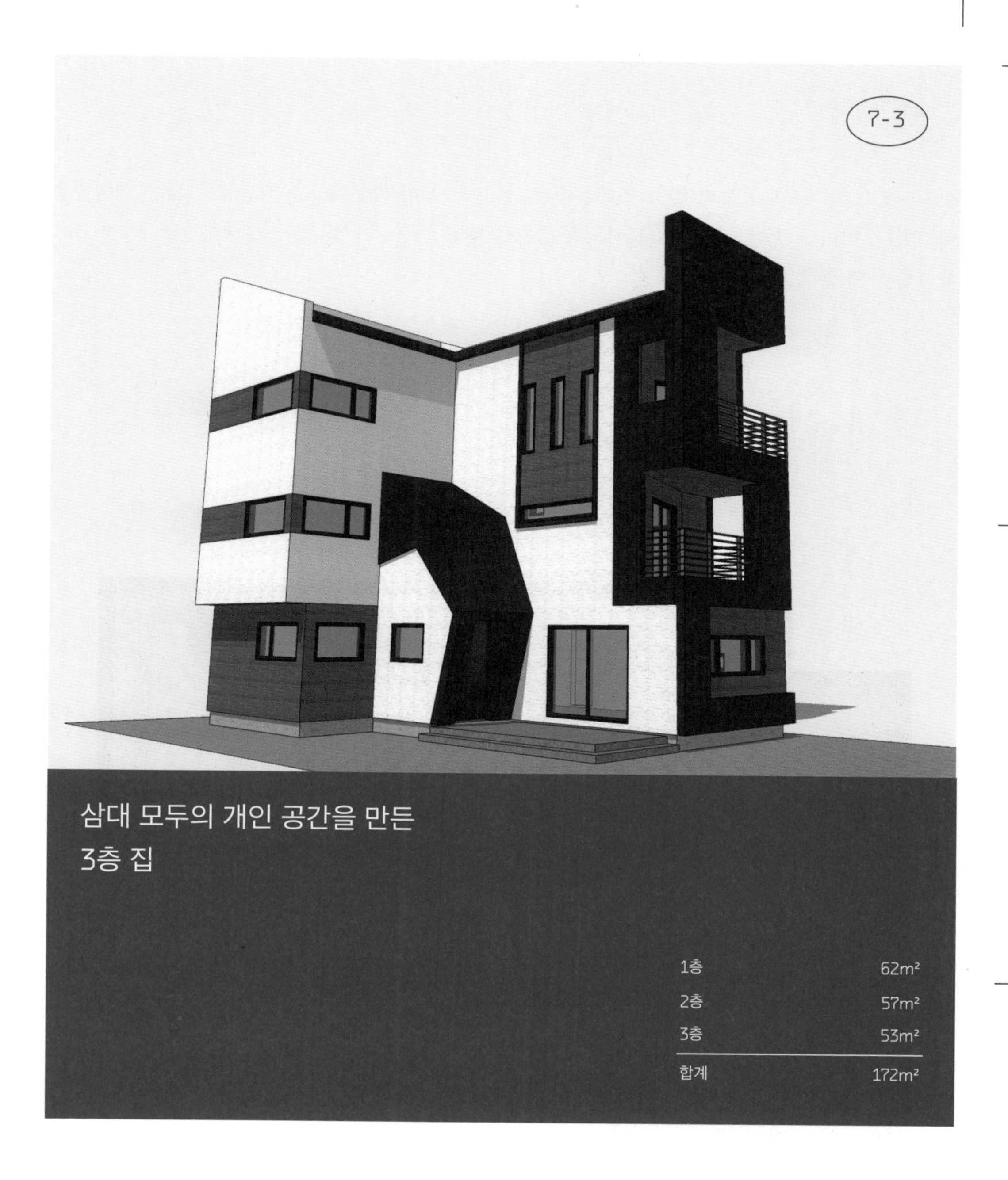

삼대 모두의 개인 공간을 만든 3층 집

1층	62m²
2층	57m²
3층	53m²
합계	172m²

Intro.

건폐율이 작은 자연녹지 지역은 땅이 크지 않은 이상 1층의 건축면적이 작을 수밖에 없다. 건폐율이 20%이기 때문에 땅이 100m²여도 20m² 정도밖에 집을 짓지 못한다. 하지만 다른 문제가 없다면 3층까지 건물을 올릴 수 있다. 삼대가 사는 집을 짓는다면 어머님이 1층, 부부가 2층, 자녀가 3층에 거주하는 형태의 집을 짓는다. 각자 자신의 공간을 가질 수 있다는 것이 가장 큰 장점이다. 어머님이 지낼 1층의 방도 넉넉한 크기로 배치하고 큰 붙박이장도 설치해 불편하지 않도록 한다. 3층에는 책을 좋아하는 가족을 위해서 큰 오픈 서재를 설계해 가족이 함께 모여 책을 읽고 대화도 나누는 거실 같은 공간으로 사용한다. 각층에 배치한 발코니를 개인적으로 사용할 수 있어서 굳이 1층 마당으로 내려오지 않아도 외부와 접하며 휴식을 취할 수 있다.

1층

4인 가족이지만 3대가 모여 살고 친척들이 종종 놀러 오기 때문에 1층 식당에는 넓은 테이블을 배치했다. 어머님 방에서 마당이 보이도록 창호를 내고 전용 욕실을 만드는 대신 복도 쪽에 공용 욕실을 두어 공간 활용도를 높였다.

공용 욕실

어머님 방에 전용 욕실을 만들면 좁은 면적에 두 개의 욕실을 만들어야 해서 비효율적이다. 욕실은 공용으로 사용한다

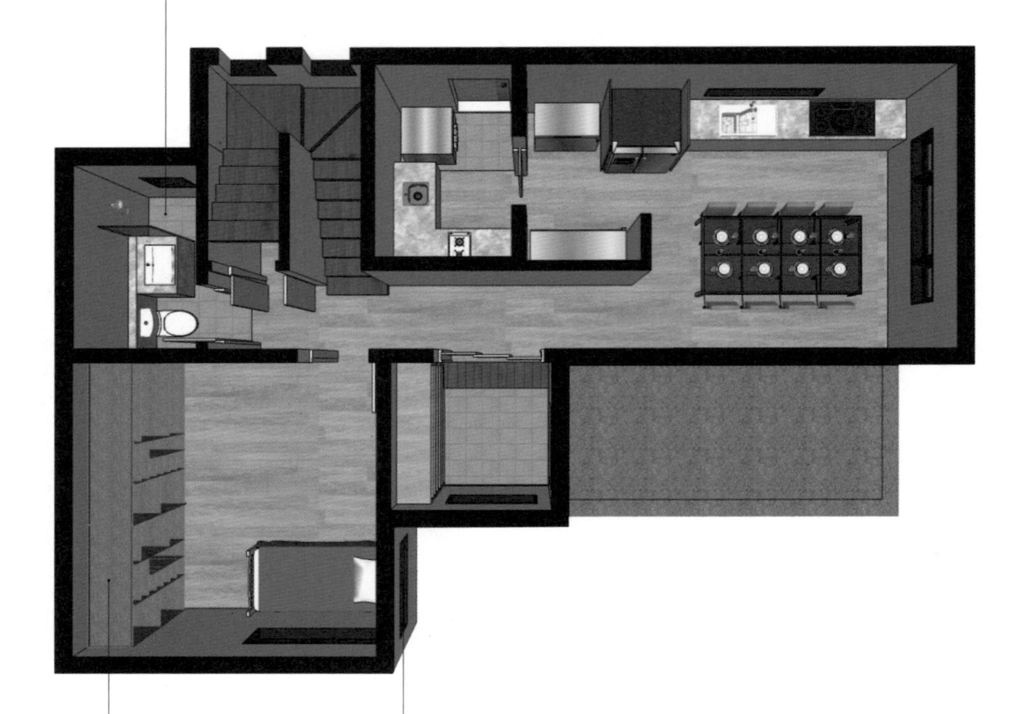

어머님 방 붙박이장

따로 드레스룸을 두지 않고 방 안에 넓은 붙박이장을 설치한다. 어르신들은 붙박이장을 선호한다.

어머님 방에서 마당을 감상하고, 집에 오는 사람들을 확인할 수 있도록 창을 크게 낸다. 낮에 혼자 계시는 어머님이 외롭지 않아야 한다. 채광에도 좋다.

2층

2층에는 부부만의 공간을 만든다. 부부의 넓은 방과 작업실을 겸하는 작은 서재, 그리고 발코니가 딸린 작은 가족실도 배치한다.

가족실에 딸린 작은 발코니
외부 디자인에도 좋지만 가족실을 더 넓어 보이게 하는 효과도 있다.

작은 서재
연구원인 건축주가 집중해서 작업할 수 있는 작은 서재가 필요했다.

부부 방

3층

자녀의 공간이다. 3층이어도 어르신들이 매일 오르내리기는 힘든 높이지만 계단도 놀이처럼 즐길 수 있는 자녀의 공간을 배치하기에는 매우 좋다. 아이방과 별도의 욕실을 만들고 한쪽에는 창고를 두어 자주 사용하지 않는 물건들을 보관한다. 책을 좋아하는 가족들을 위한 공용 오픈 서재도 한쪽에 둔다. 서재에 딸린 발코니는 책을 읽다 한번씩 바깥을 내다보며 휴식을 취하기에 제격이다.

창고

3층에 자주 사용하지 않는 물품들을 보관할 수 있는 창고를 만든다. 건폐율이 작기 때문에 각 층에 창고를 만들기는 어렵다.

공용 오픈 서재

천장까지 닿는 높은 책장으로 도서관 같은 분위기를 연출한다. 3층 지붕 모양을 따라서 마감을 하면 개성 있는 서재를 만들 수 있다.

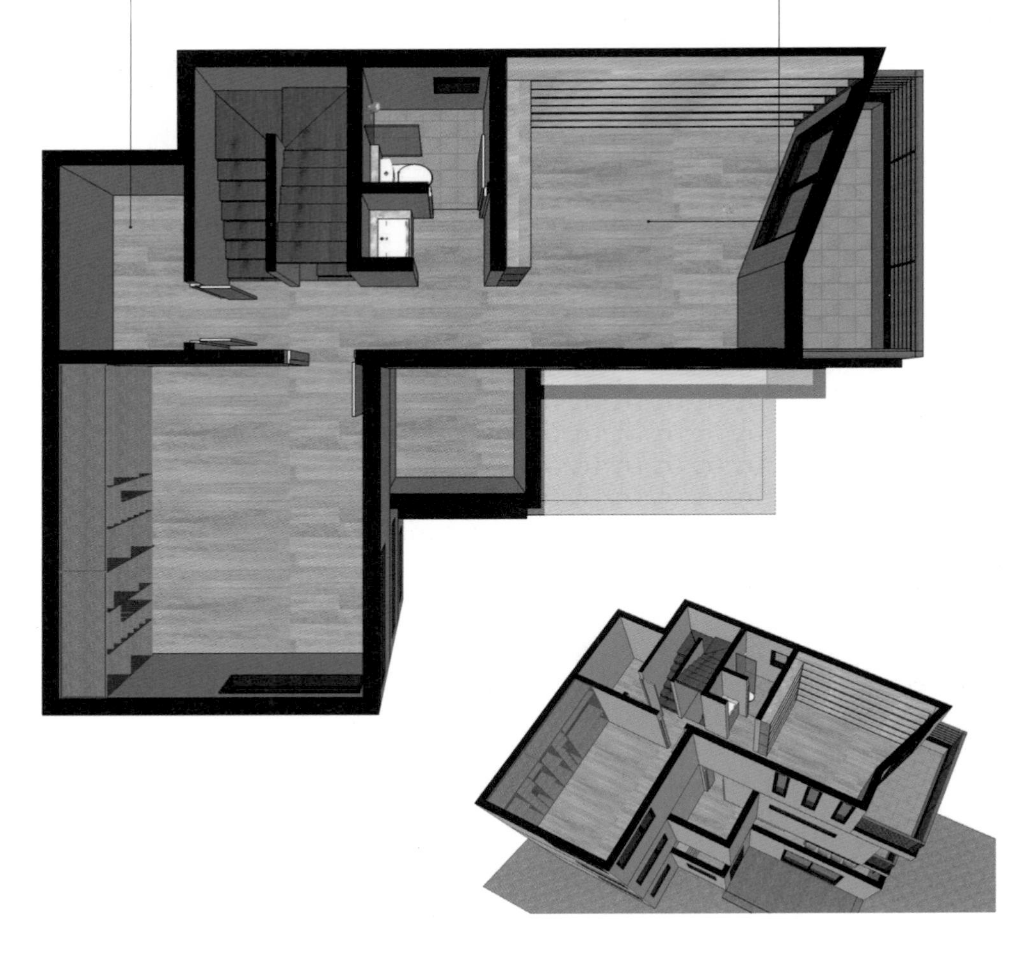

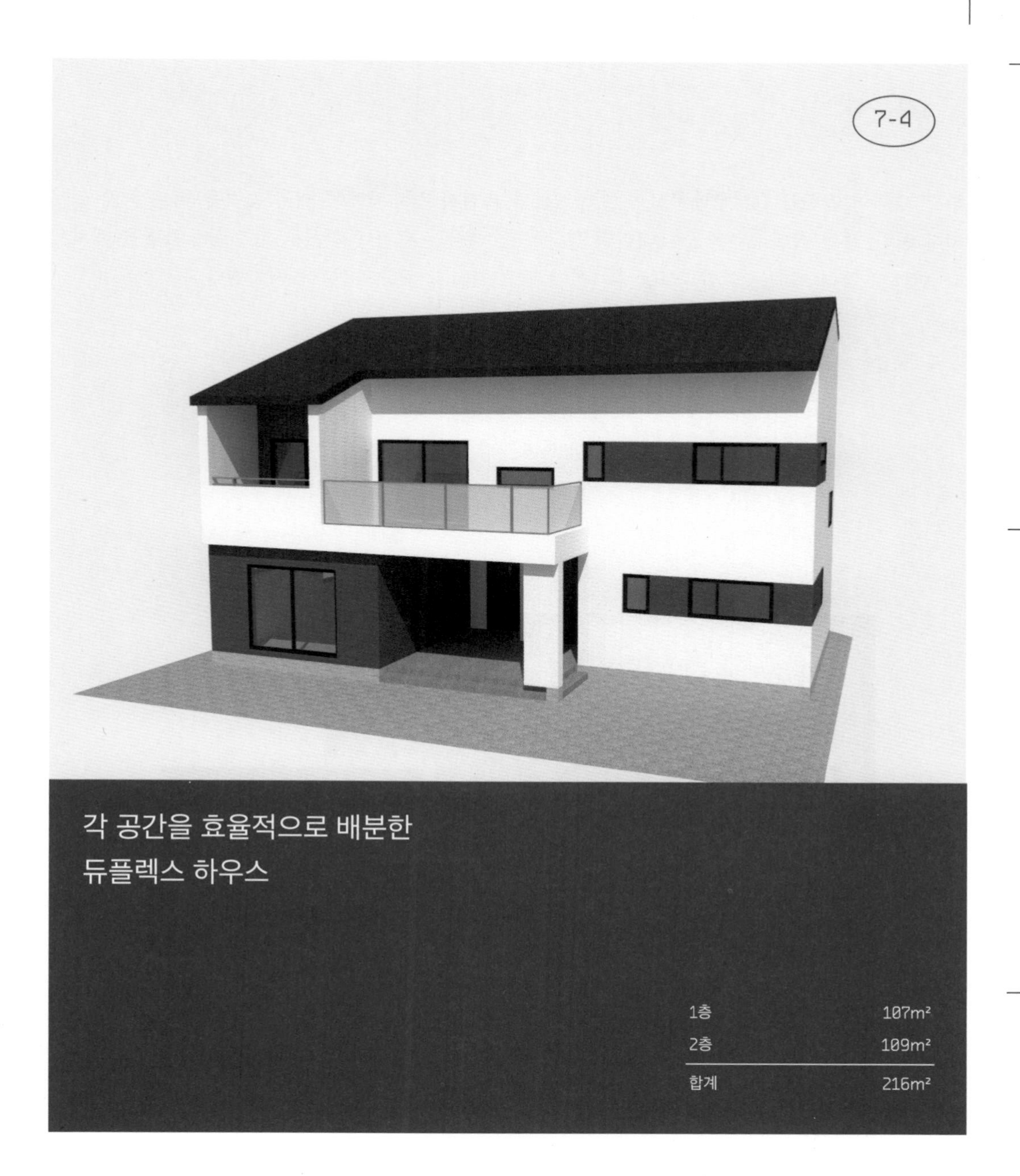

각 공간을 효율적으로 배분한 듀플렉스 하우스

1층	107m²
2층	109m²
합계	216m²

Intro.

부모님과 함께 사는 집을 계획할 때는 대부분 1층에 부모님 세대, 2층에 자녀 세대를 배치한다. 부모님이 편리하도록 배려한 설계지만, 부모님에게도 복층주택의 로망이 있을 수 있다. 그렇다고 면적을 반으로 나누어 집을 지으면 거실을 포기하거나 집이 매우 커야 하는 단점이 있다. 이럴 때는 거실과 주방의 위치를 바꾸면 된다. 부모 세대가 1층에 거실과 주방을 배치하면 자녀 세대는 2층에 거실과 주방을 둔다. 면적을 반으로 나누는 설계가 아니라 1층은 부모가 더 넓게, 2층은 자녀가 더 넓게 쓰는 것이다. 현관문도 따로 설치해서 두 집이 완전 분리된 형태로 지으면 추후 임대도 가능하다. 1층은 자녀 세대의 안방과 계단실을 제외하고는 모두 부모 세대에 면적을 할애하고 반대로 2층은 부모 세대의 안방과 드레스룸, 욕실을 제외한 모든 면적을 자녀 세대에 할애해 자녀 세대가 넓게 사용한다. 작은 발코니에는 여유로운 시간을 방해받지 않도록 벽체를 세워준다.

1층

부모 세대의 안방을 1층에 배치하면 드레스룸과 욕실까지 배치해야 해서 공간을 너무 작게 설계해야 한다. 운동 삼아 2층을 오르내린다 생각하고 1층에는 공용 공간을 두고 2층에 안방을 배치했다. 반대로 자녀 세대는 안방과 욕실을 1층에 두고 거실과 주방은 2층에 배치했다.

부모 세대 사랑방

부모님들은 사랑방을 좋아한다. 한데 실제 입주하여 살다 보면 할아버지 방이 되는 경우가 많다.

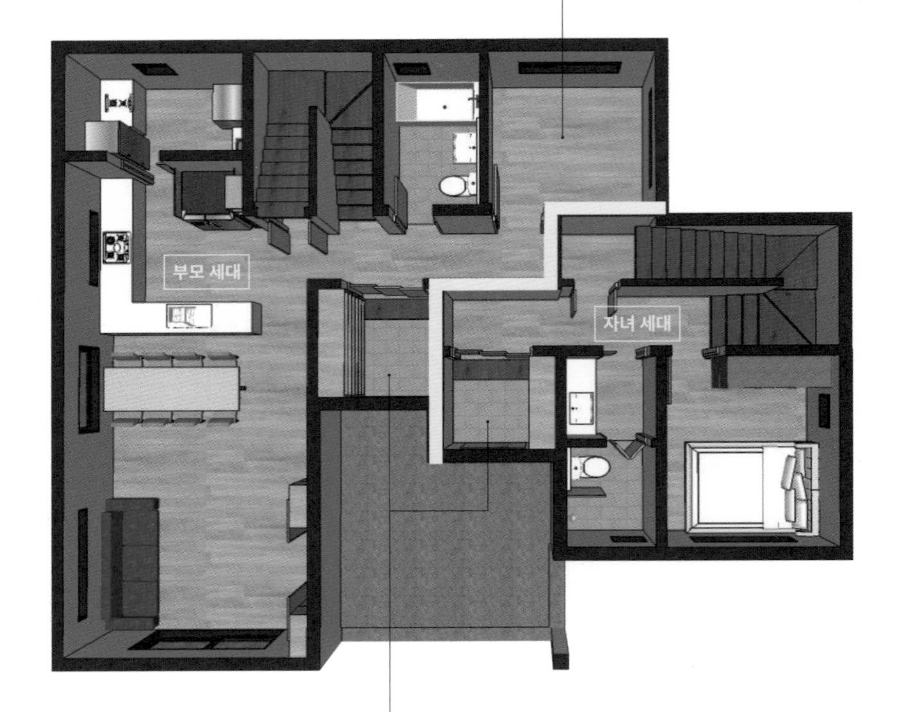

두 개의 현관

현관이 두 개인 완전 분리된 형태의 듀플렉스 하우스다. 부모 세대가 왼쪽에 살고 자녀 세대가 오른쪽에 사는 구조다. 함께 살지만 완전 독립된 형태다.

왼쪽 부모 세대는 2층에 침실과 드레스룸, 욕실만 배치했다. 자녀 세대는 식당 겸 거실로 사용하는 공용 공간과 주방, 두 아이의 방을 배치했다.

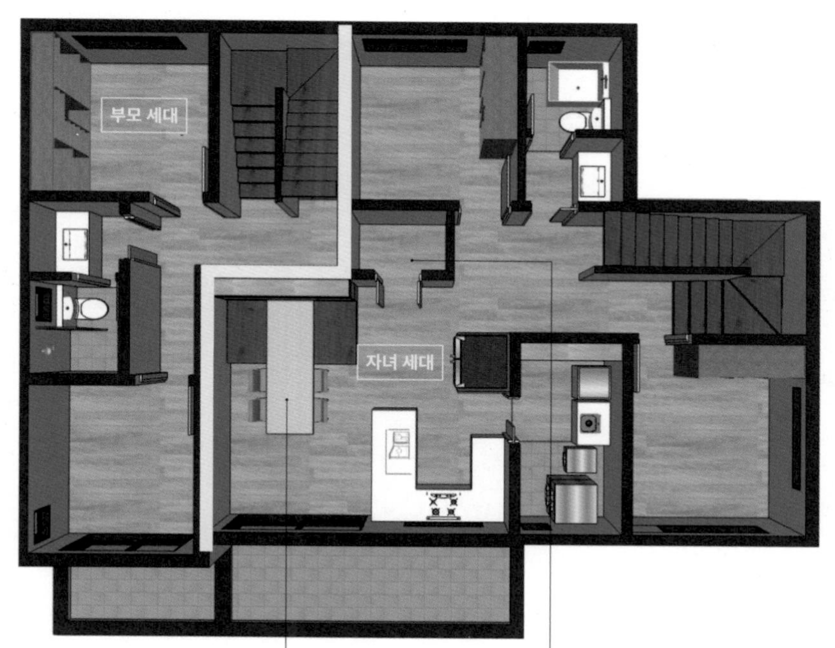

창고

듀플렉스 하우스는 실 배치가 많기 때문에 창고가 부족할 수 있다. 곳곳에 물건을 보관할 수 있는 공간을 만들면 좋다.

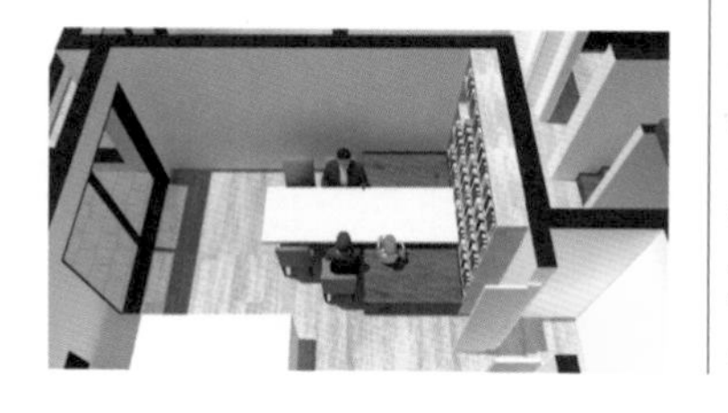

식당 겸 거실

좌식 테이블과 입식 테이블을 겸하는 방식으로 배치한다. 좌식 테이블은 책도 읽고 노트북도 사용하고 식사도 하는 등 다양한 공간으로 사용된다.

필로티 주차장에 별도의 공부방까지!

1층	52m²
2층	94m²
합계	146m²

Intro.

부모님이 사는 1층에서 식구들이 모두 모여 식사를 하지 않는다면 굳이 1층이 넓을 필요가 없다. 계단실과 현관을 제외하고 33㎡(10평) 정도의 크기면 방을 하나 둔 1.5룸 형태의 공간을 배치할 수 있다. 이렇듯 1층이 좁고 2층이 넓으면 자연스럽게 필로티가 생긴다. 필로티 공간을 이용해 주차장을 만들면 비가 내려도 비를 맞지 않고 실내에 들어갈 수 있다는 장점이 있다. 이때 2층 바닥이 외기에 그대로 노출되기 때문에 2층 바닥 단열을 더 꼼꼼하게 해주어야 한다.

아이들 방은 잠만 자는 용도로 같이 사용하게 하고 2.5층에 별도의 공부방을 만들어 공부하는 공간과 분리시켜준다. 공부방에 작은 베란다까지 만들면 독서실처럼 집중해서 공부할 수 있는 분위기를 낸다. 추후 아이들이 독립된 자기 방을 갖고 싶어 하면 별도의 독립된 방으로 변경할 수 있다.

1층

부모님이 사용하게 될 1층은 2층과 완벽하게 분리된 형태이자 1.5룸 구조의 설계다. 2층으로 올라가는 계단실 앞에 문을 설치해서 부모 세대와 자녀 세대의 집을 완전히 분리했다.

포치

2층이 넓어지면서 생기는 포치 공간은 운동을 하는 공간 등으로 다양하게 이용할 수 있다.

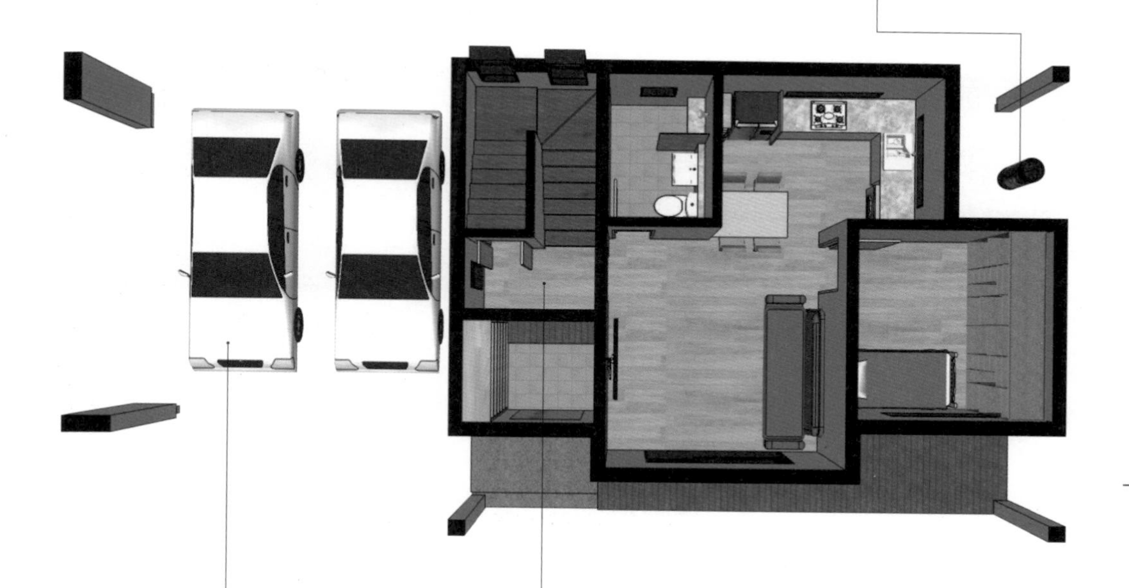

주차장

1층보다 2층의 건축면적이 큰 경우 1층에 그만큼 여유 공간이 생긴다. 이 공간에 주차장을 만들면 비를 맞지 않는 실외 주차장이 된다. 현관으로 바로 이어져서 동선이 좋다.

현관 중문으로 들어오면 오른쪽에 원룸 형태의 부모님 공간이 있다. 계단실 앞에 문을 설치해서 이 문을 닫으면 현관문만 같이 사용할 뿐 독립적인 별도의 공간이 된다. 계단을 통해서 내려오면 부모님의 방을 거치지 않고 바로 외부로 나갈 수 있다.

2층

2층으로 올라오면 독립적인 자녀 세대의 공간이다. 두 자녀는 한 방에서 잠을 자는 대신 복층 공간에 공부방을 따로 배치해 집중할 수 있는 환경에서 공부하도록 했다. 오픈 서재를 두어 가볍게 책을 읽거나 인터넷을 사용할 수 있는 공간으로 사용한다. 식당은 아담한 크기로 만들고 세탁실은 따로 두어 세탁기와 건조기 등을 설치했다.

2.5층 공부방

2.5층에 공부방을 만들고 휴식할 수 있는 베란다까지 함께 배치한다. 잠자는 방에서 공부를 겸하기보다는 집중적으로 공부할 수 있는 독립적인 공부방을 따로 배치했다.

식당

다 함께 밥을 먹을 일이 많지 않다면 식당을 크게 만들 필요는 없다.

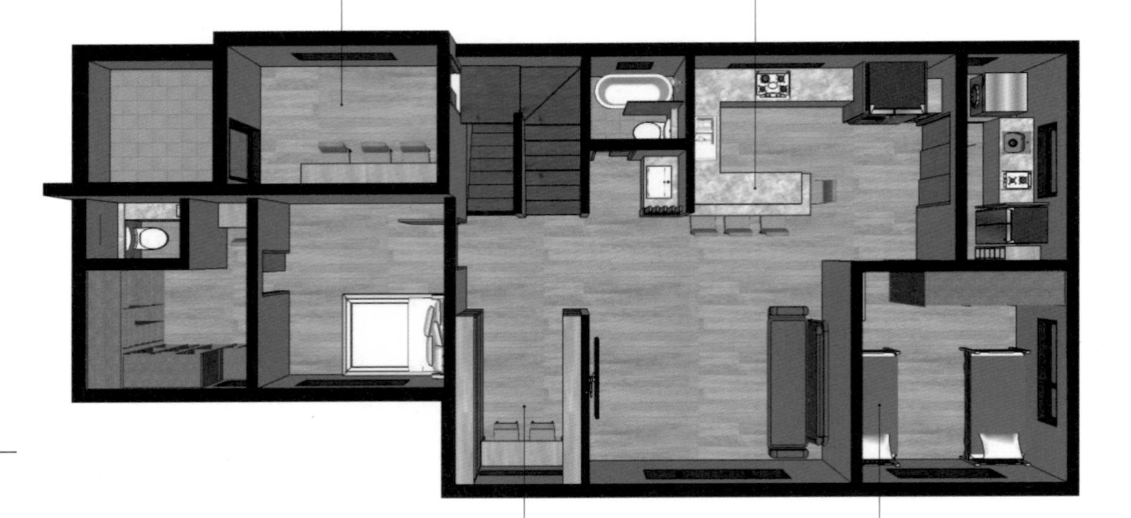

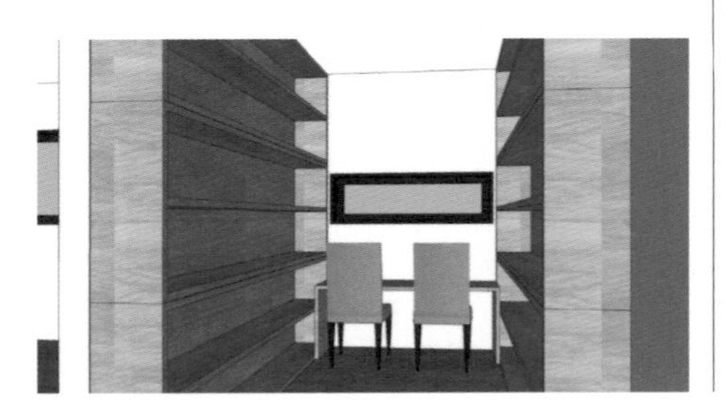

오픈 서재

거실에 오픈 서재를 만들어 개방된 공간에서 인터넷을 하거나 독서를 할 수 있도록 했다.

아이방

아이들이 동의한다면 공부방과 잠자는 방을 분리해 잠자는 방을 같이 사용하는 것도 방법이다. 물론 자녀가 동성일 경우에 고려해볼 수 있는 설계다.

독립적인 넓은 베란다를 품은 삼대 하우스

1층	109m²
2층	84m²
합계	193m²

Intro.

부모 세대와 자녀 세대가 합가하지만 둘 다 큰 집에서 살았기 때문에 집을 좁혀서 이사하는 것은 서로 부담스럽다. 33평형 아파트의 전용면적이 85m² 정도이므로 1층과 2층 모두 비슷한 면적의 집으로 설계해야 두 세대 모두 불편하지 않게 생활할 수 있다. 1층에는 공용 거실과 주방을 배치해야 하므로 좀 더 넓게 설계한다. 2층에는 가족실을 따로 만들어 1층의 거실과는 또 다른 자녀 세대만의 공간을 만들고, 가족실과 이어진 외부 베란다에서는 아파트에서 하지 못했던 바비큐 파티를 열고 간이 수영장을 설치해 가족들과 즐거운 시간을 보낸다. 물론 마당에서도 가능하지만 택지지구의 마당은 거의 도로와 연결되는 오픈 마당이어서 개인적인 모임을 갖기는 부담스럽다. 1층이 넓고 2층이 작은 집을 지을 때 자연스럽게 생기는 여유 공간을 전부 베란다로 만들어 자녀 세대가 편하게 사용할 수 있는 독립적인 공간으로 만들면 여러모로 활용도가 높다.

1층

넓은 평수의 집인 만큼 친척이나 손님이 방문할 때를 감안해 게스트룸을 별도로 두고 거실, 식당 등의 공용 공간도 크게 설계한다. 부모님의 방은 드레스룸과 욕실까지 갖춘 공간으로 계획한다.

2층

자녀 세대만의 공간이다. 안방은 물론 아이들에게도 각자의 방을 주고 자녀 세대만을 위한 별도의 작은 거실과 간이 주방을 배치했다. 거실은 두 계단 정도 단 차이를 두어 한쪽에 아이의 놀이 공간도 만들었다.

창고
좁은 공간이지만 자주 사용하지 않는 물건을 보관하기 유용하다.

분리형 욕실
땅 특성상 꺾이는 공간을 이용해서 욕실을 전부 분리 배치하고, 세면대는 두 개를 설치한다.

단 차이로 분리한 놀이방
거실에는 아이들을 위한 작은 놀이 공간을 만든다. 단을 달리하여 공간을 구분하면 구획의 의미도 있고 단이 걸터앉는 의자 역할도 한다.

넓은 베란다
마당에서 하기에는 부담스러운 바비큐 파티, 간이 수영장 설치 등 외부의 시선이 차단된 곳에서 할 수 있는 다양한 활동들이 가능하다.

7-7

아버님만의 독립적인 공간을 배치한 집

1층	84m²
2층	86m²
합계	170m²

Intro.

아버님과 함께 살기 위한 집을 짓는 경우, 여유가 된다면 아버님의 공간은 독립적인 원룸 형태로 만드는 것이 좋다. 아버님 방에서 마당으로 바로 나갈 수 있는 큰 창호와 툇마루처럼 앉을 수 있는 데크, 간단한 요기를 할 수 있는 간이 주방, 전용 화장실을 배치하면 생활하기에 불편하지 않은 독립적인 공간을 만들 수 있다. 특히 화장실은 아버님만 사용할 수 있도록 전용 화장실을 설치하는 것이 좋다.

1층

완전한 원룸 형태의 공간을 만든다. 아버님이 마음 편히 간단한 요기를 할 수 있도록 방과 간이 주방, 욕실까지 한 공간에 배치한다. 다른 한쪽에는 분리형 주방을 배치하고, 식당과 거실 등 공용 공간을 만든다. 주방 한쪽에는 주방용품을 수납할 수 있는 별도의 공간이 있다.

분리된 주방

주방을 항상 깔끔하게 유지할 자신이 없다면 독립된 주방으로 만드는 것이 좋다. 하지만 답답해 보이지 않게 일부를 개방하고 요리 후 바로 식당에 음식을 내놓을 수 있도록 했다.

아버님 방

데크

텃밭을 가꾸거나 잠시 바깥 출입을 한 뒤 들어올 때는 현관이 아닌 데크를 통해서 방으로 진입할 수 있도록 했다. 데크는 툇마루처럼 사용할 수 있다.

2층

2층에는 세 자녀의 방을 만들었다. 세면대만 분리한 욕실과 욕실 바로 옆에 세탁실을 두어 동선을 줄였다. 안방에는 별도의 드레스룸과 전용 욕실을 설계했다.

안방 전용 욕실
공사비를 아끼려면 세면대를 욕실에 합치는 것이 좋지만 그보다 중요한 것은 사용하기 편해야 한다는 점이다. 곰곰히 생각해보고 결정하자.

샤워실과 세탁실
집안일을 하기 가장 좋은 배치다.

발코니

철거 가능한 벽
붙어 있는 방의 벽은 항상 비내력벽, 즉 집의 구조와 상관없는 벽체로 만드는 것이 좋다. 추후 철거하면 큰방으로 변신할 수 있다.

도심 속 세컨드 하우스

경혜원

7-8

1층	122.83m²
2층	102.21m²
다락	46.77m²

Intro.

지금 당장 단독주택이 필요하지는 않지만 사는 집에서 멀지 않은 곳에 단독주택을 지어 시간이 날 때마다 오가며 본가와는 다른 생활을 하고 싶었다. 연로하신 부모님도 아파트보다는 주택이 더 편하실 것 같아서 계획보다 일찍 집을 짓기로 했다.

1층에 부모님 방을 배치하면서 1층에서 모든 생활이 가능하도록 했고, 취미로 하는 음악도 할 수 있도록 작은 음악실을 만들었다. 1층 한실에서는 가족이나 친척들이 모여서 다과를 나누기 좋다. 2층은 자녀 세대만을 위한 공간으로 지었다.

시간이 더 흘러서 아이들이 대학에 들어가면 아예 들어와서 살 생각도 있기 때문에 가족들이 사는 데 불편함이 없는 집을 만들었다. 외부에서 집 내부를 볼 수 없도록 반사유리로 시공하고 외관은 오염에 강한 세라믹 사이딩을 시공했다.

1층

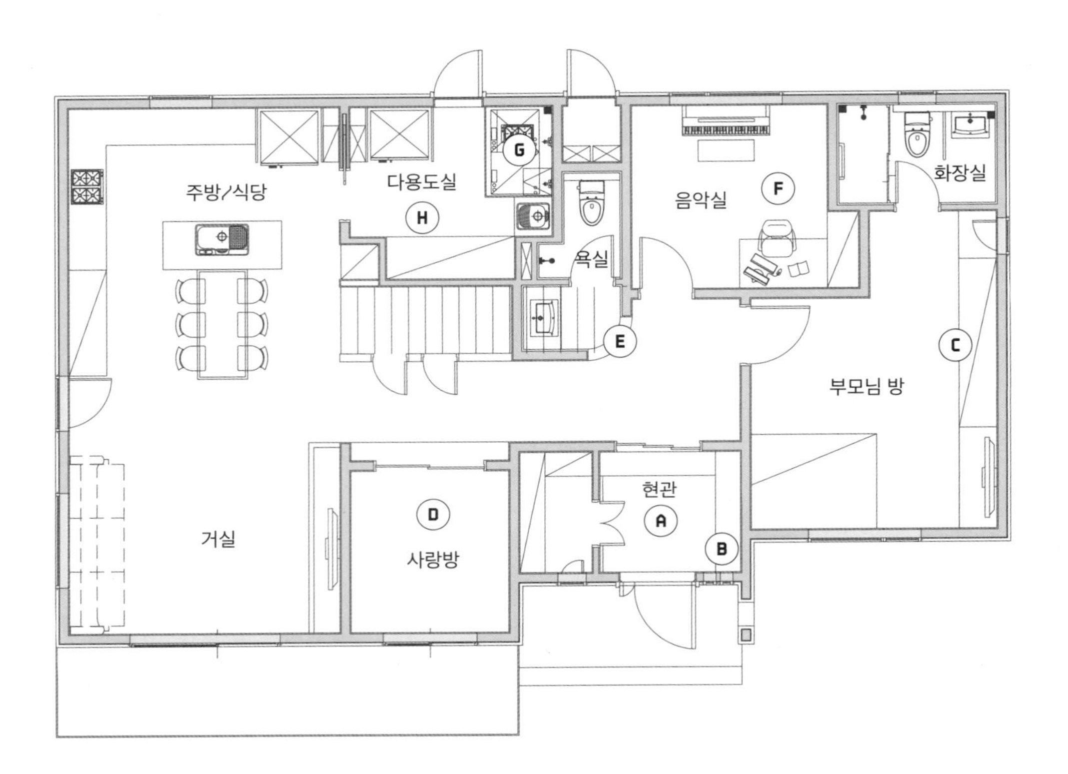

A 현관은 기본 신발장이 있고 창고와 겸할 수 있는 전실 창고가 있다.

B 현관에는 어르신들이 앉아서 신발을 벗고 신을 수 있는 작은 의자를 설치했다.

C 부모님 방에는 넓은 붙박이장을 만들었다.

D 사랑방은 툇마루처럼 단을 높여 만들었다. 찻방이나 게스트룸으로 사용한다.

E 통로 쪽에 배치한 노출 세면대는 입구를 약간 타원형으로 만들었다.

F 음악실 내부는 흡음재를 사용해 마감하고 천장은 원형으로 마감해서 색다른 분위기를 연출한다.

G 세탁기와 건조기를 병렬 배치하면 그 위에 가스레인지를 설치할 수 있다. 본 주방에는 전기 인덕션을 설치하고 보조 주방에 가스레인지를 넣어서 사용한다.

H 다용도실은 빨래방도 되고 보조 주방 역할도 한다. 주방에서 바로 이어지는 동선이다.

A
B
C
D
E
F
G
H

2층 & 다락

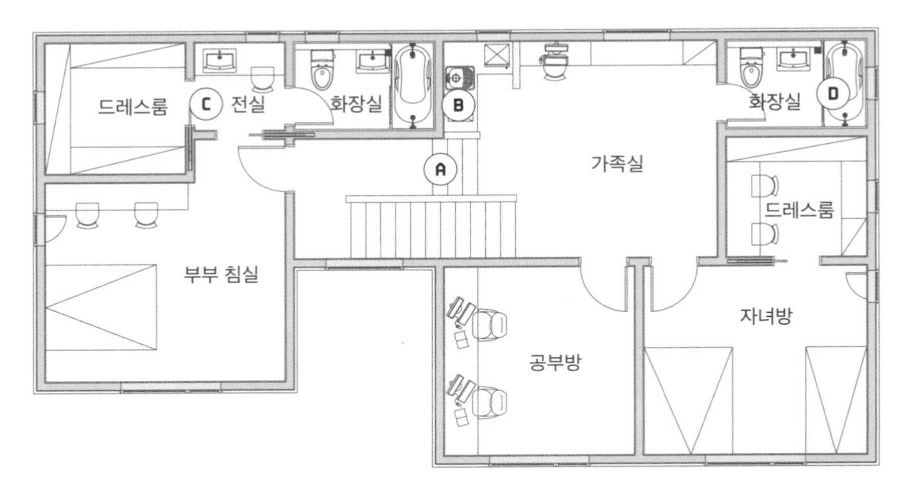

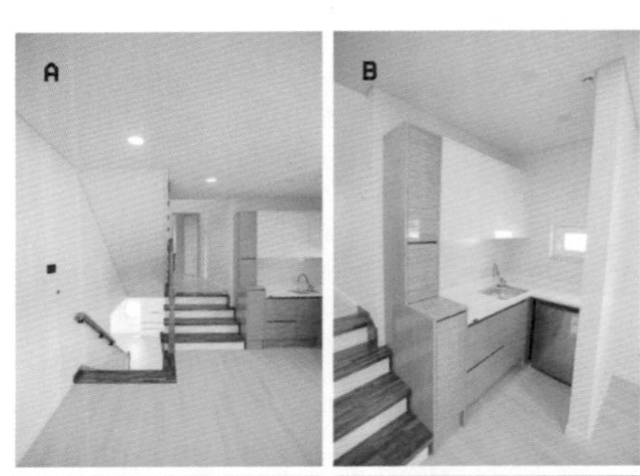

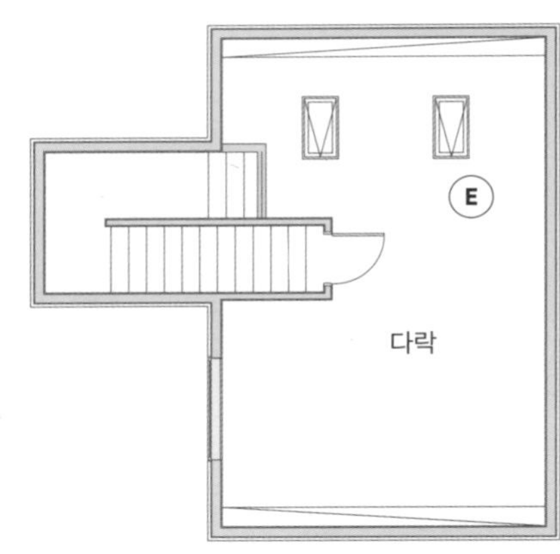

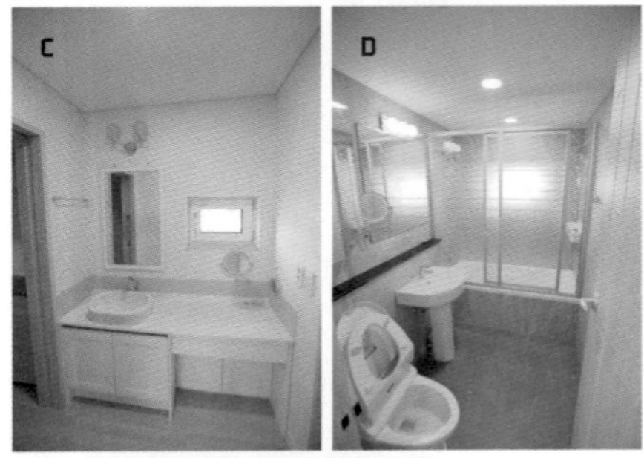

A 층고를 조절해서 반층 형태의 방을 만든다. 아이들 방보다 반층이 높은 곳에 안방을 배치했다.

B 야밤에 배가 고파 간단한 조리가 필요할 때는 2층 간이 주방에서 요기를 할 수 있다.

C 세면대와 화장대를 함께 설치한다.

D 욕조 위에 유리 파티션을 설치하면 샤워부스처럼 사용할 수 있다. 욕실 바닥에 물이 튀는 것도 막을 수 있다.

E 천창은 다락에 꼭 필요한 환기는 물론, 겨울철 단열에도 도움이 된다. 다락은 물건을 보관하기에도 좋고, 자녀나 부부가 개인적인 공간으로 활용하기에도 좋지만 시간이 흘러 손자손녀가 생기면 아이들 놀이터로 사용하기에도 더없이 좋다.

1층에 어머님만의 원룸을 만든 집

연호재

7-9

1층	88.59m²
2층	88.84m²
다락	59.50m²
테라스	36.67m²

Intro.

어머님과 함께 살 주택을 짓기로 하고, 현관을 중심으로 왼쪽은 어머님을 위한 공간, 반대쪽은 가족들의 공용 공간으로 구획한다. 어머님 방에는 간이 주방과 전용 욕실을 배치해 불편함이 없도록 했다.

2층은 부부와 자녀만을 위한 공간으로 설계했다. 아이들에게 방을 하나씩 만들어주고 공용 욕실에는 세탁실을 함께 둔다. 동선이 짧아서 아이들이 샤워 후 던져둔 옷을 수시로 세탁하기 편리하다. 세탁기와 건조기를 세로로 배치하면 공간을 더 확보할 수 있지만 건조기 안을 확인하기 불편해서 가로로 설치했다.

네 개의 방 중 세 개는 남향으로 배치했다. 모든 방을 남향으로 배치하려면 방이 너무 작아지거나 공간 효율이 떨어진다. 요즘에는 방을 잠만 자는 용도로 사용하는 추세라 꼭 남향을 고집할 필요는 없다. 오히려 가족들이 다 같이 사용하는 거실, 주방 등을 남향으로 배치하는 설계도 많이 한다.

1층

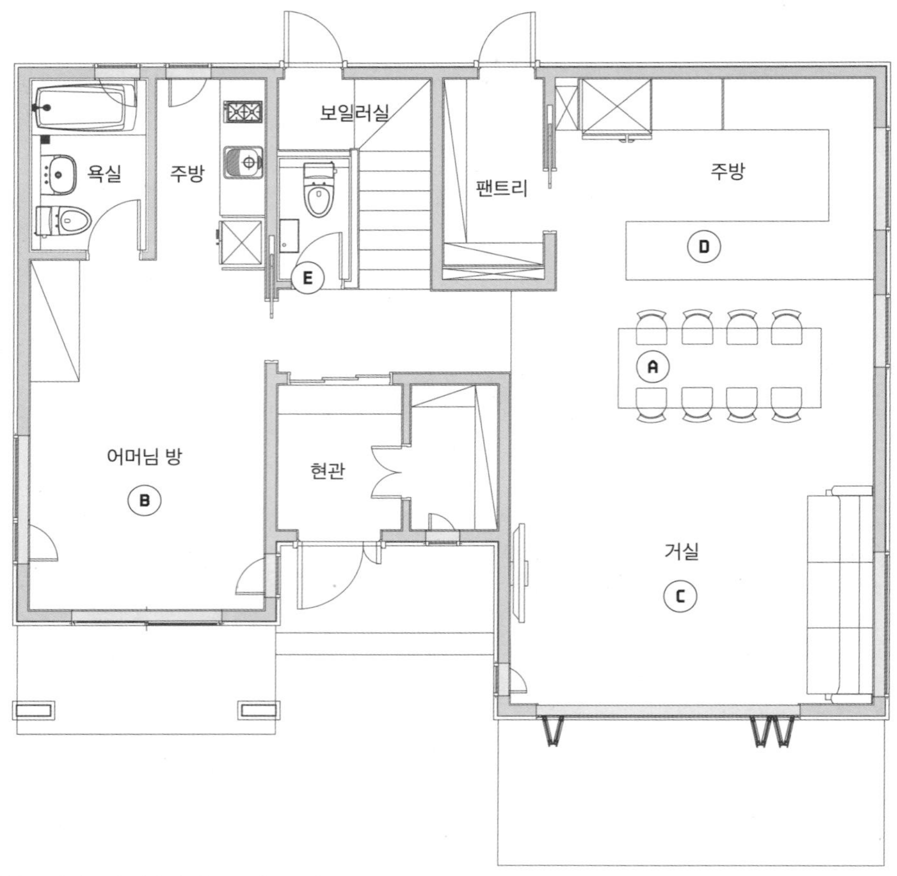

A 테이블은 5인 가족이 편하게 앉을 수 있는 8인용 식탁을 설치했다. 한쪽은 의자로, 한쪽은 등받이 없는 긴 의자를 배치하면 주방에서 음식 나르기가 편하다.

B 어머님 방은 원룸처럼 사용할 수 있게 작은 간이 주방과 욕실까지 만들었다. 생활하는 데 편한 공간으로 만드는 게 제일 중요하다.

C 층고를 높인 거실에 실링팬을 설치했다.

D ㄷ자형 주방은 동선을 줄여주고 식사 후 설거짓거리를 갖다 놓기 편하다.

E 공용 화장실은 계단 아래 공간을 이용해서 작게 만들고 문을 설치할 때 상부에 유리를 넣으면 사용 중인지 아닌지 확인할 수 있다.

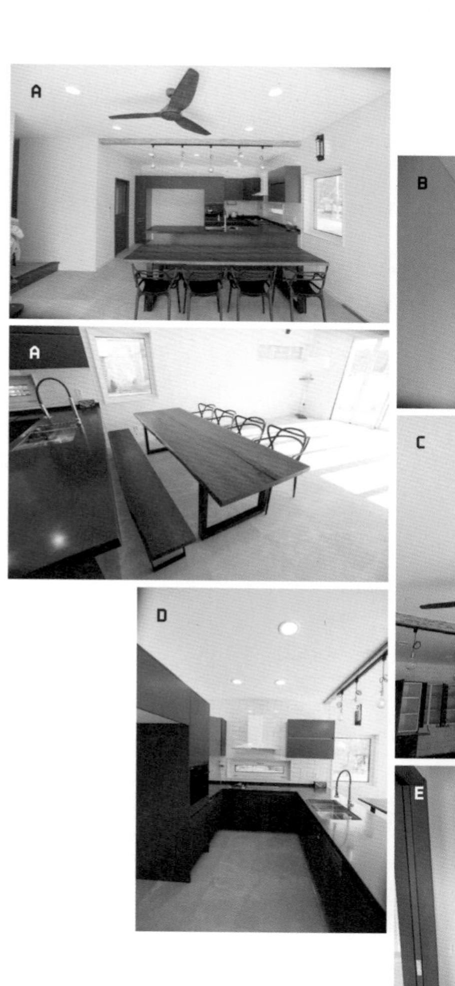
A
A
D

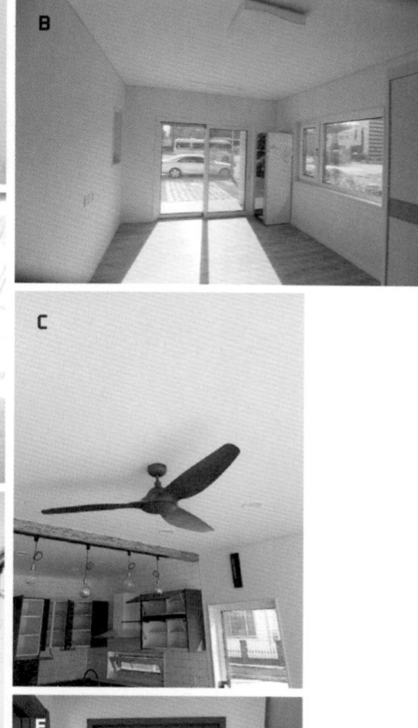
B
C
E

2층

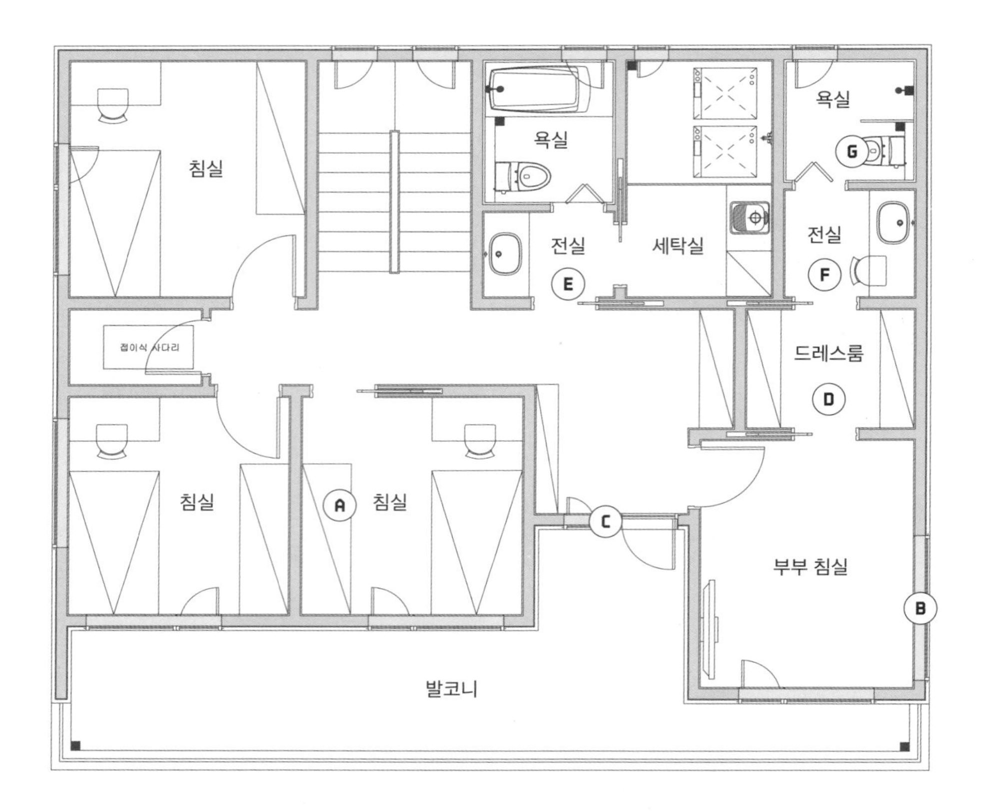

A 아이들 방에는 붙박이장을 하나씩 설치했다.

B 숲이 보이는 고정창은 자연을 담은 액자가 되어준다.

C 발코니로 나가는 곳은 환기를 위한 환기창과 출입을 위한 문을 각각 달았다.

D 드레스룸은 욕실로 가는 통로 양쪽에 배치했다.

E 세면대는 들어와서 바로 보인다. 전체 집의 인테리어를 고려해 독특하고 예쁘게 꾸미는 게 좋다.

F 부부 욕실 전실은 화장대를 겸한다.

G 세면대가 분리된 구조다. 욕실에는 샤워기와 변기만 설치했다.

A

B

D

C
E

F

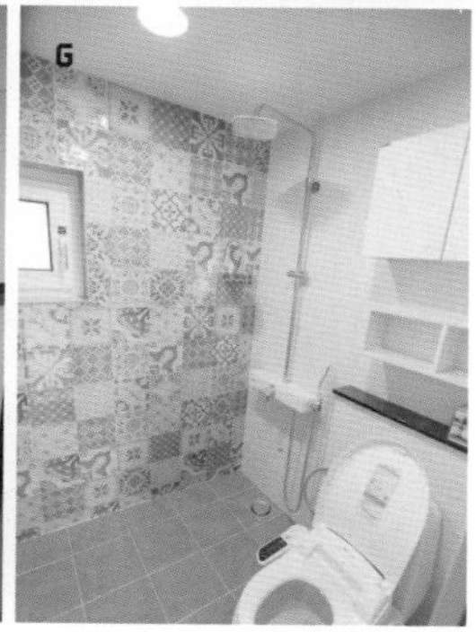
G

1층에 노후 수익용 상가를 품은 점포 주택 설계

8-1 4인 가족 2가구 거주를 위한 점포 주택

8-2 모든 집에 넓은 발코니를 배치한 점포 주택

8-3 복잡한 구도심 속 경사지에 만든 점포 주택

8-4 분리된 상가를 가진 점포 주택

8-5 어머니를 모시고 자매가 함께 사는 점포 주택

완공 사례

8-6 임대를 위한 점포 주택 '그린뷰하우스'

4인 가족 2가구 거주를 위한 점포 주택

1층 상가	96m²
2층	116m²
3층	118m²
합계	330m²

Intro.

점포 주택을 설계할 때는 임대 가구를 명확하게 결정해야 한다. 임대 가구수에 따라서 주차장 규모가 결정되고 그에 따라 상가 면적이 결정되기 때문이다. 임대 욕심에 원룸을 많이 만들면 주차장 크기가 커지고 그러면 임대 수익률이 가장 좋은 상가의 면적이 줄어든다. 그러므로 임대 목적을 정확하게 정하는 것이 좋다.

주변에 원룸이 너무 많아서 임대가 어렵다면 전세를 목적으로 4인 가구를 위한 주택을 지으면 오히려 임대가 더 잘되기도 한다. 주인 세대를 최상층에 배치하고 1층, 2층을 임대를 주기도 하는데 옥상이나 다락방을 사용하려면 가장 위층을 사용하는 게 면적 면에서 유리하기 때문이다. 반대로 생각하면 더 넓은 면적을 임대를 주면 더 많은 수익을 올릴 수도 있다. 이처럼 점포 주택을 지을 때는 미리 명확하게 결정하고 설계에 들어가야 한다. 무조건 가구수가 많다고 좋은 것은 아니다.

1층

점포 주택에서 가장 수익성이 좋은 부분은 1층 상가다. 그래서 상가의 면적을 최대한 배분해야 좋은데 문제는 주차장이다. 가구수가 많으면 주차장 면적이 넓어야 하고, 그만큼 상가 면적이 줄기 때문이다. 이럴 때는 가구수를 조정해서 주차장 면적을 줄이고 상가 부분의 면적을 최대한 확보하는 것이 좋다. 점포 주택 면적은 인테리어를 따로 할 필요가 없다. 최대한 공간 확보를 한 뒤 추후 상가를 하나로 임대할지, 두 개로 분리해 임대할지만 정하면 된다.

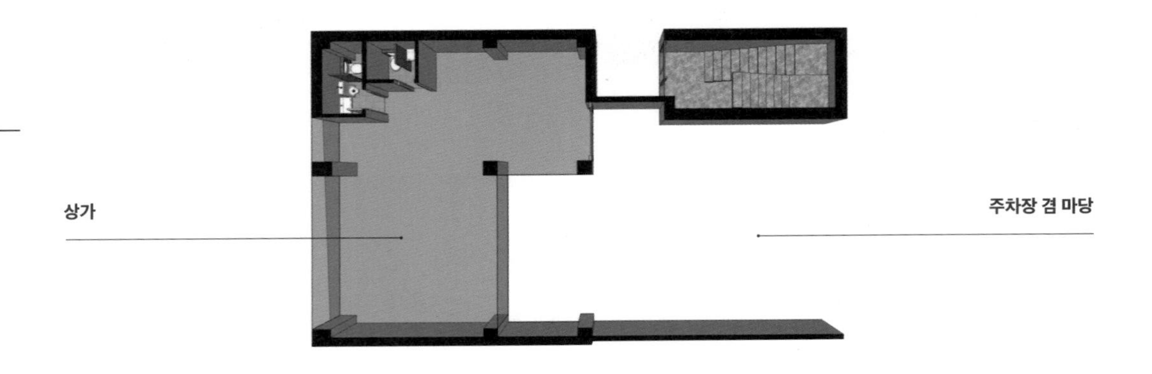

2층

방 세 개가 있는 대중적인 평면이다. 1인 가구가 아닌 한 가족에게 임대할 계획을 가지고 있다면 최소한 방을 세 개는 배치한 설계가 이상적이다.

3층

3층 역시 2층과 마찬가지로 4인 가족을 위한 평면이다. 최상층은 옥상 정원이나 다락을 설계하면 다양하게 공간을 사용할 수 있다. 방 세 개, 주방, 거실의 일반적인 설계이며 안방에는 전용 드레스룸과 화장실이 딸려 있다.

다락으로 올라가는 계단실
최상층은 다락을 만들 수 있다.

현관 전실
메인 현관에 진입하기 전에
전실이 있으면 여러 물품들을
보관하기 좋다.

세탁실

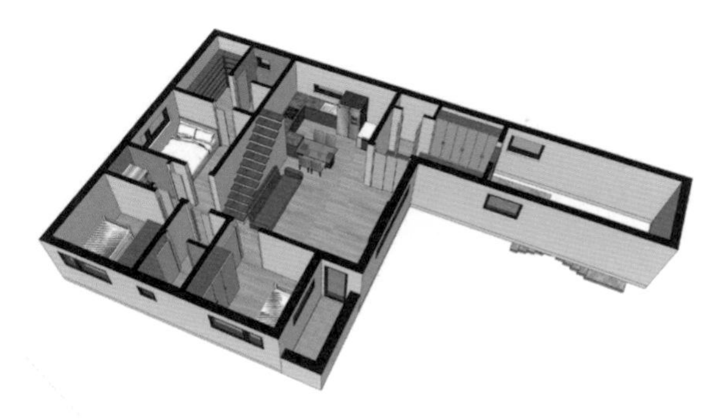

8-2

모든 집에 넓은 발코니를 배치한 점포 주택

1층	189m²
2층	164m²
3층	136m²
합계	489m²

Intro.

한때는 임대 주택을 구할 때 방의 개수가 중요했다. 거실 크기보다 방이 몇 개냐가 중요해서 1.5룸, 2.5룸 같은 말도 생겼다. 하지만 요즘에는 거실의 크기, 주방 배치, 발코니 유무가 큰 영향을 미친다. 방이 작아도 넓은 발코니가 맘에 들거나, 방이 하나 부족해도 거실과 주방이 마음에 들면 계약을 하기도 한다. 어차피 임대 주택은 평생 살 집이 아니다. 아이들이 크면 방이 하나씩 필요할 테니 방은 꼭 몇 개 있어야 한다고 생각하지 않는다. 짧게는 2년, 길어야 4~6년 정도가 판단의 기준이 된다. 아이가 세 명이라 할지라도 아직 어리다면 네 개의 방이 필요한 것이 아니라 아이들과 함께 잘 수 있는 넓은 방 하나가 더 유용하다. 아이들이 중학생 이상쯤 되면 아파트를 분양받아서 나가거나 더 큰 집을 찾아서 이사 가는 경우가 많다.

임대 주택은 대부분 어린아이를 둔 가족들이 살게 되므로 임차인의 눈높이에 맞추어서 만들어야 한다. 그래야 임대도 잘된다. 집을 짓는 건축주 기준으로 집을 구성하면 젊은 부부에게는 어필하기 힘들지도 모른다.

1층

도로에 접한 부분은 주차장으로 할애하고 보행자 도로 쪽에는 폴딩도어를 달아 개방감을 준다.

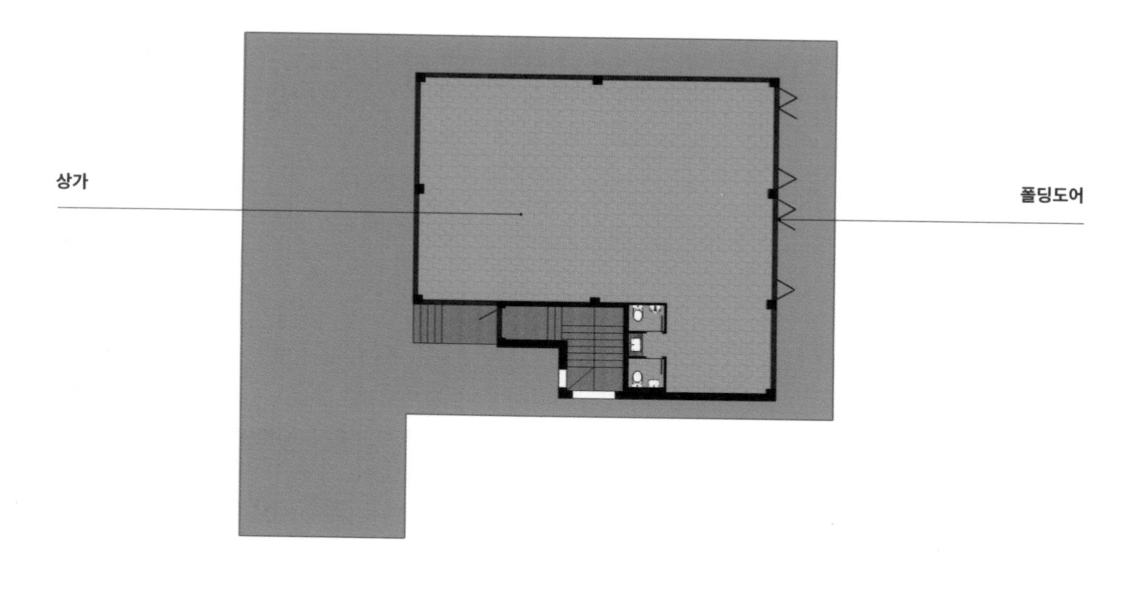

2층

임대를 목적으로 하는 투룸에서 발코니가 있는 집과 없는 집의 차이는 크다. 똑같은 조건이라면 발코니 있는 집을 선호한다. 발코니는 막으면 아파트 발코니 역할을 하고 집도 시원해 보인다.

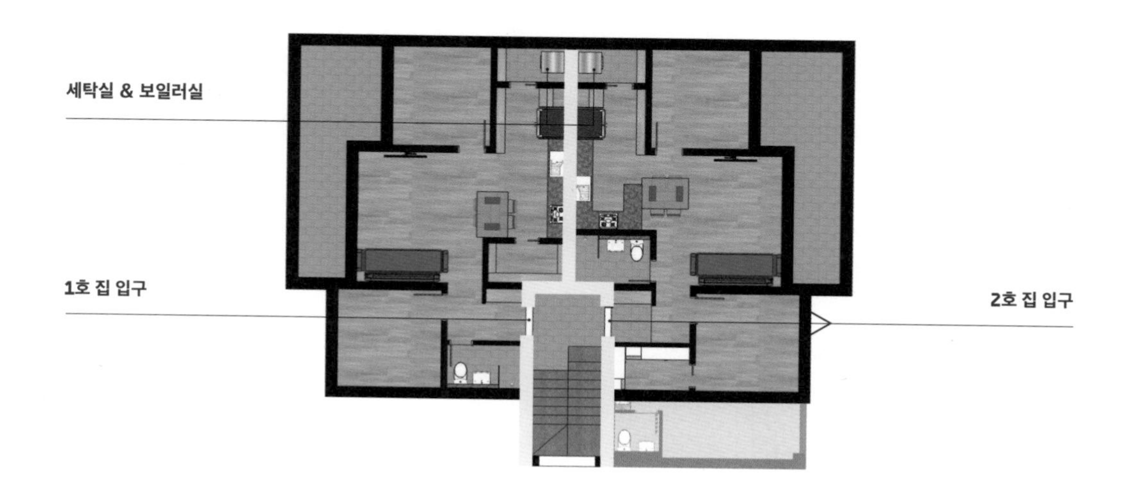

3층

4인 가족이 살기 좋은 구조와 면적으로 설계했다. 베란다도 넓게 배치했다. 루프탑 카페 분위기의 넓은 베란다는 마당이 없는 점포 주택에서 가족과 함께하기 좋은 아늑한 공간이 되어준다. 혹자는 방 개수가 줄고 공사 편의 때문에 베란다는 배치할 필요가 없다고도 말하는데 그러한 이유로 만들 수 있는 공간을 만들지 않는다면 아파트와 다를 게 없다. 게다가 요즘은 아파트도 테라스 하우스가 인기다.

다락으로 올라가는 계단

건물 일부를 사선으로 만들면 채광이 더 잘되고 인테리어도 특별하게 할 수 있다. 집 안에서 베란다가 잘 보여서 베란다를 정원처럼 꾸민다면 더 멋진 공간이 된다.

복잡한 구도심 속 경사지에 만든 점포 주택

지하	92m²
1층	73m²
2층	73m²
합계	238m²

Intro.

서울 도심 속 구 주거지역의 토지들은 산으로 올라가는 형태가 많아서 경사가 심하고 도로도 좁다. 이런 곳에 집을 지을 때는 민원이 많이 발생하고 추가로 진행해야 하는 공사도 많은 편이다. 자연히 일반 택지지구에 짓는 것보다 예산도 많이 든다. 1층 주택의 면적이 73㎡(22평)밖에 안 되는 작은 집이므로 공간을 효율적으로 구성하고 가구수를 줄여 주차장 면적도 최소화한다. 가구수를 늘리면 상가는 포기해야 할지도 모른다.

이 설계는 1층과 2층을 분리한 형태지만 면적이 작다면 지상층은 한 가구로 만들고 지하를 임대하는 방법도 있다. 하지만 서울의 특성상 임대료가 높기 때문에 어떻게 설계하는 게 좋을지 충분히 고민해야 한다.

상가

상가를 도로에 접하게 하고 주차장은 일렬 주차로 한다. 도심 속 점포 주택은 공간이 매우 협소하기 때문에 점포 앞에 주차를 하면 출입이 어려워질 수 있다.

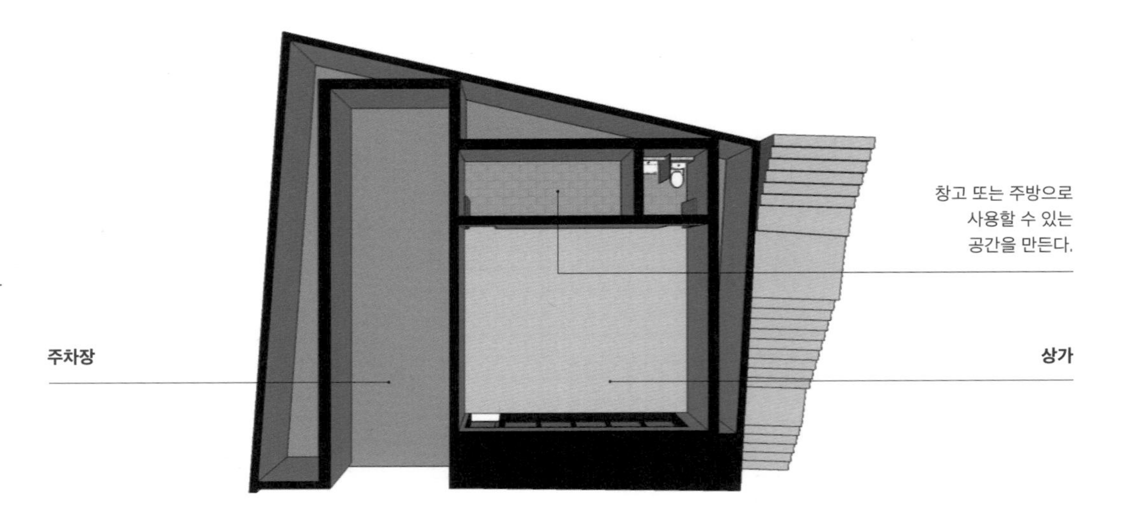

1층

3~4인 가족이 살기 좋은 집으로 설계했다. 방은 두 개만 배치하는 대신 거실에 공간을 할애하고 팬트리를 만든다.

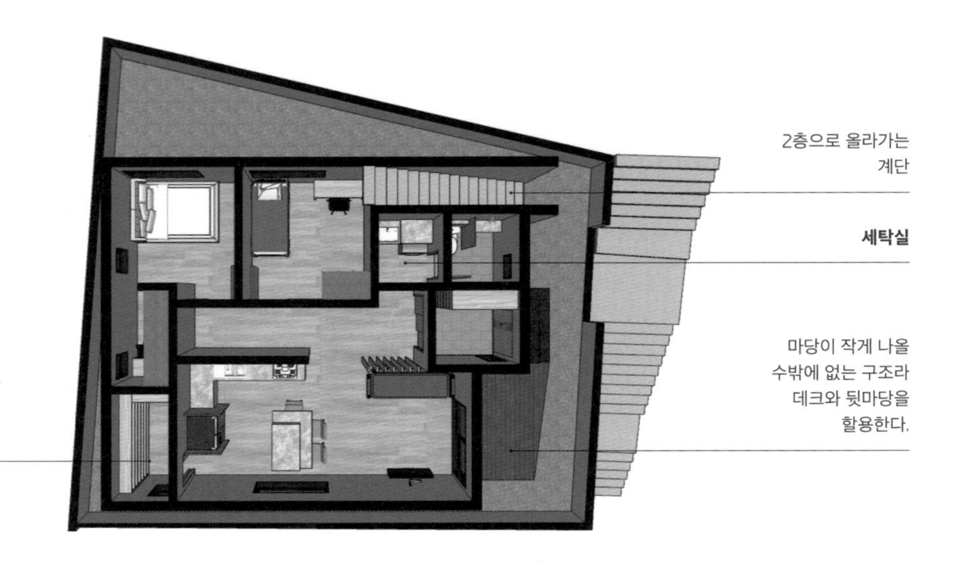

2층

1층과 비슷한 면적의 공간 구성이다. 주차장이 협소한 도심지 점포 주택의 경우 원룸을 많이 만들기보다는 한 층에 한 가구씩 임대하는 것이 더 효율적이다.

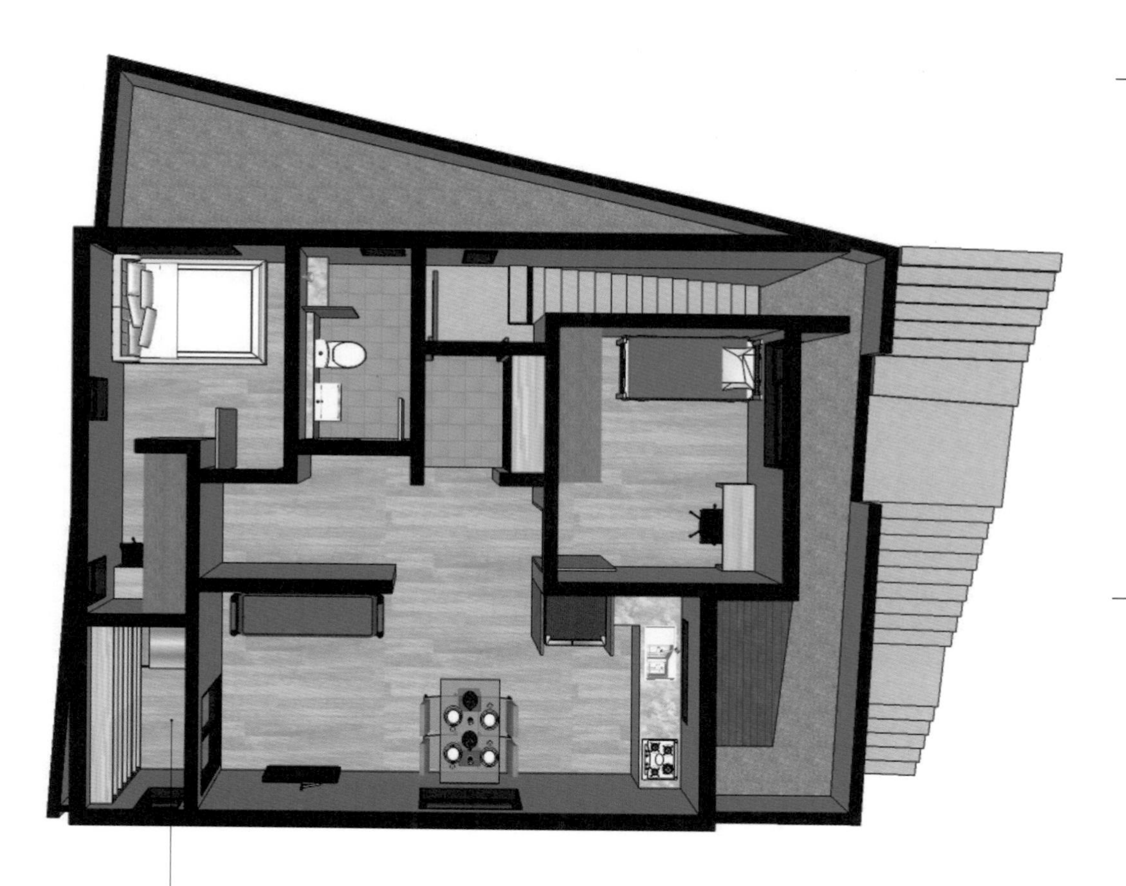

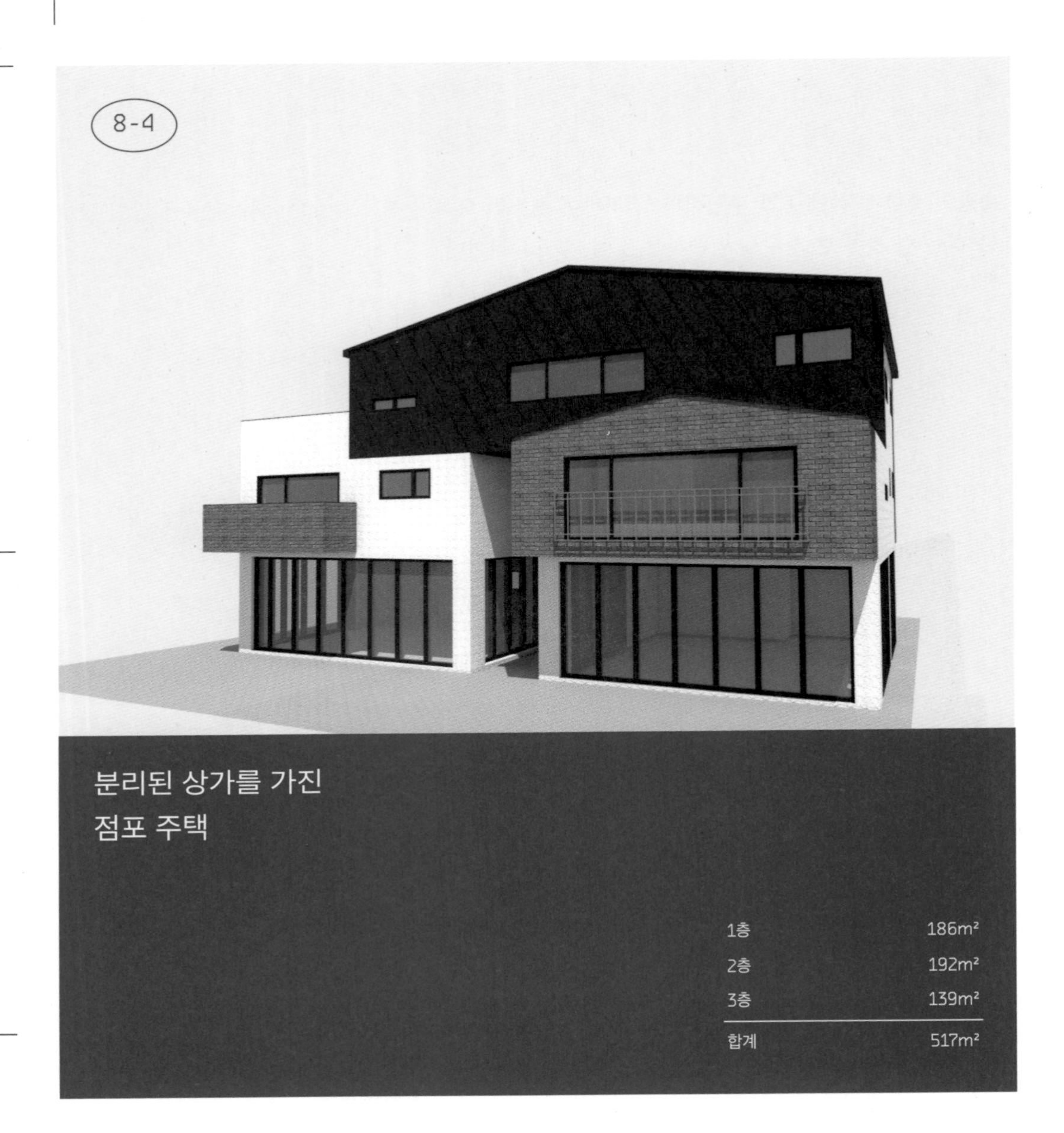

분리된 상가를 가진 점포 주택

1층	186m²
2층	192m²
3층	139m²
합계	517m²

Intro.

상가를 두 개로 나누고 가운데 작은 통로를 두어 다양하고 개성 있는 공간 디자인이 가능하도록 한 설계다.
통로를 중정처럼 조성해 나무와 잔디, 자갈 등으로 꾸미면 점포에 앉아서 감상하기 좋은 공간이 된다. 물론 점포 주택의 면적이 줄어들기는 하지만 다른 점포와 경쟁력이 생기기 때문에 임대에는 더 좋은 조건이 될 수 있다.

1층과 2층은 임대를 목적으로 만든 곳이므로 최대한 넓게 계획하고 3층은 주인 세대가 살 예정이므로 작은 면적에 공간 효율을 높여 설계한다. 3층을 1층과 2층보다 작게 지으면 한쪽에 베란다를 만들 수 있다. 아이가 있는 집이라면 베란다에 간이 수영장을 설치하거나 옥상 마당으로 조성해 가족만의 공간으로 적극 활용하면 좋다. 방수 문제로 베란다 배치를 망설이는 경우도 있는데 주기적으로 관리하고 보수하면 불편 없이 사용할 수 있다. 요즘은 다양한 외부 방수 자재가 생산되고 있고, 마감재가 타일이 아닌 방수재로 나오는 자재도 많다. 마감재를 보수하면 방수도 문제없이 관리되는 제품도 많으므로 관리에 대한 두려움 때문에 미리 포기하기보다는 관리를 최소화할 수 있는 방법과 좋은 자재를 선택하자.

1층

점포 주택을 완전 분리한 형태다. 큰 면적 하나를 임대 주는 것보다 작게 둘로 쪼개서 임대를 주는 것이 수익률에서 더 유리하다. 또한 큰 상가보다 작은 상가가 임대가 더 잘된다.

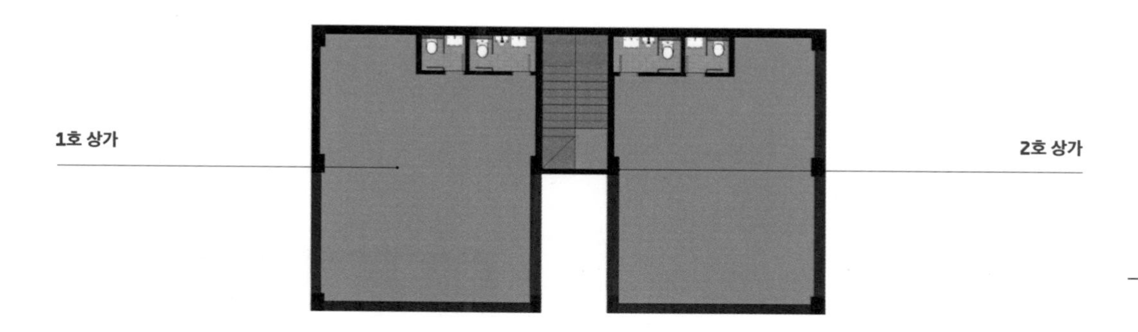

2층

2층에는 2~4인 가족이 살기 좋은 구조의 집 두 채를 만든다. 1호 집은 방 두 개와 거실, 주방, 다용도실로 구성되어 있고 2호 집은 큰 거실과 주방, 팬트리, 작은 서재, 드레스룸과 욕실이 딸린 안방으로 구성되어 있다.

3층

주인 세대가 살 집이다. 전용 욕실이 딸린 안방과 두 개의 방을 추가로 배치하고 공용 드레스룸은 큰 면적을 할애해 만든다. 현관에는 전실이 있어 자전거나 큰 물건을 보관하기 용이하다. 베란다로 나가는 곳에 다용도실 및 세탁실을 배치해 다양하게 활용할 수 있도록 했다.

현관 및 전실

공용 드레스룸
각자의 장이 따로 있다.

다용도실 및 세탁실
바로 베란다로 이어지기 때문에 쓰레기를 쌓아둘 수도 있다. 베란다에서는 빨래를 널기도 하고 가족이 모여 바비큐 파티를 하기도 한다.

안방 욕실 및 파우더룸

어머니를 모시고 자매가 함께 사는 점포 주택

1층	170m²
2층	184m²
3층	133m²
합계	487m²

Intro.

점포 주택은 가족들이 모여 살기 좋다. 1층에 설계한 상가에서 형제 또는 자매가 함께 사업을 할 수도 있고 3층으로 설계해 부모님은 2층, 자매나 형제, 또는 결혼한 자녀는 3층에서 지내면 각각의 사생활을 유지하면서 따로 또 같이 살 수 있다. 1층 상가는 임대가 목적이 아닌 경우, 설계 단계부터 온 가족이 참여해서 상가와 집을 자기만의 공간으로 구획하고 설계하는 것이 좋다. 직접 사업을 하기 위한 목적이 아니라면 1층 상가는 임대 수익을 올려야 하기 때문에 최대한의 면적을 확보한다.

2층 부모님 집은 오르내리기 편하도록 동선을 짜고 점포 주택은 마당을 갖지 못하므로 층마다 마당을 대신할 수 있는 베란다를 설계한다. 이 집은 어머니를 모시는 자매가 함께 사는 점포 주택으로, 3가구가 살 수 있도록 설계되었다. 자매 중 한 분은 넓은 거실을 갖고 싶어 해 거실을 넓게 설계했고, 혼자 살아도 방은 두 개였으면 좋겠다는 어머님의 의견도 반영했다. 점포 주택은 330m²(100평)가 넘는 큰 집이므로 공간 구획을 어떻게 할지 고민하면 각자의 생각을 충분히 담아낼 수 있다.

1층

점포는 처음부터 구획하지 않고 전체를 터두었다. 임대 상황에 맞춰 상가를 두개로 분리할 수 있도록 설계하면 추후 좀 더 효율적으로 임대 계획을 짤 수 있다. 상가를 두 개 둘 것을 염두에 두고 화장실을 만들거나 아예 밖에 설치해도 된다.

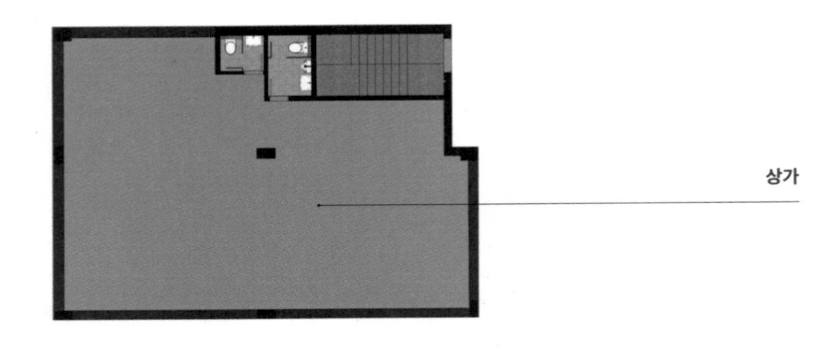

2층

2가구가 살 수 있도록 설계했다. 각각 방을 두 개씩 배치한 평면으로 임대 주택이지만 입주자가 정해져 있는 상태에서 설계가 진행되어 실 분리를 명확하게 할 수 있었다. 좌측은 넓은 거실을 원하는 동생네 집이고 우측은 방이 두 개 딸린 어머님 집이다.

3층

4인 가족이 지낼 수 있는 집으로 설계했다. 방은 잠을 자는 공간으로의 기능에 충실한 실용적인 크기로 배치하고, 다용도로 쓸 수 있는 외부 베란다를 만들었다. 선룸으로 설계해서 계절과 상관없이 다용도로 사용할 수 있으며 마당을 갖기 힘든 점포 주택의 단점을 보완해준다.

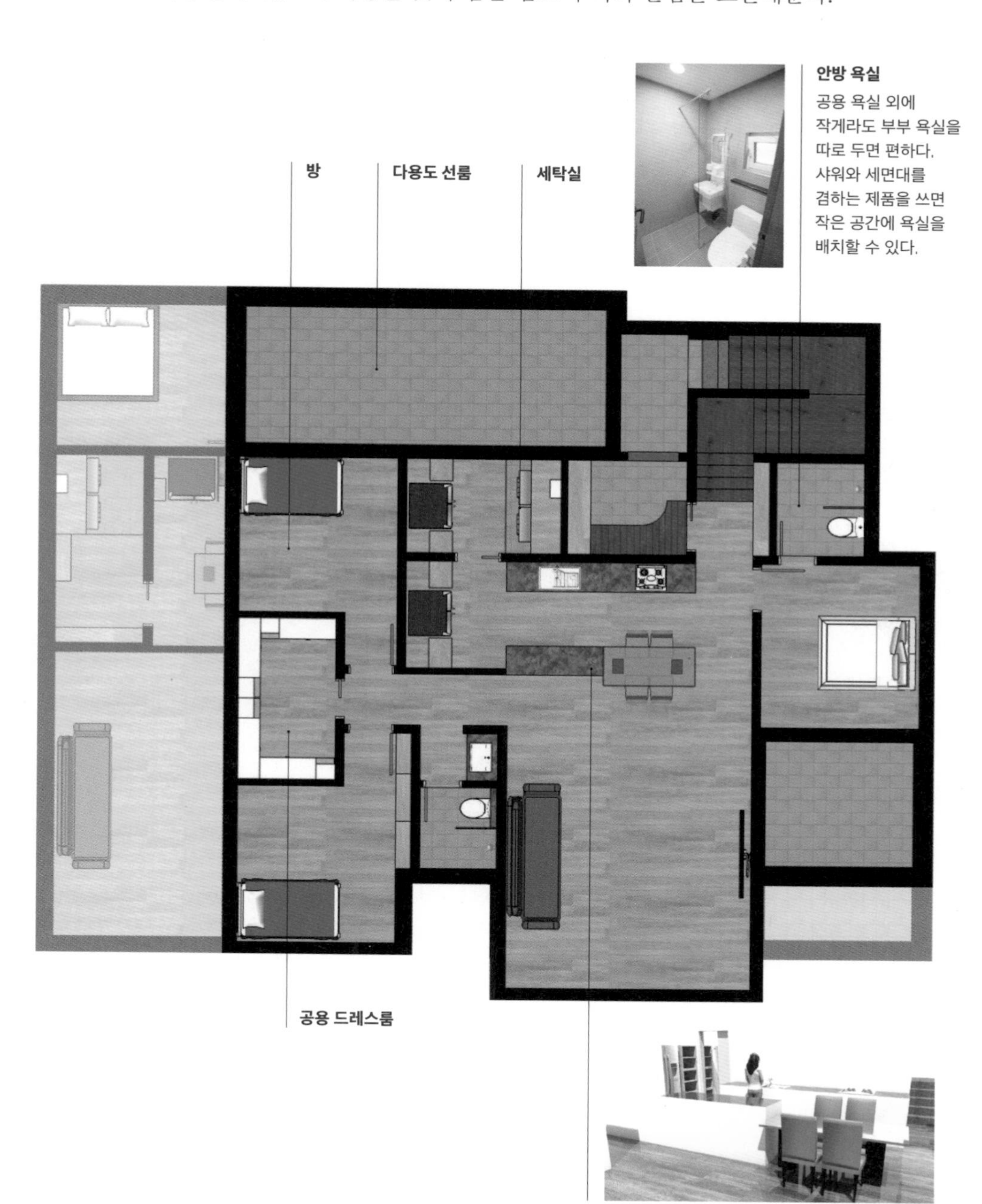

임대를 위한 점포 주택

그린뷰하우스

8-6

1층	81.64m²
2층	102.52m²
3층	102.52m²
4층	81.58m²

Intro.

부동산에 관심 있는 사람이라면 한번쯤 꿈꾸는 것이 조물주 위에 있다는 건물주다. 대형 빌딩은 엄두도 내지 못하지만 요즘 LH에서 분양하는 점포 주택지에 관심을 두는 사람들이 많아졌다. 실제로 분양할 때 경쟁률 몇 백 대 일은 기본일 정도다. LH에서 신도시를 만들 때 일부 지역을 임대 주택과 1층에 상가를 만들 수 있는 점포 주택지를 따로 만들어서 분양한다. 그러면 그곳에 작은 건물을 하나 올릴 수 있다. 대부분 330m²(100평)에서 496m²(150평) 내외의 집을 짓는데 땅 값 포함, 10억 정도에 건물주가 될 수 있다. 물론 10억이 적은 돈은 아니지만 그중 일부분을 대출받거나 임대 부분을 전부 전세로 돌린다면 공사비는 어느 정도 감당할 수 있기 때문에 여유가 있다면 도전해볼 만한 프로젝트다.

점포 주택에서 중요한 점은 1층 상가가 임대료의 상당 부분을 차지하므로 주차장 면적을 잘 조정해서 상가 면적을 최대한 확보해야 임대 수익이 좋아진다는 것이다. 또한 원룸만 고집하기보다 주변 수요를 감안해서 방이 두 개나 세 개 있는 집으로 설계하는 것도 방법이다. 원룸만 배치해 가구수를 늘리면 임대료를 더 받을 수는 있지만 공사비는 더 들어가기 때문에 실제 수익률을 따지면 큰 차이가 없는 경우도 있으므로 주변 수요 파악이 가장 중요하다.

위 주택은 1층은 상가, 2층과 3층은 투룸 2가구씩 4가구, 그리고 최상층은 다락방과 넓은 베란다가 있는 4인 가족을 위한 집으로 이루어져 있다.

1층

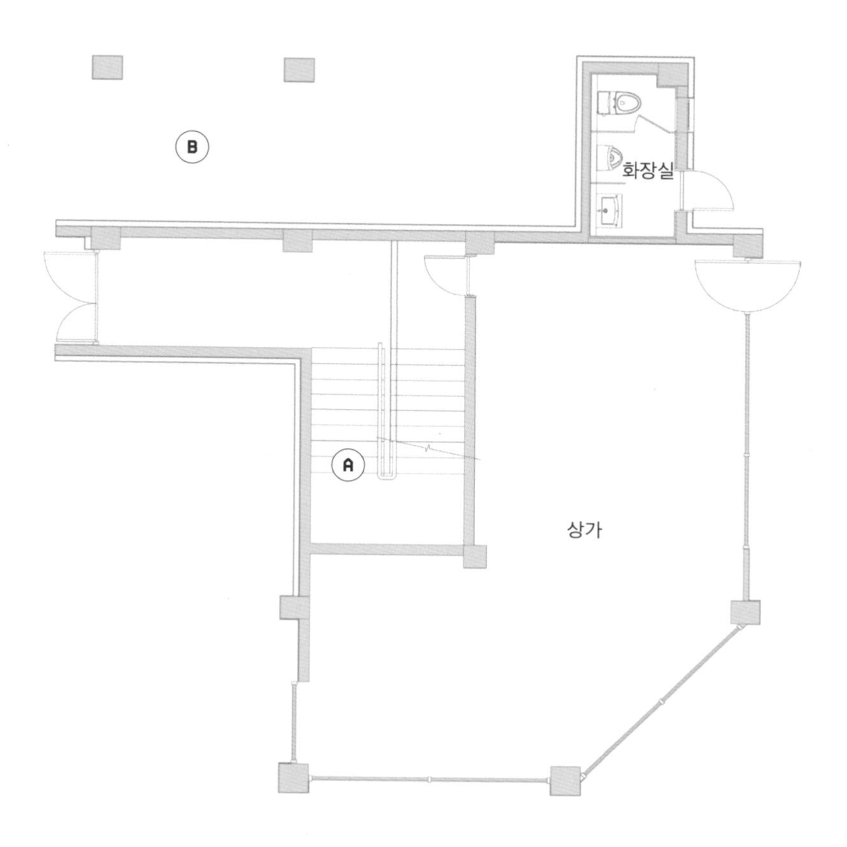

A 점포 주택의 특성상 계단실이 있어야 한다. 엘리베이터가 있으면 고층에 사는 사람들이 편하겠지만 그만큼 공간을 차지하고 공사비도 많이 올라가므로 엘리베이터 설치는 신중하게 결정해야 한다.

B 주차장은 총 다섯 대 주차가 가능하다. 지역마다 법이 조금씩 다르지만 가구당 1대 정도의 공간을 필요로 하기 때문에 감안해서 1층을 설계해야 한다.

2층 & 3층

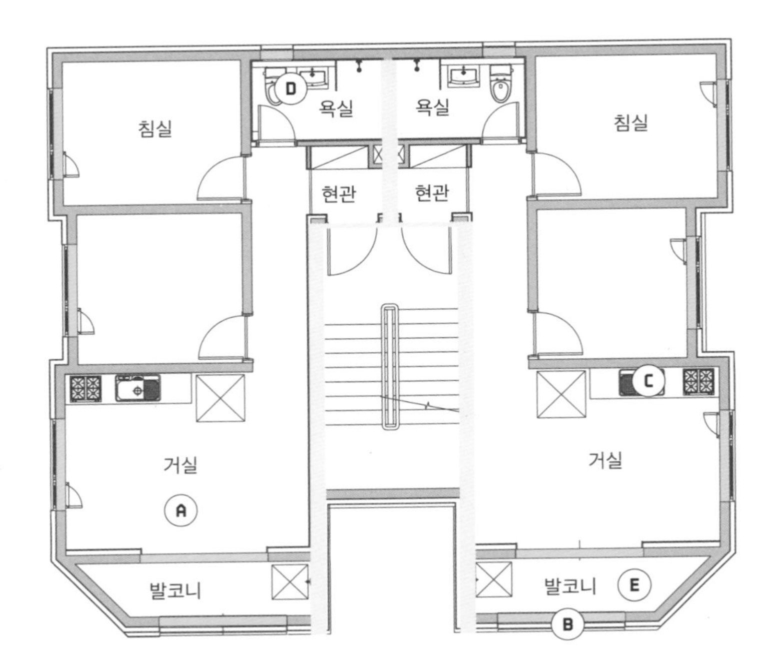

A 거실은 바로 발코니로 연결된다. 임대 주택에서 발코니 유무는 임차인의 선택에 영향을 미친다.

B 아파트 창처럼 넓고 큰 창호를 남향에 배치함으로써 채광을 충분히 확보할 수 있다.

C 거실과 주방은 일체형으로 배치한다. 분리할 수도 있지만 한정된 면적에 2가구를 배치해야 하기 때문에 일체형으로 만드는 것이 효율적이다.

D 일체형 욕실을 배치한다. 점포 주택에서 욕실의 배치는 층별 욕실이 같은 위치에 배치되는 것이 좋다.

E 세탁기를 배치하고 빨래를 널 수 있는 발코니는 임차인들이 원하는 공간 중 하나다. 창고로도 활용할 수 있다.

D

4층

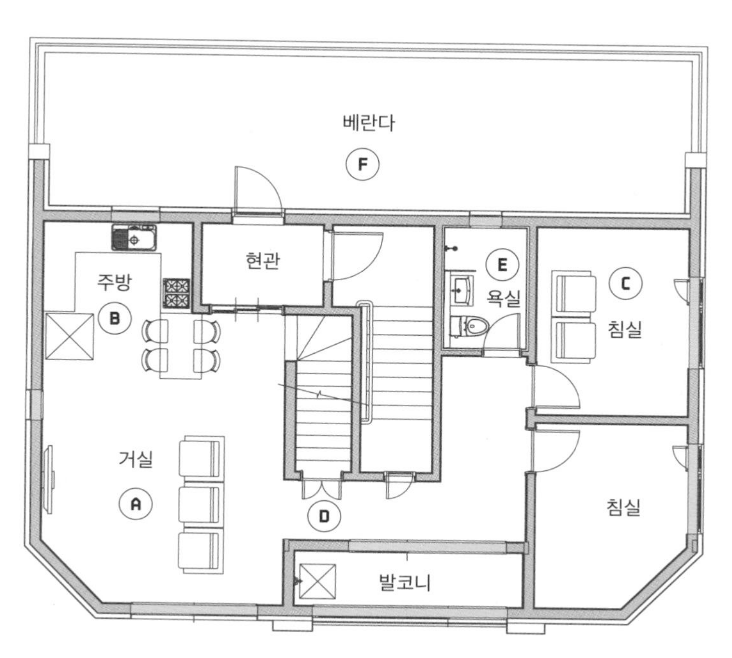

A 최상층은 주인 세대가 살거나 4인 가족이 살기에 충분해야 한다. 그래야 임대를 줄 때도 높은 금액을 받을 수 있다. 거실은 소파와 테이블을 두어도 충분한 공간으로 설계한다.

B ㄷ 자형 주방은 좁은 공간에 배치하기 좋은 구조다.

C 방은 침대, 책상, 붙박이장을 배치할 수 있는 크기여야 한다.

D 방과 거실은 중간 계단과 복도를 통해서 분리한다.

E 욕실은 일체형으로 만들고 공용으로 사용한다.

F 일조권과 용적률 때문에 사선 제한에 걸리는 부분은 베란다로 만드는 것이 좋다. 점포 주택의 최상층이 아파트보다 좋은 점 중 하나가 사진처럼 넓은 베란다를 만들 수 있다는 점이다.

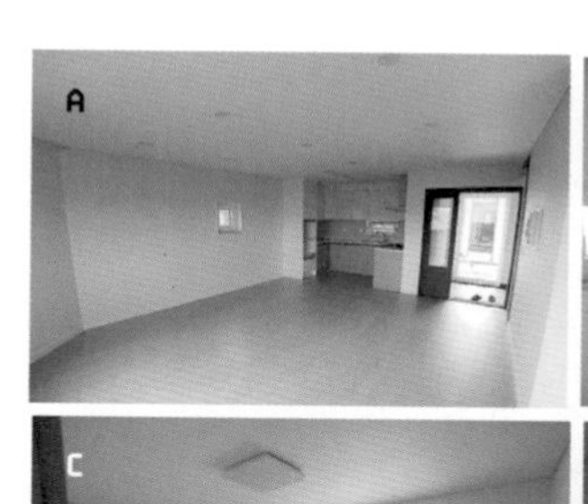

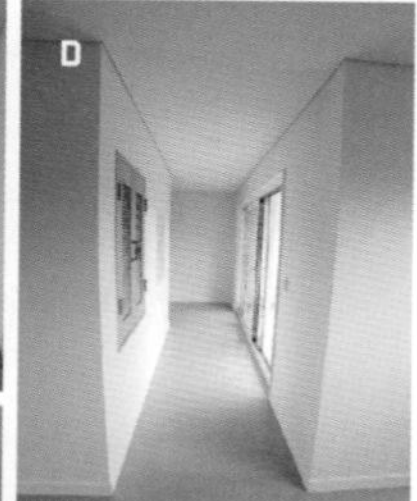

구조적인 부분은 설계도에 구체적으로 적시하자

단열은 현재 기준보다 높게 적용한다

전기, 설비 배관의 방향을 미리 계획하자

창고부터 머드룸까지, 현관 수납장의 변신

따뜻하고 넓어 보이는 거실 갖는 법

창호 하나로 단열, 채광, 디자인, 환기까지!

액자창, 집 안에 만든 작은 카페

바닥 높이를 달리해 한 공간을 두 가지 용도로

곳곳에 숨어 있는 자투리 공간을 활용하자

지붕의 빈 공간을 활용하자

조명, 방 가운데가 아니라 필요한 곳에 달아라

마당이 좁다면 발코니, 베란다를 활용하라

PART 3

놓치기 쉬운, 하지만 놓치면 후회하는 설계 디테일

구조적인 부분은 설계도에 구체적으로 적시하자

법이 또 언제 바뀔지 모르지만 포항 지진 이후 단독주택도 내진설계가 의무가 되었다. 단독주택은 건물 자체가 높지 않고, 외국처럼 독립기초나 줄기초 위에 집을 짓는 것이 아니라 집 바닥 전체에 콘크리트 기초를 만들고 집을 짓는다. 집을 제대로 지었다면 땅이 갈라지는 규모의 지진이나 강진이 아니라면 집이 폭삭 주저앉는 일은 없다.

사실 소규모 주택은 지진으로 인한 문제보다는 시공상의 기술적 문제가 더 많다. 즉, 설계를 완벽하게 해도 도면에 따라 정확하게 짓지 않고 그동안 했던 대로 지어서 생기는 문제가 훨씬 잦다. 간혹 자재비를 아끼려고 도면대로 하지 않는 업체도 있다.

그러므로 구조 계산을 하고 꼭 반영해야 하는 부분이나 보강이 필요한 부분은 도면에 어려운 용어로 설명해놓기보다는 어떤 자재를 어떻게 시공하라고 정확하게 명기해야 한다. 구조 도면은 이해하기 어렵기 때문에 구조 기술사가 그려주는 도면을 설계사와 다시 한 번 논의하고 어떻게 시공을 할 것인지 건축주가 인지하고 있어야 한다.

소규모 주택의 경우, 도면을 제대로 보지 못하는 기술자도 왕왕 있다. 평면도와 입면도만 보고 집을 짓기도 한다. 콘크리트 주택이든 목조 주택이든 구조 공사가 진행될 때는 도면대로 정확하게 시공되고 있는지 확인하고 넘어가야 한다. 마감은 언제든지 다시 할 수 있지만 구조는 변경하기 어렵다는 것을 잊지 말자!

천장에 설치한 목재는 패러램이라는 공학 목재다. 도면에 패러램이라고만 적으면 패러램을 한 번도 시공해보지 않은 사람은 "나무를 좀 더 보강하라는 이야기인가 보다" 하고 넘어갈 수도 있다. 별도의 상세도를 그리는 등 시공 디테일을 도면에 담는 것이 좋다. 나무를 덧대어서 두께를 똑같이 만들어도 공학 목재가 견디는 하중을 견딜 수는 없다.

넓은 베란다를 설계해 정원처럼 꾸미고 싶다면, 콘크리트 구조로 가는 것이 좋다. 목조가 단열이 좋고 가격도 합리적이지만 내가 원하는 집을 만들기에 적합하지 않다면 과감히 포기하고 알맞은 구조의 집을 선택하는 것이 바람직하다.

지붕의 길이가 기성 목재의 길이를 넘어서거나 길이가 된다고 하더라도 기준치를 넘는다면 다른 자재를 사용해야 한다. 그렇지 않으면 서까래를 이어서 시공하거나 중간에 기둥을 받쳐야 한다. 사진은 아이조이스트라는 공학 목재를 지붕에 사용한 모습이다.

1층에 기둥 없는 넓은 거실을 만들고 싶다면 구조적으로 더 안전한 콘크리트로 가고 2층만 목조로 시공하는 것도 방법이다.

단열은 현재 기준보다 높게 적용한다

단열재 기준은 매년 강화되고 있다. 갈수록 여름은 더워지고 겨울은 추워지면서 단열 기준도 강화되는 것이다. 2018년 9월을 기준으로 단열재 기준이 또 한 번 강화되었다. 예를 들어 경상북도 봉화에 집을 짓는다면 남부 지방이라고 생각하겠지만 실제로는 중부 1지역을 적용한다. 그래서 외부와 면하는 외벽에는 가 등급인 190mm 이상의 단열재를 써야 한다. 이렇듯 법적으로 정해진 지역별 단열 기준을 반드시 지켜서 시공해야 한다.

문제는 설계에서 정확히 적용했는데도 불구하고 시공 시 기준을 낮춰 시공하는 경우다. 마감을 하고 나면 면밀히 검토하지 않는 이상 시각적으로는 단열재를 확인하기 어렵다. 그러면 제출 서류와 시험성적서로만 판단해야 하므로 꼭 시공 사진을 첨부하도록 하고 단열 공사 시에는 현장에서 감리하는 것이 좋다.

단열재는 시공 후 일정 부분까지 지속적으로 성능이 저하된다. 100이라는 성능을 계속 유지할 수는 없다. 그러므로 설계 시 단열 기준보다 높은 단열재를 적용해야 성능이 저하되더라도 오랫동안 단열 성능을 유지할 수 있다. 또한 일정 부분까지는 두께에 비례해서 단열 성능이 올라가지만 어느 정도 두께가 되면 두께에 비례해서 단열 성능이 올라가지 않는다. 단열 성능을 오래 유지하려면 200mm 단열재 한 개를 시공하는 것보다 100mm 단열재를 안팎으로 두 개 시공하는 것이 더 효과적이다. 일본에서 이뤄진 주택 단열 실험 내용을 보면 외부에 100mm 단열재를 시공한 것과 내부에 100mm 단열재를 시공한 것 중 외부에 100mm를 시공하는 것이 단열 효과가 더 좋았다고 한다. 양단열을 해주면 가장 좋지만 한쪽을 선택해야 한다면 외부에 시공하는 것이 좋다는 실험 결과다.

중부 1지역 (단위 mm)

건축물의 부위		단열재의 등급	단열재 등급별 허용 두께			
			가	나	다	라
거실의 외벽	외기에 직접 면하는 경우	공동주택	220	255	295	325
		공동주택 외	190	225	260	285
	외기에 간접 면하는 경우	공동주택	150	180	205	225
		공동주택 외	130	155	175	195
최상층에 있는 거실의 반자 또는 지붕	외기에 직접 면하는 경우		220	260	295	330
	외기에 간접 면하는 경우		155	180	205	230
최하층에 있는 거실의 바닥	외기에 직접 면하는 경우	바닥 난방인 경우	215	250	290	320
		바닥 난방이 아닌 경우	195	230	265	290
	외기에 간접 면하는 경우	바닥 난방인 경우	145	170	195	220
		바닥 난방이 아닌 경우	135	155	180	200
바닥 난방인 층간 바닥			30	35	45	50

중부 2지역 (단위 mm)

건축물의 부위		단열재의 등급	단열재 등급별 허용 두께			
			가	나	다	라
거실의 외벽	외기에 직접 면하는 경우	공동주택	190	255	260	285
		공동주택 외	135	155	180	200
	외기에 간접 면하는 경우	공동주택	130	155	175	195
		공동주택 외	90	105	120	135
최상층에 있는 거실의 반자 또는 지붕	외기에 직접 면하는 경우		220	260	295	330
	외기에 간접 면하는 경우		155	180	205	230
최하층에 있는 거실의 바닥	외기에 직접 면하는 경우	바닥 난방인 경우	190	220	255	280
		바닥 난방이 아닌 경우	165	195	220	245
	외기에 간접 면하는 경우	바닥 난방인 경우	125	150	170	185
		바닥 난방이 아닌 경우	110	125	145	160
바닥 난방인 층간 바닥			30	35	45	50

1) 중부 1지역: 강원도(고성, 속초, 양양, 강릉, 동해, 삼척 제외), 경기도(연천, 포천, 가평, 남양주, 의정부, 양주, 동두천, 파주) 충청북도(제천), 경상북도(봉화, 청송)

2) 중부 2지역: 서울특별시, 대전광역시, 세종특별자치시, 인천광역시, 강원도(고성, 속초, 양양, 강릉, 동해, 삼척), 경기도(연천, 포천, 가평, 남양주, 의정부, 양주, 동두천, 파주 제외), 충청북도(제천 제외), 충청남도, 경상북도(봉화, 청송, 울진, 영덕, 포항, 경주, 청도, 경산 제외), 전라북도, 경상남도(거창, 함양)

남부 지역 (단위 mm)

건축물의 부위		단열재의 등급	단열재 등급별 허용 두께			
			가	나	다	라
거실의 외벽	외기에 직접 면하는 경우	공동주택	145	170	200	220
		공동주택 외	100	115	130	145
	외기에 간접 면하는 경우	공동주택	100	115	135	150
		공동주택 외	65	75	90	95
최상층에 있는 거실의 반자 또는 지붕	외기에 직접 면하는 경우		180	215	245	270
	외기에 간접 면하는 경우		120	145	165	180
최하층에 있는 거실의 바닥	외기에 직접 면하는 경우	바닥 난방인 경우	140	165	190	210
		바닥 난방이 아닌 경우	130	155	175	195
	외기에 간접 면하는 경우	바닥 난방인 경우	95	110	125	140
		바닥 난방이 아닌 경우	90	105	120	130
바닥 난방인 층간 바닥			30	35	45	50

제주도 (단위 mm)

건축물의 부위		단열재의 등급	단열재 등급별 허용 두께			
			가	나	다	라
거실의 외벽	외기에 직접 면하는 경우	공동주택	110	130	145	165
		공동주택 외	75	90	100	110
	외기에 간접 면하는 경우	공동주택	75	85	100	110
		공동주택 외	50	60	70	75
최상층에 있는 거실의 반자 또는 지붕	외기에 직접 면하는 경우		130	150	175	190
	외기에 간접 면하는 경우		90	105	120	130
최하층에 있는 거실의 바닥	외기에 직접 면하는 경우	바닥 난방인 경우	105	125	140	155
		바닥 난방이 아닌 경우	100	115	130	145
	외기에 간접 면하는 경우	바닥 난방인 경우	65	80	90	100
		바닥 난방이 아닌 경우	65	75	85	95
바닥 난방인 층간 바닥			30	35	45	50

3] 남부 지역: 부산광역시, 대구광역시, 울산광역시, 광주광역시, 전라남도, 경상북도[울진, 영덕, 포항, 경주, 청도, 경산], 경상남도[거창, 함양 제외]

내부에 단열재를 시공한 모습. 단열재는 압축해서 넣는 것이 아니라 최대한 팽창시켜서 시공해야 한다. 단열재 속의 수많은 공기층이 단열 효과를 내기 때문에 압축해서 밀어 넣는 것은 좋지 않다.

주택 외부에 단열재를 시공할 때는 단열재를 시공한 후 앙카로 고정시킨 뒤 그물망처럼 생긴 자재인 메쉬를 감고 미장을 해주어야 한다. 그래야 기밀성도 좋아지고 단열재 성능을 유지하는 데도 도움이 된다.

전기, 설비 배관의 방향을 미리 계획하자

일부 빌라 신축 현장은 콘크리트 공사를 완료하고 난 뒤 설비팀이 들어와서 설비 배관이 지나야 하는 곳에 타공을 한다. 이때 2층 바닥을 받치고 있는 보 또는 슬라브에 타공을 해서 배관하는 경우가 많은데 이러한 방식은 피하는 것이 좋다.

물론 그 정도로 건물이 무너지지는 않지만 계산된 보의 철근을 잘라내기 때문에 균열이 발생할 수 있다. 설비 배관은 처음부터 계획을 잡아두고 배관이 지나갈 곳에 미리 슬리브(배관이 지나가도록 미리 심어놓는 배관보다 큰 원형 배관)를 설치하고, 콘크리트 공사를 완료한 후에 그 공간을 통해서 전기나 설비 배관이 지나가게 하는 것이 좋다.

목조 주택도 기초 공사 시 미리 전선이나 설비 위치를 정확하게 정해놓자. 미리 필요한 위치에 배관을 뽑아두면 추후 목구조가 완성된 뒤 기둥을 전부 타공하거나 바닥 단열재 부분을 파는 헛수고를 하지 않아도 된다. 전기 배관은 천장에서 내려오도록 설치하면 바로 원하는 위치에 떨어지므로 벽체를 타공하지 않아도 된다.

물론 벽체에 구멍을 내도 규칙에 맞게 진행한다면 구조적으로는 큰 문제가 되지 않는다. 하지만 가장 깔끔한 방법은 역시 설계 단계에서 미리 전기 및 설비 배관을 정확히 명기해서 뽑아두는 것이다. 특히 설비 배관을 2층 바닥의 장선목재를 타공해서 설치하는 작업은 가능한 하지 말아야 한다. 2층 바닥 장선에 타공해서 설비 배관을 설치하면 타공된 장선 라인 쪽이 힘을 받아 배관이 눌리거나 수평이 달라질 수 있을 뿐만 아니라 그 부분이 침하될 수도 있다.

에어컨 설치팀의 경우, 목조 주택에 대한 이해가 부족하기 때문에 장선을 마구 잘라내서 작업하는 일도 있다. 그러므로 설계 단계에서 아예 배관 계획을 잡는 것이 가장 좋다. 보일러실 역시 주변 집이나 보행자에게 피해가 없도록 연통 위치를 정하고 에어컨의 실외기 위치도 추후 분쟁이 일어나지 않도록 도면에 명기하자.

1

2

1. 전기함, 통신함, TV함의 위치도 미리 정해놓으면 사용하기 편리하다. 신발장 뒤에 있는 전기함 때문에 신발과 선반을 다 꺼낸 뒤에야 스위치를 찾을 수 있는 집에서 살아본 사람이라면 바로 이해할 것이다. 또한 통신함에는 콘센트를 설치해주는 것이 좋다. 요즘은 통신함에 공유기나 인터넷 허브를 설치하기도 해서 콘센트가 있어야 한다. 없으면 멀티탭으로 끌어와야 하는 불편함이 있다. 처음부터 도면에 표시해주면 나중에 귀찮을 일이 없다.

2. 기초 공사 시 필요한 전기와 설비 배관은 미리 계획하는 것이 좋다. 그렇지 않으면 벽체나 바닥을 타공하거나 파서 설치해야 한다. 콘센트 위치 등을 어느 정도 정해놓고 도면에 명기해두면 기술자가 도면을 바탕으로 작업을 진행할 수 있다.

창고부터 머드룸까지, 현관 수납장의 변신

아파트는 보통 현관 안쪽 벽에 신발장이 붙어 있다. 요즘은 수납 공간을 크게 만들기 때문에 신발 둘 곳이 충분하지만, 수납장이 커진 만큼 현관 공간이 협소해져 자전거나 유모차 등을 세워두기는 어렵다. 현관문 밖에 세우면 보기에도 좋지 않고, 소방 통로이니 치워달라는 항의를 받기도 한다. 요즘에는 고가의 유모차나 자전거가 많다 보니 외부에 보관하면 계속 신경이 쓰인다.

이럴 때는 현관문 한쪽 벽에는 자주 신는 신발을 수납할 수 있는 작은 신발장을 두고 반대쪽 벽에 창고 같은 현관 전실을 만들어 자전거, 유모차, 자주 신지 않는 신발 등을 보관하면 좋다. 창고를 만들 바에 거실이나 주방을 좀 더 크게 만드는 게 좋지 않느냐고 묻는 건축주도 많은데, 실제로 생활하다 보면 현관 전실이 매우 유용하다. 거실을 조금 줄이더라도 현관 전실을 만들었어야 했다며 후회하는 경우도 많다.

현관 전실을 만들 때는 환기가 가능하도록 창호를 설치하는 것이 좋다. 자전거나 유모차 등 큰 물건을 보관할 계획이라면 꺼내고 들여놓을 때 문제가 없도록 전실 문 크기도 확인하자. 지저분해 보이는 게 싫다면 문을 다는 게 좋지만 반드시 설치해야 하는 것은 아니다. 상황에 맞게 결정하면 된다.

전원주택에 살면서 텃밭을 가꿀 예정이라면 현관 한쪽에 머드룸을 설치할 수도 있다. 머드룸은 외국에서 흔히 볼 수 있는 공간으로, 텃밭이나 논에서 일을 하다 집에서 잠깐 쉬고 싶을 때 이용하면 좋다. 지저분한 옷은 머드룸에 잠시 걸어놓고 신발도 벗어두고 집 안으로 들어가면 된다. 여름이면 밭일을 하다 시원한 집에서 휴식을 취하고 싶을 때가 많은데, 집 안에 들어가자니 지저분한 옷이 신경 쓰인다면 머드룸이 매우 유용한 공간이 될 것이다.

↖ 현관문을 열고 들어오면 양쪽에 수납 공간이 있고 환기를 위한 세로 슬릿 창이 설치되어 있다. 아이 자전거부터 어른 자전거까지 보관할 수 있다.

↑ 유모차를 수납하고 싶다면 공간을 조금 더 확보하는 것이 좋다. 환기창을 만들면 굳이 신발장에 문을 달지 않아도 된다. 환풍기를 달아도 된다.

← 머드룸에 옷걸이를 달아두면 자주 입고 나가는 외투를 벗어두고 집 안에 들어올 수 있어 편하다. 자주 입는데 매일 세탁하기 부담스럽다면 머드룸에 걸어두고 외출할 때마다 입어도 된다.

따뜻하고 넓어 보이는 거실 갖는 법

아파트나 빌라는 한정된 높이에 한 층이라도 더 넣어야 이득이기 때문에 실내 층고를 최대한 조절해야 한다. 하지만 단독주택은 원하는 높이로 설계할 수 있다. 층고를 높여서 시원해 보이는 거실을 가질 수 있다는 뜻이다.

단독주택에 살아보지 않았거나 수십 년 전에 잠시 살았다면 거실 층고가 높거나 창문이 크면 집이 추울 거라고 생각한다. 옛날 주택을 리모델링하려고 철거해보면 추울 수밖에 없는 이유가 있다. 옛날 벽돌집은 대부분 외부에는 빨간 벽돌을 쌓고 내부에는 시멘트 벽돌을 쌓았는데, 그 사이에 50mm도 안 되는 단열재(중부 지방 단열재 기본 사양은 190mm다)를 시공해 놓았다. 벽돌을 쌓으면서 얇은 단열재를 한 장씩 켜 넣는 방식으로 시공했으니 기밀성이 떨어질 수밖에 없다. 단열재 역할을 전혀 하지 못하는 건 아니지만 기밀성이 떨어져 그 사이로 공기의 흐름이 생기고 찬바람이 그대로 시멘트 벽돌까지 전해진다. 게다가 석고보드를 시공한 것도 아니고 그냥 미장을 한 상태이기 때문에 차가운 기운이 그대로 벽체까지 전해진다. 하지만 지금은 이 방식으로 공사를 하는 경우는 거의 없다. 단열의 기준이 굉장히 강화되었고 건축주의 눈높이도 높아졌다.

물론 체적이 커지면 에너지가 많이 소비된다. 하지만 층고를 높여도 춥지 않은 집을 지을 수 있다. 층고가 높으면 2층과 아래층의 온도 차이가 생기는 건 분명하다. 이 온도 차를 순환시켜주어야 한다. 겨울에 채광 확보를 위해 거실 보이드 공간(2층까지 이어지는 오픈 공간)에 창을 만들어 채광이 충분히 되도록 하면 거실의 온도를 올리는 데 도움이 되고 천장에 실링팬을 설치하면 공기를 순환시켜준다. 거실을 트더라도 2층의 벽체를 막아주면 공기가 2층으로 빠져나가지 못해서 열손실도 줄어든다.

거실은 집에 들어오자마자 가장 먼저 마주하는 공간이다. 기능 좋은 자재로 꼼꼼하게 시공하면 얼마든지 개방성 있고 따뜻한 단독주택을 만들 수 있다.

거실의 일부분을 높여 오픈 서재를 만들었다. 아이들의 놀이터가 되기도 하고 각자의 취미 활동을 하는 공간이 되기도 한다. 일본에서는 방이 아니라 거실에서 각자의 취미 활동을 즐길 수 있는 형태의 설계가 유행이다.

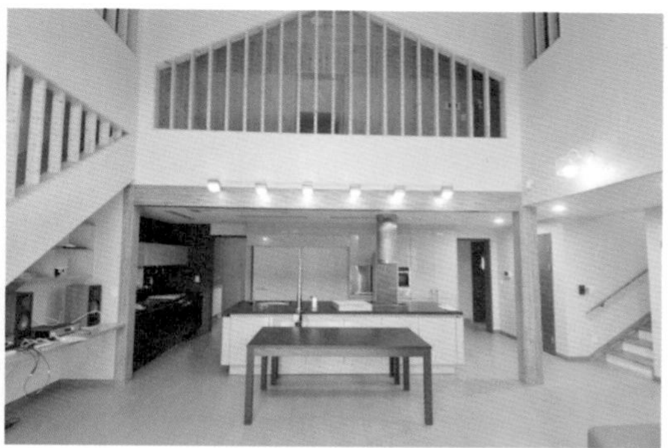

개방한 거실 윗부분이 벽체로 막혀 있으면 답답해 보일 수 있다. 다양한 인테리어 기둥을 활용하여 벽체를 세우면 2층을 안전하게 사용할 수 있고 거실도 훨씬 시원해 보인다.

데크에서 거실 창호로 이어지는 부분을 2층 공간을 이용해서 비를 맞지 않는 공간으로 만들면 확장된 외부 거실을 가질 수 있다.

폴딩도어는 전체 창호가 열리는 방식이다. 날씨가 좋은 날에 폴딩도어를 열어두면 거실이 훨씬 넓어 보인다.

거실 창문을 꼭 크게 내야 한다는 고정관념을 버리자. 넓은 서재를 만들고 세로 슬릿창을 설치하면 환기도 되고 가족만의 프라이빗한 거실을 가질 수 있다.

거실 전체를 트지 않고 일부분만 터도 충분히 넓어 보인다.

2층 바닥 일부를 타공하면 2층과 1층의 공기가 통하게 된다.

1층과 2층을 연결하는 계단을 일자 계단으로 설치하면 계단이 거실의 일부처럼 보이는 인테리어 효과가 있다.

외부 데크와 이어지는 부분에는 폴딩도어를, 바깥 풍경을 바라볼 수 있는 벽체에는 큰 액자창을, 거실 방향 벽체는 개방된 벽체를 만들면 좁은 공간도 답답해 보이지 않는다.

사진처럼 남향에 위치한 큰 창호에서 1m 정도만 터도 1층과 2층이 하나처럼 느껴지고 채광도 더 잘되기 때문에 작은 집이라면 적용해볼 만하다.

거실의 일부분을 터서 천장에 실링팬을 설치했다. 1층과 2층 마당 쪽 벽에 창호를 설치해 채광도 잘되고 공기 순환도 좋다.

다락과 연결되는 거실이라면 다락 벽체를 막지 않고 유리 파티션을 설치하면 거실이 더 넓어 보인다.

천장은 지붕 모양대로 마감하고 다락과 거실을 전부 연결했다. 다락 아래의 공간은 층고가 낮아질 수 있으므로 바닥면을 내려서 시공하면 내린 만큼 층고를 확보할 수 있다.

거실과 주방 벽체에 파티션을 설치해 개방감을 주고 2층 거실은 유리 파티션으로 시야를 확보했다.

창호 하나로 단열, 채광, 디자인, 환기까지!

아파트 창은 일률적이다. 바닥부터 천장까지 창으로 메워진다. 환기하기 좋고 바깥 풍경을 감상하기에 좋으니까 큰 창을 설치한다고 생각할 수도 있지만, 사실 아파트의 일률적인 창호는 공사비 때문이다. 콘크리트 벽체 두께와 개구부의 크기에 맞춰서 창호를 제작하고 끼워 넣으면 그만큼 벽체가 줄기 때문에 마감 면적이 줄어든다. 보통 공사비가 바닥 면적을 기준으로 평당 얼마라는 인식이 넓게 퍼져 있어서 집이 넓으면 공사비가 많이 든다고 생각한다. 바닥 면적보다 벽체 면적이 넓을수록 공사비가 많이 들어간다.

여기에 한 가지 더, 이중창을 설치하면 집이 더 따뜻하다고 생각하는데 반드시 그렇지는 않다. 물론 성능 좋은 이중창을 설치하면 단열은 좋아진다. 하지만 창호는 유리 두께뿐만 아니라 기밀이 중요한데, 아파트에 설치하는 양옆으로 열고 닫는 창은 위아래의 기밀이 좋을 수가 없다. 창이 왔다 갔다 해야 하기 때문이다. 겨울이 되면 아파트 창호 사이로 들어오는 바람을 막기 위해 위아래 양옆으로 문풍지를 붙이는 경우가 흔하다. 단열 면에서 보면 단독주택에 설치하는 시스템 창호가 성능이 좋다. 방문을 열고 닫는 방식으로 창호를 개폐하는 시스템 창호는 고무재가 압축되면서 잠기는 방식이어서 소음이 적고 기밀이 잘된다. 그래서 단독주택을 지을 때는 시스템 창호를 사용한다.

평생 아파트에서 살았던 건축주들은 시스템 창호가 이중창보다 훨씬 비싸고, 아무래도 단창인데 춥지 않느냐며 걱정한다. 분명한 것은 제대로 만들어진 시스템 창호는 일반 아파트에 설치된 이중창보다 단열과 기밀이 더 좋다는 것이다. 창호의 기능 중 가장 중요한 것은 물론 단열이다. 그래서 이중 유리, 삼중 유리, 이제는 사중 유리나 진공 유리도 출시되고 있다. 단독주택에는 최소한 삼중 유리 이상의 제품을 설치하는 것이 좋다.

창호는 단열뿐 아니라 채광에도 중요하다. 특히 겨울철에는 얼마나 채광을 받느냐에 따라서 집의 온도가 달라진다. 남향과 서향에 위치해 채광을 충분히 받는다면 보일러를 틀지 않아도 거실 온도가 낮 기준 24도를 유지할 수 있다. 단열이 잘되어 있는 집이라면 24도로 보일러 온도를 맞춰놓으면 낮에는 보일러가 안 돌아가는 집이 많다. 반대로 채광이 좋은 여름에는 더울 수 있으니 어닝이나 블라인드로 집 안 온도를 조절해줘야 한다. 여름에는 실내에서 채광을 막는 것보다 외부에서 막아야 더 효과가 좋다. 외부에서 셔터 식으로 채광을 막아주는 장치도 있으니 참고하자.

창호의 또 다른 기능 중 하나로 디자인을 빼놓을 수 없다. 창호를 어디에, 어떻게 배치하느냐에 따라서 실내와 실외에서의 디자인이 달라진다. 업계에서는 라인을 맞춘다고도 하는데 창도 디자인의 한 부분이기 때문에 꼭 실내에서 바깥이 잘 보이는 큰 창호를 설치해야 하는 것은 아니다. 밖에서 봤을 때는 작은 창 여러 개를 설치하는 게 더 예쁘다.

아파트는 외부와 일부분만 접하는 구조다. 하지만 단독주택은 4면이 전부 외부와 접하므로 환기창을 달 수 있는 공간이 많다. 열교환장치 등을 설치해 인공적으로 환기를 시킬 수도 있고 방마다 환기가 가능한 창호를 둘 수도 있다. 이때 위에만 살짝 열리는 틸트 방식의 창을 사용하면 보안 걱정 없이 창을 항상 열어둘 수도 있다.

원형 창 위에 소품을 덧붙여 시계를 만들었다.

아래는 열리는 창, 위는 고정창으로 구분하여 설치하면 채광은 받으면서 외부의 시선에서 자유로울 수 있고 외부에서 보아도 예쁘다.

집에서 가장 멋진 풍경을 볼 수 있는 곳에 커다란 창을 설치하자. 그 어떤 그림보다 아름다운 우리 집만의 작품이 될 것이다.

세로 슬릿 창은 좁은 공간을 환기할 때 유용하다. 아래로는 바람이 들어오고 위로는 바람이 나간다.

집에 창이 많을 필요도 없고 또 무조건 클 필요도 없다. 채광을 위해 남향으로 큰 창을 내고, 북향은 창을 최소화하는 등 환기를 위한 창호만 만들어도 된다.

거실 윗부분을 터서 시원해 보이게 만들고 싶다면 상부에 채광을 위한 창을 하나 두는 것이 좋다.

아파트 현관에는 창이 없다. 그래서 센서 등을 설치한다. 단독주택에는 현관에 작은 창을 설치하면 등 없이도 밝은 현관을 만들 수 있다. 물론 환기도 가능하니 일석이조!

주방에 창을 내면 환기에도 좋지만, 공간이 환해져서 주방을 자주 이용하는 사람도 덩달아 밝아진다.

방에는 채광 목적의 고정창을 설치하는 것이 좋다. 일부 틸트앤턴 방식의 작은 창만 설치해도 환기는 충분히 할 수 있고 틸트 창을 당겨서 위만 살짝 열어두면 보안 걱정도 없다. 방충망은 바깥쪽에 설치한다.

아침 채광이 좋다면 동향에 창을 내고 해 질 무렵 집 안으로 길게 드리우는 빛이 좋다면 서향으로 창을 내면 된다. 서향으로 창을 내면 방의 온도를 올리는 데는 좋지만 여름에는 덥다.

거실의 창 높이는 최대한 높이는 것이 좋다. 거실 창문 위로 공간이 많이 남으면 창이 작아 보이고 내부 디자인상으로도 좋지 않다.

아파트처럼 거실 전체에 큰 창을 설치해도 된다.

바닥과 맞닿아 있지 않아도 2층 벽체에 채광을 위한 고정창을 설치할 수 있다. 그러면 2층도 낮에는 조명을 켜지 않아도 될 정도로 밝다.

도로 쪽 방향 벽체에 창을 낼 때는 성인 키보다 높은 위치에 설치하면 도로에서 집 안이 보이지 않는다.

계단실에 창을 내면 계단실이 환해진다.

다락에 원형 창을 설치하면 인테리어 효과를 톡톡히 볼 수 있다.

다락 창은 양쪽으로 활짝 열릴 필요는 없다. 당겨서 윗부분만 살짝 열리는 방식이어도 환기에는 문제가 없다.

작은 창을 여러 개 설치하면 큰 창 하나보다 단열에 좋고 외부 시선도 차단할 수 있다. 외관 디자인도 독특해진다.

계단 눈높이마다 작은 창을 설치하면 창문 선반에 예쁜 소품을 올려둘 수 있다.

긴 복도가 있는 집이라면 복도 끝에 작은 창을 달자. 값비싼 인테리어 소품보다 더 훌륭한 소품이 된다.

다락에 천창은 필수다. 천창은 다락으로 몰리는 더운 공기를 단번에 빼주는 역할을 한다. 제대로 시공하면 물이 샐 염려는 절대 없다.

욕실에 큰 창을 내기 부담스럽다면 상부에 가로로 긴 창을 내면 된다. 그러면 내부에서도 외부에서도 잘 보이지 않는다. 또 불투명한 창을 설치하면 환기와 채광 역할은 하되 외부 시선은 완벽하게 차단할 수 있다. 천장 가까이 있는 창호는 빛이 반사되어 때로는 조명 역할을 한다.

아파트는 실내에 욕실이 있기 때문에 창을 달 수 없지만 단독주택은 욕실에도 창을 낼 수 있다. 화장실에 창이 있으면 환기시키기도 좋고 화장실에 갈 때마다 불을 켜지 않아도 된다.

창이 외부로 열리면 실내 공간을 자유롭게 쓸 수 있다는 장점이 있다. 단점은 방충망을 안쪽에 설치해야 한다는 것이다.

액자창,
집 안에 만든 작은 카페

창호는 환기와 채광을 위해 설치한다. 여기에 한 가지 더! 집 안에서 바깥 풍경을 볼 수 있는 아이템이기도 하다. 환기를 위해 열고 닫을 목적으로 창호를 설치한다면 창 사이에 틀이 지나는 제품을 선택해야 한다. 그래서 환기를 위해 설치하는 창호는 액자 같은 사각형이 아니라 중간에 흰색이나 검은색의 틀이 하나 더 있는 형태다.

만약 환기가 목적이 아니라면 액자 같은 사각형의 깔끔한 창호를 설치할 수 있다. 테라스에서 바깥 풍경을 보는 것과 같은 효과를 낼 수 있는 것이다. 이러한 창호를 픽처 프레임, 쉽게 액자창이라고 부른다. 액자창을 거실에 크게 설치하면 계절이 바뀌는 모습을, 마당 쪽으로 설치하면 아이들이 뛰어노는 모습을 집 안에 앉아 차를 곁들이며 여유롭게 바라볼 수 있다. 다락방이나 집에서 제일 높은 곳에 설치하면 먼 곳에 있는 풍경을 감상할 수도 있다.

자연 풍광이 좋은 쪽으로 창호를 설치하고 그 앞에 작은 테이블을 두면 카페 같은 분위기를 연출할 수 있다.

가족실에 설치한 창호 아래에 윈도우 시트를 두었다. 이곳에 앉아서 책을 읽고 풍경도 감상한다. 열리지 않는 창호라서 안전하다!

1층 거실 한쪽에 마련한 작은 오픈 서재에 액자창을 두니 거실이 훨씬 아늑하고 밝아 보인다.

세탁실에 설치하면 채광도 좋고 답답하지 않다.

현관문 안쪽 벽에 설치하면 현관에서 마당을 바로 내다볼 수 있다.

바닥 높이를 달리해 한 공간을 두 가지 용도로

일반 아파트는 화장실을 제외한 모든 바닥의 높이가 같다. 하지만 단독주택은 얼마든지 바닥의 높이를 달리할 수 있다. 예를 들어 주방과 식당보다 거실을 낮게 한다든지 1층 거실 일부분을 높여서 한옥의 사랑방 같은 느낌을 준다든지. 이렇게 바닥에 높이 차이를 두면 한 공간을 다양하게 활용할 수 있고 개성 있는 인테리어를 구현할 수 있다. 바닥의 높이 차이로 공간을 일부 변형하는 방법은 값비싼 소품을 들이는 것보다 더 효과적인 인테리어 방법이다. 소개한 것 이외에도 거실 일부 바닥을 한 계단 정도 낮게 시공하면 블록 같은 장난감들을 한데 모아두는 놀이 공간을 만들 수도 있다. 거실 여기저기에 장난감이 널브러져 있지 않아서 부모도 신경 쓰이지 않고, 아이도 자기만의 놀이 공간을 가질 수 있어서 좋아한다. 바닥의 높이 차이로 생긴 단에 아이나 부모가 걸터앉아 책을 읽을 수도 있다.

주방, 식당과 거실에 단 차이를 두어 공간을 분리하고, 식당과 거실을 연결하는 바닥 일부는 더 높여서 좌식 사랑방 같은 공간을 만들었다. 여기에 칸막이까지 설치하면 옛날 선비들이 앉아서 놀던 정자의 느낌을 낼 수 있다.

주방과 거실 가운데 설치한 공학 목재를 기준으로 단 차이를 둔 경우다. 하나의 공간이지만 분리되어 있는 느낌을 준다.

한 계단 정도의 높이를 두어 주방과 거실을 분리했다. 단 차이를 두면서 생긴 계단에 아이들이 걸터앉아 놀기도 한다.

복도에서 거실로 이어지는 바닥을 한 계단 정도 낮게 만들어 공간을 분리했다. 바닥이 낮아진 만큼 거실이 높고 넓어 보인다. 2층 방의 바닥을 올려 거실의 천장을 높이면 거실 층고가 더 높아진다.

2층 방의 일부 바닥을 두 계단 정도 높이면, 그 높이만큼 1층 층고가 높아진다. 계단 아래에 거실을 만들면 좋다.

거실과 식당을 단 차이로 구분하면 식당 바닥을 타일로 마감해도 마루와 접하지 않기 때문에 더 깔끔해 보인다. 식당의 일부를 툇마루처럼 만들어 좌식과 입식이 혼합된 식당이 되었다.

2층 복도와 오픈 서재 사이에 단 차이를 주었다. 칸막이가 없어도 자연스럽게 공간이 분리되었다.

원룸도 단 차이를 이용하면 복층 형태여도 1층의 층고가 확보되기 때문에 답답해 보이지 않는다.

1층 바닥을 타일로 마감한다면 사랑방으로 활용할 일부 공간만 거실 바닥보다 높여서 마루 마감을 한다. 편하게 앉거나 누울 수 있어서 좋다.

곳곳에 숨어 있는
자투리 공간을 활용하자

2층 주택을 짓고 지붕을 덮으면 천장과 지붕 사이에 공간이 생긴다. 물론 지붕 모양에 따라 면적 차이는 있지만 대부분의 2층 주택은 이러한 자투리 공간이 나오는데 이 부분을 다락이라고 한다. 물론 다락은 층고가 낮다. 하지만 지붕 디자인에 따라 성인이 설 수 있는 높이로 설계할 수도 있고 장난감으로만 채운 놀이방으로 만들 수도 있다. 색다른 게스트룸을 꾸밀 수도 있다.

흔히 다락은 춥고 더울 거라고 생각하지만 주택 특성상 겨울에 난방을 하면 더운 공기가 다락으로 모이기 때문에 생각보다 춥지 않다. 큰 전기장판 하나만 두면 겨울에 다락에서 잠을 자도 된다. 스틸하우스나 목조 주택은 다락 외에도 벽체에 빈 공간이 많다. 벽체의 빈 공간을 이용하면 인테리어 소품을 전시할 수 있는 선반이나 벽체 넓이만큼의 책장을 만들 수 있다.

계단실 역시 계단 아래 공간에 창고를 두거나 작은 화장실을 설치할 수 있다.

계단을 만들면 아래에 공간이 생긴다. 한쪽은 작은 컴퓨터 방이나 독서실로 사용할 수 있는 공간을 만들고 한쪽에는 강아지 집을 만들었다. 책상은 매립형으로 설치했다.

계단 하부 공간 중 일부는 창고로, 일부는 소품 전시 공간으로 활용할 예정이다.

계단실과 붙어 있는 방의 벽체에 계단 모양의 책장을 만들면 따로 책장을 들이지 않아도 된다.

올라간 뒤 한 바퀴 돌아서 또 올라가는 형태의 계단으로 1층에 자투리 공간이 생긴다. 이 공간에 문을 달면 작은 창고로 쓸 수 있다. 청소기나 자주 쓰는 찻상 등을 넣을 수도 있고, 보통 신발장 뒤에 설치하는 TV함이나 전기함을 이곳에 설치하면 신발장 선반을 떼어낼 필요가 없다. 또는 작은 욕실을 설치할 수도 있다.

천장과 지붕 사이에 생긴 공간은 다락으로 활용한다. 지붕의 가장 낮은 부분까지 다락으로 만들어야 층고가 높은 공간도 함께 나온다. 다락은 가중 평균을 따지기 때문에 높은 곳이 있으면 낮은 곳도 있어야 다락방이 될 수 있다. 층고가 낮은 부분은 자주 사용하지 않지만 버리기 아까운 물건들을 보관하기에 용이하다.

문을 달아버리면 다락 산정 기준이 달라져서 다락으로 인정받지 못하는 경우가 생기기 때문에 문을 달지 않고 사진처럼 개구부로 분리한다.

지붕이 외경사라면 어른이 설 수 있는 높이의 다락이 나온다.

박공 형태의 지붕은 다락에 방을 하나 더 만들 수 있다.
아빠 전용 방으로 사용하면 딱 좋다.

계단과 연결된 다락 일부를 막아 선반으로 만들어도 된다.

계단 벽체에 타공을 하면 답답해 보이지도 않고 인테리어 효과도 얻을 수 있다.

책장이 기둥 역할도 하고 소품 전시용 선반 역할도 한다.

설계 단계에서 미리 정해두면 벽체에 선반을 만들 수 있다. 단, 외부와 맞닿지 않은 벽이어야 한다. 외부와 맞닿는 벽체에는 단열재 시공을 해야 해서 선반을 만들 수 없다.

지붕의 빈 공간을 활용하자

아파트는 바로 위에 집이 있어서 평평한 천장이 나올 수밖에 없다. 최상층의 경우에는 지붕 모양에 따라서 마감을 하기도 한다. 단독주택은 건축주의 선택에 따라 평평한 천장으로 마감할 수도 있고 독특한 모양의 천장으로 마감할 수도 있다. 지붕 모양대로 마감하면 1층을 다양한 형태로 설계할 수 있고 개성 있는 인테리어를 연출할 수 있다. 단, 지붕과 천장 사이에 비는 공간을 평천장으로 만들면 완충 공간이 되어 단열에 도움이 된다. 그러므로 모양대로 마감을 한다면 단열과 환기 부분은 더욱 신경 쓰는 것이 좋다.

1

천창이 주는 밝음은 느껴본 사람만 안다. 안타깝게도 별은 보이지 않는다.

2

계단실 벽체에 선반을 만들어서 피규어를 전시했다. 미리 설계하면 꺽쇠 같은 철물이 필요 없는 무지주 선반을 설치할 수 있다.

1. 보통 잠을 자는 곳은 층고가 낮고 아늑한 것이 좋다. 하지만 자기만의 특별한 공간을 갖고 싶어 하는 사람들 중에는 천장에 창문이 달린 방에 대한 로망이 있는 사람도 많다. 천창에서 빛이 내리쬐는 방에서 생활하면 기분도 좋아진다. 하지만 암막 커튼이 없으면 잠들지 못하는 사람이라면 천창은 포기하자. 밝은 곳에서도 개의치 않고 잘 자고, 아침 햇살에 눈뜨는 것을 좋아하는 사람이라면 천창을 설치하는 것도 좋은 방법이다.

2. 계단실은 1층부터 상부층까지 뚫려 있는 공간이다. 이 공간을 막기보다 지붕 모양대로 트고 벽체를 이용해 장식장이나 선반을 만들면 좀 더 재미있는 계단실을 만들 수 있다.

집성목으로 제작한 책장이다. 위의 두꺼운 부분에 레일을 달아서 이동식 사다리를 설치했다.

서재 외부에 수시로 바람을 쐴 수 있는 휴식 공간을 두었다.

윈도우 시트 주변의 공간에 수납장을 두면 유용하게 쓸 수 있다.

약간의 단 차이를 주면 1층 거실의 층고를 높일 수 있고 서재도 더 돋보인다.

3. 한쪽 벽면 전체에 책장을 설치하면 멋스러운 서재를 연출할 수 있다. 사진 속 집은 벽체를 벽지가 아니라 벽돌로 마감해서 집이 아니라 북카페에 있는 기분이 든다. 책장이 높으면 손이 닿지 않는 곳에 있는 책을 꺼낼 때는 사다리를 사용해야 하는데 그 또한 집의 재미있는 요소가 된다.

4. 복층에 책장을 두고 윈도우 시트를 만들면 상상력을 자극하는 오픈 서재를 만들 수 있다. 창을 통해 내리쬐는 햇빛을 받으며 시트에 앉아서 책을 읽는 아이들의 모습은 상상만 해도 기분이 좋아진다.

천창을 통해 쏟아지는 햇빛이 가족룸을 따뜻하고 편안한 공간으로 만들어준다.

5. 2층의 가족룸은 제2의 거실과 같다. 이야기를 나누고 책을 보거나 다양한 취미 생활을 함께하는 공간으로도 사용할 수 있다. 그래서 2층에 가족룸을 둔다면 층고를 높여 또 하나의 거실 같은 느낌을 주는 것이 좋다.

계단 아래에 설치한 붙박이장에는 옷이나 짐을 보관한다.

6. 모임지붕은 지붕 모양을 그대로 살려서 시공하면 다이내믹한 지붕 모양을 표현할 수 있다. 지붕 높이를 그대로 살려서 층고를 높이고 복층 형태로 만들어서 2층은 아이들의 침실로 사용하고, 1층은 붙박이장과 책상을 둘 수 있다. 방이 크지 않아도 복층 오피스텔 같은 효과를 얻을 수 있다. 복층을 침실로 할 경우, 침실은 높이를 최소화해서 잠을 자는 용도로만 사용하고 1층의 층고를 높여 넓게 사용하는 게 좋다. 1층 천장이 낮으면 답답해 보일 뿐 아니라 불안감을 줄 수 있으므로 최소 2000mm 이상, 가능하다면 2200mm 정도의 높이로 설계하는 것이 좋다.

7. 박공 형태 지붕의 집이다. 일부는 다락으로 만들고 일부는 터서 거실의 층고를 높였다. 거실 층고를 높이면 넓어 보이므로 다락에 필요한 공간을 제외하고는 터서 층고를 높여준다.

실링팬은 선풍기처럼 한 방향으로만 돌아가는 것이 아니라 방향을 바꿔서 돌릴 수도 있다. 여름에는 에어컨 없이 팬만 틀어도 선풍기 역할을 해줘서 제법 시원하다.

층고가 높아져 생긴 여유 공간에는 벽걸이형 에어컨을 달면 좋다.

8. 2층에 아이방을 만들면 지붕 모양대로 천장을 마감한 재미있는 인테리어를 연출할 수 있다. 더운 공기가 모일 것에 대비해 벽에 에어컨을 달거나 천장에 실링팬을 설치하면 여름을 시원하게 보낼 수 있다.

조명, 방 가운데가 아니라 필요한 곳에 달아라

설계를 할 때 신경을 덜 쓰는 부분 중 하나가 조명이다. 조명은 집의 전체 분위기와 인테리어에 많은 영향을 미치는데 막상 설계 때는 조명을 소홀히 하기 쉽다. 아파트는 거의 방 중간에 등을 하나씩 설치하고 거실 가운데 큰 등을 하나 설치하는 방식을 택한다. 그 외에는 복도에 할로겐 등을 설치하는 정도가 전부다.

하지만 단독주택은 일단 아파트와는 층고가 다르고 마감 높이도 다르기 때문에 매립등이나 벽등 등 다양한 조명을 활용할 수 있다. 요즘은 레일등을 설치해서 조도와 조명기구를 수시로 바꾸기도 하고 계단이나 거실에는 벽등을 달기도 한다.

보통 방 한가운데 등을 설치하는데, 꼭 가운데를 고집할 필요는 없다. 요즘 방은 잠을 자는 공간으로만 사용하기 때문에 굳이 밝지 않아도 된다. 또한 방에 책상이 있다면 책상 위에 등을 두어야 책상에 그림자가 생기지 않는다. 즉, 방의 등은 가운데가 아니라 방을 쓰는 사람이 필요한 곳에 설치하면 된다. 주방등도 마찬가지다. 사람 뒤가 아니라 사람 위에 있어야 요리를 할 때 그림자가 생기지 않는다.

요즘에는 거의 LED 등을 선택한다. 오래 사용할 수 있고 에너지도 절약되기 때문이다. 가격도 많이 낮아져서 부담스럽지 않다. 단, 원형 매입등의 경우 이전에는 전구를 갈아 끼우는 방식이었다면 지금은 통째로 교체해야 하는 경우도 왕왕 있다. 매입등을 설치한다면 건축주가 설치 방법을 배워두는 것이 좋다.

위치마다 필요한 조도

- 13m²(4평) 크기의 방 : 40~60w
- 132m²(40평) 크기 집의 거실 : 150~170w
- 132m²(40평) 크기 집의 주방 : 50~70w
- 6인 식탁 : 40~60w

램프 색상

- 주광색 : 일반적인 형광등과 같은 밝은 하얀빛
- 전구색 : 따뜻한 노란빛

요리를 하는 공간 위에 가로로 긴 형태의 등을 달고, TV 선반 위에도 등을 달았다. 조명은 필요한 곳에 달면 된다.

주방에 레일등을 달면 필요한 곳에 조명을 집중할 수 있고 등기구도 쉽게 교체할 수 있다.

주방 작업대 위에 조명을 설치했다. 큰 등을 다는 것보다 작은 등을 여러 개 설치하는 게 인테리어 면에서는 더 예쁘다.

계단을 안전하게 오르내리고 싶다면 계단실 조명을 설치한다. 계단 손잡이에만 조명을 달아도 충분히 밝다.

침실 한가운데 조명을 달아야 한다는 고정관념을 버리자. 자기 전에 책을 본다면 침대 위에 조명을 두고 바깥과 이어지는 테라스 쪽에 하나 정도만 더 설치하면 충분하다. 방이 거실처럼 밝을 필요는 없다.

AV룸에 조명을 설치한다면 간접등으로도 충분하다.

2층까지 개방한 거실이라면 벽등만으로도 충분하다.
2층 지붕에서부터 조명을 달 필요는 없다.

전실에서는 거울 뒤에서 반사되는 조명이 인테리어가 된다.
조도가 부족할 수 있으므로 상부에 매입등을 설치하면 좋다.

마당이 좁다면 발코니, 베란다를 활용하라

먼저 발코니, 베란다, 테라스에 대한 용어 정리를 해보자! 아파트 발코니를 확장한다는 말을 한번쯤 들어본 적이 있을 것이다. 예전에는 아파트 베란다라는 말을 자주 사용했는데, 발코니 확장이 흔해지면서 많은 사람들이 발코니를 인식하게 되었다. 발코니는 건축물 외벽에 매달아서 돌출된 형태로 설치하는 구조물을 말한다. 최근 지어진 아파트는 구조상 발코니라고 표현하기 애매한 부분이 있지만, 과거에 지은 아파트를 떠올려보면 발코니가 바깥에 매달려 있는 모습을 본 적이 있을 것이다. 지금은 확장을 많이 해서 그냥 하나의 건물처럼 보인다. 베란다는 1층이 넓고 2층이 좁을 경우 2층에 남는 공간이 생기는데 이곳을 지붕으로 덮지 않고 바닥에 타일을 깔아서 만든 곳을 말한다. 요즘 자주 사용하는 용어인 테라스 하우스는 1층 같은 마당이 있는 집이다. 즉, 주택 1층에 데크를 깔아놓은 공간이 테라스다. 1층에 데크가 있는 곳은 테라스 하우스, 2층이나 3층은 베란다 하우스라고 해야 정확하다. 쉽게 설명하면 주택 1층 외부에 조성한 넓은 공간, 즉 마당처럼 사용하는 공간을 테라스라고 부른다.

택지지구는 대부분 198m²(60평)에서 330m²(100평) 규모로 만들어진다. 규모가 정해져 있고 도로와 맞닿아 있는 데다 일조권, 주차장, 옆 택지와의 이격 거리, 처마선까지 제외하고 나면 만들 수 있는 마당의 크기는 매우 작아진다. 마당에 작은 텃밭을 조성하고 아이들이 공놀이를 할 수 있는 공간도 만들고 싶지만 막상 설계를 하다 보면 불가능하다는 것을 깨닫게 된다. 또한 도로와 바로 맞닿아 있어서 마당에서 바비큐 파티를 하거나 캠핑 분위기를 내기도 부담스럽다. 이런 경우, 대부분의 주택은 1층이 넓고 2층은 좁은 형태로 설계하므로 2층에 남은 공간을 활용하면 또 하나의 마당을 만들 수 있다.

본체와 연결하여 상부에는 넓은 발코니를, 하부에는 필로티 주차장을 설치했다. 외부에서 발코니 공간이 보이지 않아 프라이빗한 모임을 갖거나 가족들만의 공간으로 활용하기 좋다.

옥상 일부분은 지붕으로 덮고 일부분은 노출시키는 방식도 있다.

지붕 일부분을 옥상으로 만들어 루프탑 테라스처럼 활용할 수 있다. 하루 종일 볕이 들고 풍경을 감상하기 좋다.

2층 베란다에 자갈과 목재 데크를 깔면 테라스 같은 분위기를 낼 수 있다.

후회 없는 집짓기를 위한 설계 A to Z

초판 1쇄 발행 2018년 9월 17일
초판 3쇄 발행 2022년 10월 5일

지은이 | 윤세상
펴낸이 | 이상훈
편집인 | 김수영
본부장 | 정진항
편집1팀 | 김진주 이윤주 이연재
마케팅 | 김한성 조재성 박신영 김효진 김애린
사업지원 | 정혜진 엄세영

펴낸 곳 | (주)한겨레엔 www.hanibook.co.kr
등록 | 2006년 1월 4일 제313-2006-00003호
주소 | 서울시 마포구 창전로 70(신수동) 5층
전화 | 02) 6383-1602~3 팩스 | 02) 6383-1610
대표메일 | book@hanien.co.kr

ISBN 979-11-6040-194-3 13590